传奇数学家 徐利治

杜瑞芝 主编

内容简介

本书上篇以传记文学的形式记述了中国著名数学家徐利治的百年传奇人生。他在数学的多个领域都做出了杰出的贡献,为后人留下了宝贵的科学遗产。下篇收录了14篇从各方面和不同角度纪念徐利治先生百岁诞辰的文章,内容丰富,感人至深。

本书可供广大青年及数学爱好者阅读。

图书在版编目(CIP)数据

传奇数学家徐利治/杜瑞芝主编. —哈尔滨:哈尔滨工业大学出版社,2019.9
ISBN 978-7-5603-8499-3

Ⅰ.①传… Ⅱ.①杜… Ⅲ.①徐利治(1920—2019)-传记 Ⅳ.①K826.11

中国版本图书馆 CIP 数据核字(2019)第 197898 号

策划编辑	刘培杰 张永芹
责任编辑	张永芹 陈雅君
封面设计	孙茵艾
出版发行	哈尔滨工业大学出版社
社 址	哈尔滨市南岗区复华四道街10号 邮编150006
传 真	0451-86414749
网 址	http://hitpress.hit.edu.cn
印 刷	哈尔滨市石桥印务有限公司
开 本	787mm×1092mm 1/16 印张29.25 字数353千字
版 次	2019年9月第1版 2019年9月第1次印刷
书 号	ISBN 978-7-5603-8499-3
定 价	88.00元

(如因印装质量问题影响阅读,我社负责调换)

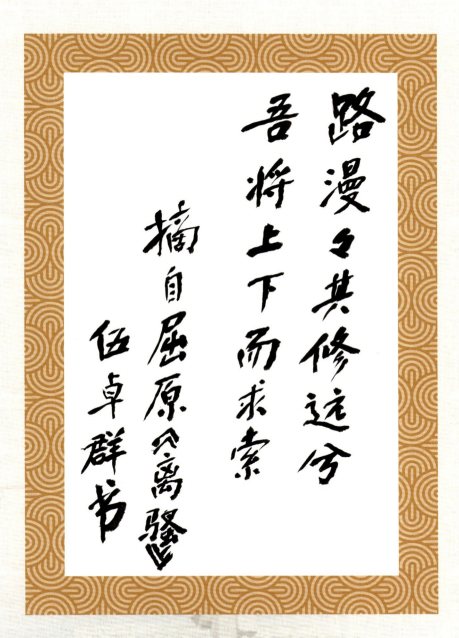

伍卓群先生题词

徐利治先生画像

▲ 2007年夏徐利治先生在大连理工大学数学科学学院报告厅做关于数学基础问题的学术讲演

◀ 2018年12月22日徐利治先生提交的人生最后一篇论文首页

▲ 徐利治先生最后一篇论文的附注
（写在放稿件的大信封底部）

▲ 2015年徐利治先生获中国人民抗日战争胜利70周年纪念章（1）

▲ 2015年徐利治先生获中国人民抗日战争胜利70周年纪念章（2）

◀ 中国人民抗日战争胜利70周年纪念章（正面）

◀ 中国人民抗日战争胜利70周年纪念章（背面）

中国人民抗日战争胜利70周年纪念章颁发证书 ▶

▲ 2015年12月13日徐利治先生与袁向东先生合影

▲ 2017年夏徐利治先生在《数学研究及应用》编辑部办公室与于化东编辑合影

▲ 1940年3月22日铜仁国立三中师范部师生合影
（二排右五为校长周邦道，三排右六为徐利治先生）

▲ 1940年夏徐利治先生在铜仁国立三中师范部毕业时期照片

▲ 1948年春徐利治先生在清华大学数学系任助教时期照片

▲ 徐利治先生西南联合大学毕业证书（1945年）

1995年铜仁"国立三中"复兴级同学聚会于南京（站者为徐利治先生）▶

◀ 1983年7月徐利治先生主持全国首届组合数学学术会议期间与组合数学专家曼德尔逊（Eric Mendelsohn）和图论专家邦迪（John Adrian Bondy）合影（左一为邦迪，左二为曼德尔逊，左三为徐利治先生）

1951年徐利治先生乘船回国经过印度洋时所摄（右一为徐利治先生）

▲ 1989年徐利治先生在大连与他的弟子合影（左为卫加宁，右为李中凯）

▲ 1996年6月28日徐利治先生与美国数学学会主席格雷厄姆（Ronald L. Graham）摄于南开大学数学研究所

▲ 1998年3月徐利治先生在新加坡Bagiuo风景区与菲律宾籍博士生Corcino夫妇合影

▲ 徐利治先生在90华诞盛宴上讲话

▲ 20世纪80年代初,徐利治先生刚到大连工学院时与同事于大连工学院主楼前合影(中间为徐利治先生)

▲ 20世纪80年代,徐利治先生在河北师范大学数学系主持博士学位论文答辩会(站者为徐利治先生)

▲ 1950年徐利治先生在英国留学留影

▲ 1955年出版的徐利治先生的第一部专著《数学分析的方法及例题选讲》

▲ 徐利治先生清华大学教员身份证明书(1949年)

▲ 1954年7月毕业时,在徐利治先生住宅前,东北人民大学(今吉林大学)数学系1954届学生科研小组(1953—1954)合影。前排左起:刘荫南、指导教师徐利治副教授、系主任王湘浩教授、吴智泉;后排左起:欧阳邠、李岳生、陈文塬、李荣华、伍卓群、成平、任福尧

◀《徐利治访谈录》第一版（2009年）

▲ 2001年4月《现代数学手册》首发式座谈会，摄于北京友谊宾馆（左二为吴文俊先生、左三为丁石孙先生、右一为徐利治先生）

▲ 2001年清华大学建校90周年校庆过后，徐利治先生与老同志兼老校友吴征镒（右）、何东昌（中）摄于清华园甲所

1996年徐利治先生在大连家中 ▶

◀ 2007年7月袁向东（左）、郭金海（右）与徐利治先生在中国科学院自然科学史研究所进行访谈

◀ 2009年《徐利治访谈录》出版后，徐利治先生赠书题写受赠者姓名

▲ 2007年春徐利治先生在张家港大儿子家小院里父子合影

◀ 2009年8月21日合影于吉林大学。前排左起：梁学章、牛凤文、李荣华、徐利治、展涛、冯果忱、周蕴时、马驷良；后排左起：吕显瑞、王德辉、李勇、宋廷贵、高文杰、马富明、尹景学、邹永魁

◀ 2015年《中国科学》为庆祝徐利治先生95华诞出版的专辑

▲ 2017年春徐利治先生在张家港与小儿子合影

◀ 2013年夏徐利治先生与《数学史辞典新编》主要编者合影（左起杜瑞芝、徐利治、孙宏安、王青建）

▲ 2010年徐利治先生90华诞时隋允康夫妇赠送国画

2013年11月18日徐利治先生在泰州做学术报告 ▶

▲ 2017年88岁的李荣华到北京拜访97岁的徐利治，两位长寿的数学家谈笑风生

◀ 2000年11月徐利治先生赴江苏金坛参加华罗庚先生90周年诞辰，纪念会后摄于华罗庚公园华罗庚塑像前

▲ 徐利治先生做学术报告《漫谈学数学》

▲ 2007年徐利治先生在阴东升教授家书房电脑上认真阅读文献

2007年11月7日徐利治先生与刘绍学先生游览江阴大桥 ▶

▲ 徐利治先生与博士弟子王毅教授合影

▲ 2018年1月徐利治先生与《高等数学研究》原主编张肇炽先生合影

▲ 2000年8月徐利治先生与《大学数学》系列课程教材研讨班与会代表合影
（前排左七为徐利治先生，左八为主持人萧树铁先生）

▲ 2002年9月徐利治先生与"科学史论坛"学术讨论会与会代表合影
（前排左四为李迪先生，左七为徐利治先生）

▲ 2005年5月徐利治先生与"全国教育数学学会第二次常务理事会暨教育数学论文交流会"与会代表合影
（前排居中为张景中理事长，其左侧为徐利治先生）

▲ 2000年徐利治先生80岁庆典时吴从炘教授向徐先生鞠躬致敬

▲ 2010年徐利治先生90岁庆典时徐先生与董韫美院士、吴从炘教授合影

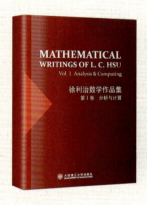

▲《徐利治数学作品集（第Ⅰ卷）》封一

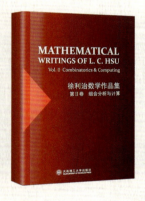

▲《徐利治数学作品集（第Ⅱ卷）》封一

▲《中国科学》期刊（2015年）封底

▲ 徐利治先生为《数学史辞典新编》题词

▲ 1952年秋季学期徐利治先生第一次在东北人民大学讲授数学分析时亲笔书写的习题

路漫漫其修远兮,
吾将上下而求索。

——屈原

《传奇数学家徐利治》
编 委 会

主　编　杜瑞芝

副主编　姜东光　于化东

编　委　杜瑞芝　姜东光　于化东

　　　　　徐达林　郭金海　张肇炽

序　言

杜瑞芝教授是徐利治老师和我的学生,学习与工作都十分刻苦、勤奋。她早年曾从事常微分方程的研究,后转向数学史方向,著述颇丰。不久前,她邀我为她主编的纪念徐利治老师的这本书作序。我已年近九旬,但头脑尚清晰,能接受学生所托,深感荣幸。

今年3月11日,得知徐利治老师仙逝,十分难过,感慨万分。1950年我从湖南湘潭的普通农家考入东北工学院(东北大学前身)学习。1952年8月,全国高校实行院系调整,我们全班同学转入东北人民大学(吉林大学前身)刚刚创建的数学系。王湘浩、徐利治和江泽坚是建立数学系的元老。我大部分数学课程都是到东北人民大学以后学习的。那两年的学习给我留下许许多多难忘的记忆。我永远忘不了授业解惑、谆谆启迪、把我们带入数学园地的老师们——王湘浩、徐利治、江泽坚和王柔怀等。徐利治老师教过我们很多课,其中使我受益最深的是以讲授和训练分析技巧为主旨的分析方法课。他讲的课深入浅出,语言风趣、诙谐又不乏直率,板书清秀整齐,十分吸引人。在我们四年级时,徐利治老师提议组织10名优秀学生成立一个数学研究小组(有照片),我有幸被选中。这个研究小组在几位老师的悉心指导下,开始做一些研究课题。我的科研处女作就是徐利治老师建议选题并指导的,这对我日后的研究起到了重要的引路作用。1954年我和李荣华等人作为吉林大学数学系第一批毕业生留校工作,很快成为数学系的骨干教师。1956年之后,徐利治老师通过参加国际会议,邀请苏联专家讲学,举办培训班、讨论班等,在吉林大学主持创办了国内第一个计算数学专业,为数学系学科建设做出奠基性的贡献。他于20世纪80年代初调往大连工学院(大连理工大学前身)工作,他不仅开创了几个新的学科方向,吸引并培养了人才,还创建了数学科学研究所,创办《数学研究与评论》杂志,为该校数学学科的建设与发展做出重大贡献。1992 年,徐利治老师在大连理工大学主动要求离休,但是他离而不休,开始更广泛的学术交流活动。

徐利治的学术成就涵盖渐近分析、函数逼近、组合分析、数学方法论和数学教育等多个领域。特别在高维渐近积分定理、Gould-Hsu 反演公式与大范围收敛迭代法等方面的研究受到了国际数学界的广泛认可。他还是我国数学方法论研究领域的开拓者,其 1983 年所著的《数学方法论选讲》宣告了中国数学方法论流派的诞生。他长期关心我国数学教育的现状,发表多篇论文,提出对高等数学教育与教学改革的看法及建议。徐利治老师从 1944 年开始发表第一篇论文,到 2018 年交出最后一篇研究论文,历时整整 75 年,发表有影响的论著 260 余种。

徐利治对于我,亦师亦友。他开朗豁达、乐于助人,他总是那样兴致勃勃、那样谈笑风生,即使在他 20 年的人生低谷时期也很少见他消极低沉过。他去世后,我常常想,有几人能以 75 年的生命献身于科学,是什么力量支撑他如此孜孜不倦地追求?我想,首先是他对数学的兴趣和热爱,更重要的是,作为一名老党员、一位科学家,他对我国数学研究与数学教育事业发展的责任和担当。

本书的出版不仅是对徐利治老师的缅怀和纪念,也是对青年一代献身科学的激励。当下有许多孩子的梦想是当明星,多数大学生读书为的是求职,家长也是为子女的所谓前途到处奔走。殊不知我们国家目前最缺乏的是有志献身科学事业的人才。如果此书在弘扬社会主义核心价值观方面能起到一点作用,那就令人十分欣慰了。

有感而发,是以为序。

伍卓群
2019 年 6 月 16 日
于长春

前　　言

在常人看来，数学家长期与抽象的符号和枯燥的算式打交道，似乎有些刻板、有些神秘，在人们的眼里好像是怪怪的。其实，他们既是数学王国的主人，也是食人间烟火的普通人。

20世纪末，还在哈尔滨出版社工作的刘培杰老师邀我组织一套传记文学形式的数学家丛书。在当时出书比较困难的情形下，该出版社本着宣传数学家的事迹、激励年轻一代投身科学的初衷，决定推出这样一套书是十分可贵的。《上下求索——徐利治》(2001，以下简称《上下求索》)就是该丛书中的一册。

由于我们当时还没有撰写长篇人物传记的经验，所以感到这是一件很不容易的事。好在已经有几篇(如隋允康与王青建撰写的两篇)徐利治传略给我们提供了有价值的参考。

为了充实内容，我和姜东光老师于1998年秋季开始对徐先生进行采访。我们带着简易的录音机，多次来到他在大连市科学家公寓的住宅。徐先生十分热情地接待我们，非常认真地依时间顺序讲述自己的生平。我们的第一印象就是这位年近八旬的老人有着惊人的记忆力，几十年前的人物、时间、地点和具体事件都记得非常清楚。第二印象就是他具有史学家的素养，完好而有序地保存了大量的原始资料，每次采访他都给我们展示一些：如西南联合大学毕业证书(1944)、清华大学教员身份证明书(1949)，1957年省报对他的公开批判，以及华罗庚、陈省身、钟开莱和埃尔特希等著名数学家的来函，与同行的交流，各时期发表的重要论文、学界的评价等宝贵资料，使我们大开眼界。对这些资料，徐先生或要我们拍照，或交给我们拿回去复印。他的讲述,时而兴致勃勃、侃侃而谈,比如与美国著名数学家高尔德的精诚合作;时而感慨万分、扼腕长叹,比如对才华横溢的史学家丁则良的英年早逝。而当他讲述自己20余年的坎坷经历时,坦诚而宽宏,完全没有悲戚之情,好像在说旁人的故事。事实上,在20年的苦难生涯中,他以超常的毅力专注于数学研究,在数学王国中"自由翱翔"。这位乐观、开朗、豁达的数学家,真是一位传奇人物!对他的每次采访都是一次学习,徐先生的事迹使我们受到教育和鼓舞。我们把采访的记录和录音等进行梳理,汇集成文,形成初稿后又经他审阅,得到认可后才最后定稿。

2019年3月11日,99岁的徐利治先生仙逝。噩耗传来,他各时期的学生、弟子、故交、同事和好友都十分悲痛,大家纷纷以不同的方式缅怀这位把自己的一生都献给数学的一代大师。有不少朋友向我询问或索要《上下求索》一书,可是此书当年印数很少,早已难寻了。如今,哈尔滨工业大学出版社决定出版这本《传奇数学家徐利治》,以满足广大读者的需求。本书上篇由《上下求索》修订和补充而成,下篇是纪念徐利治先生百岁诞辰的论文集,各位作者从不同侧面缅怀了徐先生对我国数学研究和数学教育事业的杰出贡献。

徐利治先生把自己的一生都献给了数学。从1944年在西南联大读书时发表的第一篇论文开始,直至生命已经垂危的2018年年末,又交给《高等数学研究》最后的研究论文,时间跨度75年,发表论著260余种。在这75年间,他不断与各种挫折抗争,殚精竭虑,上下求索,徜徉在数学王国里,他的数学人生已成为后辈励志的明镜。

阅读本书,不仅能了解徐利治先生的传奇人生,还可以看到百年来国家的变化和发展;可以得知新中国成立初期国内院系大调整的一些概况;可以了解我国数学事业的部分发展历程,特别是了解吉林大学数学学院和大连理工大学数学科学学院的学科建设和发展,因此本书还具有一定的史料价值。

感谢著名数学家、吉林大学老校长伍卓群先生为本书作序并题词,他对人生价值的思考给我们以启迪,使读者受益。感谢哈尔滨工业大学出版社副社长刘培杰先生对此书编写和出版的鼎力支持,感谢各位编辑付出的辛勤劳动。感谢徐利治先生各时期的学生和弟子、他的故交好友,以及数学界、数学史界各位同人为本书提供的纪念文章、珍贵资料和图片。

"路漫漫其修远兮,吾将上下而求索。"——谨以此书缅怀徐利治先生。

杜瑞芝
2019 年 7 月 9 日
于大连

目　录

上篇　上下求索——徐利治（杜瑞芝　姜东光）

引子 …………………………………………………… 3

第一章　艰难的岁月 …………………………… 7
1. 童年 ………………………………………………… 7
2. 洛社乡师 …………………………………………… 9
3. 流亡生活 ………………………………………… 13

第二章　西南联大 ……………………………… 22
1. 报考大学 ………………………………………… 22
2. 名师的教诲 ……………………………………… 25
3. 莘莘学子 ………………………………………… 35

第三章　黎明前后 ……………………………… 38
1. 返回清华 ………………………………………… 38
2. 动荡的年代 ……………………………………… 41
3. 留学英国 ………………………………………… 42

第四章　初到长春 …… 51

1. 建设东北人民大学 …… 51
2. 创办计算数学专业 …… 55

第五章　凤凰涅槃 …… 59

1. 从头说起 …… 59
2. 风云变幻 …… 63
3. 在数学王国里"自由翱翔" …… 69
4. 恢复名誉 …… 80

第六章　科学的春天 …… 83

1. 到大连理工大学去 …… 83
2. 数学系、所的发展 …… 85
3. 创办《数学研究与评论》 …… 88
4. 哥本哈根精神 …… 91
5. 对外交流 …… 100

第七章　路漫漫其修远兮 …… 103

1. 数学宝藏的采掘者 …… 103
2. 开拓新学科 …… 110
3. 对数学美的追求 …… 120
4. 青年之友 …… 128
5. 投身教学改革 …… 133
6. 环球之旅 …… 141

第八章　在回忆中升华 …… 148

1. 口述历史 …… 148

2. 珍贵的史料 ⋯⋯⋯⋯⋯⋯⋯⋯⋯⋯⋯⋯⋯⋯⋯⋯⋯⋯⋯⋯ 151
3. 智者的格言 ⋯⋯⋯⋯⋯⋯⋯⋯⋯⋯⋯⋯⋯⋯⋯⋯⋯⋯⋯⋯ 157
4. 灵感来自直观与简单 ⋯⋯⋯⋯⋯⋯⋯⋯⋯⋯⋯⋯⋯⋯⋯⋯ 160

第九章 数学之旅 ⋯⋯⋯⋯⋯⋯⋯⋯⋯⋯⋯⋯⋯⋯⋯⋯⋯⋯⋯ 165

1. "定解条件" ⋯⋯⋯⋯⋯⋯⋯⋯⋯⋯⋯⋯⋯⋯⋯⋯⋯⋯⋯⋯ 165
2. 70% 靠自学 ⋯⋯⋯⋯⋯⋯⋯⋯⋯⋯⋯⋯⋯⋯⋯⋯⋯⋯⋯⋯ 167
3. 哲学思考 ⋯⋯⋯⋯⋯⋯⋯⋯⋯⋯⋯⋯⋯⋯⋯⋯⋯⋯⋯⋯⋯ 172
4. "徐氏三原则" ⋯⋯⋯⋯⋯⋯⋯⋯⋯⋯⋯⋯⋯⋯⋯⋯⋯⋯⋯ 174
5. 教书的感悟 ⋯⋯⋯⋯⋯⋯⋯⋯⋯⋯⋯⋯⋯⋯⋯⋯⋯⋯⋯⋯ 177
6. 健康长寿的秘诀 ⋯⋯⋯⋯⋯⋯⋯⋯⋯⋯⋯⋯⋯⋯⋯⋯⋯⋯ 180
7. 回归自然 ⋯⋯⋯⋯⋯⋯⋯⋯⋯⋯⋯⋯⋯⋯⋯⋯⋯⋯⋯⋯⋯ 185

附录 ⋯⋯⋯⋯⋯⋯⋯⋯⋯⋯⋯⋯⋯⋯⋯⋯⋯⋯⋯⋯⋯⋯⋯⋯⋯⋯ 191

附录一 1984—2006 年徐利治指导的博士研究生及其毕业论文一览表 ⋯⋯⋯⋯⋯⋯⋯⋯⋯⋯⋯⋯⋯⋯⋯⋯⋯⋯⋯ 191

附录二 1982—2007 年徐利治访问我国（海峡两岸）学校校名一览表 ⋯⋯⋯⋯⋯⋯⋯⋯⋯⋯⋯⋯⋯⋯⋯⋯⋯⋯⋯ 192

附录三 徐利治三项涉及初等数论的研究简介 ⋯⋯⋯⋯⋯⋯⋯ 194

附录四 徐利治发表的主要论文目录 ⋯⋯⋯⋯⋯⋯⋯⋯⋯⋯⋯ 201

附录五 徐利治主要专著目录 ⋯⋯⋯⋯⋯⋯⋯⋯⋯⋯⋯⋯⋯⋯ 229

附录六 徐利治学术年表 ⋯⋯⋯⋯⋯⋯⋯⋯⋯⋯⋯⋯⋯⋯⋯⋯ 230

主要参考文献 ⋯⋯⋯⋯⋯⋯⋯⋯⋯⋯⋯⋯⋯⋯⋯⋯⋯⋯⋯⋯⋯⋯ 239

下篇 纪念徐利治先生百岁诞辰

1. 其人虽已没，千载有馀情（吴从炘 张鸿岩） ⋯⋯⋯⋯⋯⋯ 243
2. 追忆徐利治先生（张肇炽） ⋯⋯⋯⋯⋯⋯⋯⋯⋯⋯⋯⋯⋯ 261

3. 亦师亦友难觅　历历往事铭记
   ——深深怀念徐利治先生（隋允康）……………… 279
4. 徐利治与数学的元理论研究（孙宏安）……………… 305
5. 徐利治先生1981年关于组合数学史的
   一封信（罗见今）…………………………………… 335
6. 缘系口述史：缅怀徐利治先生（郭金海）…………… 345
7. 徐利治先生给我的教益（刘洁民）…………………… 354
8. 我心目中的徐利治先生（姜东光）…………………… 364
9. 徐利治与吉林大学计算数学的创建（王涛）………… 374
10. 做恩师数学思想方法的继承者和发展者（阴东升）…… 388
11. 读博记——追忆恩师徐利治先生（王毅）…………… 400
12. 难忘的两件事——怀念徐利治先生（王青建）……… 405
13. 回忆与恩师徐利治先生相处的往事（卫加宁）……… 410
14. 深切缅怀徐利治先生（杜瑞芝）……………………… 418
15. 父亲的沙中情节（徐达林）…………………………… 427

编辑手记 ……………………………………………………… 431

上　　篇
上下求索——徐利治

引　子

1972年2月,美国总统尼克松访华。这是中美断交21年以来两国第一次正式交往,从此中美恢复邦交。这是中美关系上的重大突破,不仅使我国对外关系打开了新局面,而且影响和改变了许多人的命运。

就在这一年的春夏之交,正在吉林省长岭县腰坨子公社插队落户的吉林大学教授徐利治,突然收到由学校转来的一封来自大西洋彼岸的信函。原来是美国数学家亨利·高尔德(Henry Gould,1928—　)的来信,信中主要谈到1965年他们合作的课题,说受徐利治工作的启发,他已得到了更一般的结果,但一直等待时机与徐利治联系,他提出两人合作发表论文,并表示在没有得到徐利治允许的情形下,他是不会发表的。

这封来信使徐利治又惊又喜。惊的是,他这位已经适应了日出而作、日落而归的"农民",居然收到了中断7年联系的学术伙伴的来信;喜的是,高尔德还在研究着他们合作的课题,并有了新的进展。徐利治想起了7年前的往事。

那是在20世纪60年代中期,他刚开始研究组合数学中的互逆变换问题。他在反复研究高尔德的多篇论文之后,在1965年发现可以用一个公式来概括高尔德的一系列公式，从而使高尔德的每个公式都成为他所得到的新公式的特例。于是，徐利治与高尔德通信联系，把他的发现和进一步的想法告诉了高尔德。高尔德回应很快，马上回信提出与徐利治合作研究。后来由于徐利治不被允许再与国外联系，两人便中断了合作。

惊喜之后，徐利治又不免十分惆怅。他目前的处境，一无资料，二无时间，继续合作谈何容易。他当即给高尔德回信，对高尔德的来信表示非常高兴和感激，对于发表论文的事，他委托高尔德全权处理，他没有任何异议。

1973年12月，美国《杜克数学杂志》(Duke Mathematical Journal)上发表了一篇署名为"高尔德、徐利治"(Gould H. W., Hsu L. C.)的论文，文中含有徐利治1965年发现的公式，以及高尔德与徐利治共同发现的结果，即所谓"高尔德-徐利治公式"。这是中美恢复邦交以后的第一篇两国学者合作的数学论文。一个正在接受改造的人居然能在1973年在美国的杂志上发表论文！

时光荏苒，岁月如梭。2010年7月30日夜晚，大连理工大学校方在其多功能厅一楼举行盛宴，隆重庆祝徐利治先生90华诞。时任校长欧进萍发表了热情洋溢的讲话，他说："看到90岁高龄的徐先生依然身体健朗、思维敏捷，在数学理论研究和数学教育领域中仍笔耕不辍，油生敬意。回想徐利治先生在数学学术上的造诣及对大连理工大学数学学科的建设与发展做出的贡献，深表敬佩和感谢。徐先生在学术上的硕果累累，值得我们后生钦佩和骄傲，他的平易近人、虚怀若谷、乐观豁达的为人品质更值得我们学习。"

大连理工大学党委宣传部撰文称："他（徐利治）是我校建校60

周年功勋教师,他是一位数学家,同时喜欢哲学,认为自己是'修正了的现代柏拉图主义者';对物质世界的洞察,让他对数学有着精深的理解,对这个充满无穷奥秘的数学王国付出一生去追求,90岁高龄仍徜徉其中不乏建树。他的精彩伴随着茅以升、华罗庚、陈省身、许宝騄、匡亚明等科学家的教诲和帮助,跟随着那个时代的数学家段学复、钟开莱、爱尔特希等同台共舞、竞相数学发明,还有与唐敖庆、朱九思、何东昌等老同志相识相知的过往经历,让他的人生显得尤为不凡;也正因为他的不凡,得以为我校数学学科大幅度向前迈进做出历史性贡献。"

吉林大学原校长伍卓群教授为徐利治先生90岁寿辰发来贺信:"您在数学的多个领域都取得了大量享誉国内外的研究成果,您为教育和科技事业做出的卓越贡献必将彪炳于吉林大学和大连理工大学的史册。您毕生致力于数学事业,您攻克数学堡垒的意志,在任何情况下都坚不可摧。尤其令世人景仰和感佩的是,您直至耄耋之年,还活跃在数学研究的前沿。您的这种精神,堪称学界楷模,也正是晚生学习的榜样。"

徐利治先生在寿宴上与大家分享了自己的数学人生:

一生当教师喜看后辈多英才,长年做数学乐享高寿无遗憾。

至此,对于90岁的老人来说,其学术生涯应该画上了圆满的句号,之后就应该颐养天年了。但是,我们看一看九旬之后的徐利治是怎样继续在数学王国探索的吧。据美国《数学评论》的检索结果与国内有关期刊统计,2011年之后徐利治发表论文情况如下(见附录4):

年份	年龄	论文篇数
2011	91	1
2012	92	2
2013	93	4
2014	94	6
2015	95	3
2016	96	1
2018	98	1
2019	99	1（待发表）

以上19篇论文，大多数都是他独立完成的，其中有多篇还是比较艰深的学术研究论文，还有几篇是关于数学教育问题的研究。

人们不禁要问，徐利治到底是怎样一个人，他是怎样从事业顶峰跌入人生低谷的，在20年艰难岁月中又是怎样克服重重困难坚持数学研究的，以及他走出低谷后是怎样大展宏图，为数学及数学教育事业做出杰出贡献的，他有怎样超出常人的聪明才智得以在耄耋之年仍能从事缜密的研究工作，他长寿且保持旺盛精力的秘诀是什么，等等。

亲爱的读者，让我们打开此书，来了解一下这位著名数学家的传奇人生吧。

第一章
艰难的岁月

1. 童年

徐利治原名徐泉涌，江苏省沙洲县（今张家港市）东莱乡是他家世代居住的地方。1920年9月23日，一个小生命呱呱落地，他就是徐利治。因为他出生时的第一声啼哭十分响亮，族中的长者便建议这个婴儿当木匠的父亲给他起个鲜活响亮的名字。这位父亲望着环绕村庄的溪流，就给自己的长子起名泉涌。一家人就希望他像那喷薄而出的清泉，生生不息，涌流不止。此后近一个世纪，其生命之水几经周折，穿山越谷，日见亮丽，这大概是家人殷殷的希望带来的福气吧。小泉涌在报考大学时把自己的名字改为徐利治，大概是盼望这次更名能给自己带来治学有方、锐不可当之势吧！

徐利治的父亲为一家人的生计吃尽了苦头，他经常四处奔波，有时一连数日在外做工。家中只有徐利治独自陪伴母亲艰难度日。父亲的生意越来越不好做，繁重的劳作压垮了他原本瘦弱的身躯。在徐利治十岁时,父亲因劳累过度不幸离世。家里的这根顶梁柱一倒,母亲便挑起了全部的生活重担,她靠帮人缝制衣服勉强维持母子二人的生活。这时的徐家,孤儿寡母相依为命,情景甚是凄凉。徐利治自幼就饱尝了生活的艰辛。

母亲虽然文化程度不高,却是一个性格十分刚强的人,她顶住一切困难和压力,下决心继续供徐利治上学。母子二人的志气深深感动了徐利治的伯父,他在自家生活也十分拮据的情况下,资助徐利治上完小学。在痛失慈父的悲怆时刻,徐利治并未遭到失学的进一步摧残,是母亲呵护着他幼小的心灵。母亲把全部希望寄托在徐利治的身上,把他的前途放在第一位。虽然家境困难,但她不叫徐利治分担家务,只让他专心读书。这是一位多么好的母亲啊。

徐利治的伯父也是木匠,这门手艺给了他许多直觉,虽然他没有正式学过数学,却也了解数与形的重要。一次,他在外面听到一则数学趣味题,便回家讲给徐利治和他的堂姐听:"有100个和尚分100个馒头,大和尚一人分三个,小和尚三人分一个。问有多少个大和尚和多少个小和尚?"徐利治心算了一阵,居然算了出来,回答说:"有25个大和尚和75个小和尚。"伯父见侄儿如此聪颖,颇为喜悦。从这个时候起徐利治就开始喜欢上数学了,他时常要求伯父给他出数学题。每当他答对时,伯父都拍着他的肩膀投以赞许的目光。

儿童和少年对教育环境的感觉是非常敏锐的,这一时期的孩子可塑性极强,或许伯父的这些数学题与今天徐利治的数学成就不无关系。值得人们思索的是,伯父无言的嘉奖竟成为徐利治钻研数学问题的最大动力,这与今天生活环境优越的孩子们是极为不同的。

尽管徐利治比同龄人晚两年上学,有时他还主动帮母亲分担一些家务,但是他的学习成绩一直很优异,14岁时以年级第一名的成绩从小学毕业。徐利治念书的东莱小学离家十多里,每天至少要走一个来回,这练就了他一副好身板,他年近八旬时还行走如风。

2. 洛社乡师

徐利治高小毕业后一心想继续求学,可是家里无力承担学习与生活费用。这时,他得到了老师的指点,考上了江苏省立洛社乡村师范学校(以下简称"洛社乡师")。这个学校办的是四年制简易师范部,招收六年制小学毕业生,培养目标为乡村小学教师。在当时,报考这所学校绝不比今天报考重点高中容易。因为入学后学生享受公费待遇,吃饭不花钱,每月还能领到些零花钱,以供学习和生活上的需要。学校所提供的待遇非常有吸引力,当时沪宁线一带至苏北地区,凡小学毕业且家境贫寒的孩子都把考进洛社乡师作为自己奋斗的目标。每年报考洛社乡师的学生有好几百人,但只有45人能被录取。那个年月勉强读完小学的学生多数家境贫困,交得起中学学费的人是很少的。徐利治到校一问班里的同学才知道,原来同窗中没一个不是其所在学校成绩排在第一名或第二名的。他母校成绩排在第二名的同学也报考了这所乡村师范学校,但由于分数差得多了些,就没能再次成为徐利治的同学。

当时徐利治有机会进入洛社乡师成为他人生的重要转折点,否则他很可能跟随伯父去做木匠了。成为洛社乡师的学生之后,他个人的命运就更加明显地同国家民族的命运联系在一起了。洛社乡师的学制是四年,前三年学习文化基础课,最后一年参加教学实习。徐利治1934年入学,1937年秋正应该从事教学实践,但由于日军发动了侵略战争,学业便不得不中断了。从此少年徐利治便开始了流亡生活。

徐利治以后总是乐意回忆那段在洛社乡师求学的岁月。他在那里安静地读了三年书,增长了许多知识,养成了自学和思考的习惯,树立了初步的人生理想。他看到当时农村文化教育落后,因此为自己所设立的第一个人生目标是:毕业后能做一个自立于社会的小学教师,或者当一个出色的小学校长,并能利用业余时间去钻研所钟爱的数学。洛社乡师为什么对徐利治的一生影响如此巨大?我们还得从时任洛社乡师校长的王引民先生说起。

徐利治的母校全称是江苏省洛社师范学校,它坐落在人称"华夏第一县"的江苏省无锡县(现为无锡市),因校址傍处洛社古镇而得名。洛社南枕京杭大运河,紧挨沪宁干线,与惠泉山遥遥相望。这所历史悠久、颇具特色的乡村师范学校,以培养乡村小学教师、发展乡村小学教育为宗旨,饮誉大江南北,被称为乡村小学教师的摇篮。洛社乡师于1923年创建,当时的校名是江苏省第三师范学校农村分校(简称"三师分校")。王引民先生早年毕业于三师分校,而后进入南京高等师范学堂深造。

我国著名教育家陶行知先生时任南京高等师范学堂的教务长。早在20世纪20年代,陶行知就抱有教育救国的思想,起初从事平民教育,转而提倡乡村教育运动,在乡村教育方面创立了一套有中国特色的思想体系。王引民先生深受这种教育环境的影响,在洛社乡师任校长时大力推行"教、学、做"三合一的教学方法,培养了一大批人才,治校很有成就。

在王引民校长的领导下,洛社乡师学风淳朴,教学质量优良,在

20世纪30年代江苏省几所乡村师范学校中独树一帜。俗话说"名师出高徒",王校长深谙此理,所以对聘用教师极为重视。当时最受学生欢迎的教师有:语文及历史教师张久如、周宾臣、庞翔勋和庞建侯先生,物理、生物教师陆新球先生,体育教师陈晋初先生等。

徐利治的语文课当年就是由张久如、周宾臣和庞翔勋三位先生讲授的。他们都很有学问,讲课十分认真。特别是张久如先生,凡学生有所问,总是不厌倦地回答,叮咛教诲,唯恐学生成就太晚。他们对学生要求也都很严格,有时偶尔发现有不专心听讲的学生便要当场教训一番,所以学生对先生都十分敬畏。徐利治一生喜爱文学,汉语功底厚实,大都得益于这些先生的悉心教诲。

陆新球先生对学生们特别热心,既关心学生的学习生活,又乐于和学生探讨人生的道理。有一次,徐利治在物理学考试中用定积分做了一道题,陆老师高兴极了,当即把徐利治叫到自己的面前给予肯定和鼓励。陆先生对当时的师范学校不开设英语课深感遗憾,在与徐利治的交谈中了解到他希望深造的志向,便对徐利治说,将来学业的发展和研究的深入都离不开国际的交流,英语是必须掌握的重要工具。少年徐利治面露难色,实在不知如何是好。陆先生见状就主动提议做他的英语教师,每周安排几个晚上为他补习英语。徐利治对陆先生一直怀有感激之情,每每谈起这段往事便不能自已。陆先生当年怎么也想不到,这位对他启蒙之恩感念至深的少年日后竟成了闻名国际数学界的数学家,而且由于对国际数学科研交流贡献卓著而获得殊荣:1993年,加拿大的国家科学技术委员会授予徐利治国际科学交流奖。

庞建侯先生当年是徐利治的历史老师,每每讲起中国历史,学生们总是听得津津有味。庞先生把中国历史都给讲活了,学生们随着庞先生的情绪起伏而或喜或悲,他把爱国素养和历史知识融为一体,深深地刻在学生的心中。徐利治的书法也是庞先生教的,每天中午学生们有半小时来练习书法。一天,庞先生来到教室看到徐利治正在学写颜鲁公字帖,就耐心地教他握笔、下笔及运笔等基本功,这种厚重的华夏文化氛围对徐利治一生的学习和工作风格产生了深远的影响。

课余,徐利治还如饥似渴地阅读各种书,欧拉、高斯、拉普拉斯、庞加莱等大数学家的故事使他激动不已,尤其是石匠儿子高斯成为大数学家的故事极大地激励了这个木匠的儿子。从1934年考入洛社乡师,到1937年流亡大后方,徐利治读过的数学课外书有:章克标著的《算学家的故事》《世界名人传——高斯传》《从牛顿到爱因斯坦》,以及刘薰宇的著作等。如果说科学家的故事在精神上给了徐利治很大的激励,那么像《数学的趣味》《微积分大意》这类数学味道很足的科普读物则开发了少年徐利治的智力。虽然当时的他并不能够完全读懂其中的一些内容,但他对"微积分大意"却有了初步的理解。

当时对徐利治影响最大的一本书是《查理斯密大代数学》。这本书是他1936年夏天买到的,由陈文翻译,商务印书馆出版,原作者是史密斯(M. A. Ch. Smith,1844—1916)。整个暑假,他贪婪地读着,开始了他一生中第一次正式地对一本数学教程的自学,他学到了许多日后对他极为有用的知识。排列组合、或然率论(概率论)、无穷级数、行列式论、方程式论及数论等,都是从这本书里接触到的。

那时,全校师生每星期一早晨要参加"总理纪念周"活动,这是纪念孙中山先生的例会。纪念周上常常邀请校内外老师或学者名流做讲演,其内容都是深入浅出,使听者能够获得教益的。徐利治现在还记得许多讲演的内容,像陈晋初先生有一次讲了英国幽默大师萧伯纳的成就和故事,庞建侯先生讲了日本西园寺公望①的事迹等。每次纪念周都有固定的程序,如都要唱总理纪念歌与背诵总理遗嘱,由校长主持并讲话等。那种严肃而激昂的情景至今似乎仍能历历在目。

按照洛社乡师"教、学、做"三合一的原则,高年级必须尽一定的社会义务,有时要派到洛社镇民众文化馆去做文化教育宣传工作。徐利治还在一年级时,就受到这种社会活动的吸引,如主动跟随高年级的老大哥羊宗秀同学去见习怎样开展社会活动。徐利治对一种叫作"会朋友去"的活动(即要求师范生每星期访问农民一次)很有兴趣。这些活动使他了解了社会,也初步懂得了宣传民众的重大意义。

少年徐利治和同学们对学生会组织的活动都很踊跃地参加,他们不但请老师做指导,办定期墙报,而且还举办全校性的演讲比赛。徐利治所在的班级也不甘落后,曾经主办一次讲演,题目是《民主与独裁究竟孰优孰劣》。事先,班里的同学分成两个阵营,一方专为民主辩护,另一方专为独裁辩驳。每方选出数名代表,各自准备论点和素材,然后到学校礼堂(亦兼大饭厅)轮流讲演,相互辩论。这种机会活跃了学生的思想,提高了思辨的能力,也培养了辩论的口才。由于受到这些新式教育和时代潮流的影响,徐利治开始萌发爱国的民族主义思想。

3. 流亡生活

国家民族的命运和个人的命运总是联系在一起的。1937 年 7 月

---

① 西园寺公望(1849—1940),日本首相(1906—1908,1911—1912)。

7日，日本侵略军一手制造了卢沟桥事变；8月13日，又在上海挑起事端，中国军民奋起反抗。中华民族陷入了一场空前的浩劫。临近深秋，战争的烽火逼近无锡地区，坐落在无锡古镇洛社旁侧的洛社乡师，正是教学事业蒸蒸日上的时候，却遭到了战争的无情打击。11月25日，无锡沦陷，日寇沿沪宁线烧杀抢掠，学校被迫迁往前洲，借黄石街华氏宗祠上课。后又迁张镇桥上课，不久校舍遭日本侵略军飞机的轰炸，学校被迫停办。1938年春，校长王引民带领部分师生，会同沪宁线一些中等学校赴上海，在法租界内继续办学，校址设在法租界蒲石路。当时，学校的全称是"江南联合中学师范部"，对内仍称作"洛社乡师"。1938年秋，学校继续招生，这样坚持流亡办学一直到抗战胜利。洛社乡师这种百折不挠的精神，是中华民族自强自立精神的一个缩影。

在学校被迫停办的时候，王引民校长为全校师生做了一次令人终生难忘的讲演。王校长说："教师们、同学们，我们的国家遭到了日本侵略军的疯狂进攻，我们的学校办不下去了！但是，中国不会亡国，洛社师范停办也只是暂时的。请大家注意学校的通知，我们的学校还是要复学的，能够留下的师生员工，可以和学校一起走；高年级的同学和年富力强的教师，学校支持你们撤退到大后方，希望你们寻找机会为抗战出力！……"接着，王校长布置了善后事宜。学校给每一位在籍的学生发五块大洋，并关照大家组成流亡互助小组。教师们和学生们个个相对难言，满怀悲愤。

那时，徐利治和四位同班同学——储雨田、周福征、吴金坤和龚富春结伴同行。他们来不及返回家乡，也见不到日夜牵挂的亲人，便匆匆忙忙走上了流亡之路。他们五人从洛社开始跋涉，取道溧阳、高淳、芜湖向内地安徽、湖北一带流亡,从此各自走上了抗战时期的生活与学习之路。

徐利治一行五人,离开无锡洛社,经过太湖之滨——美丽的宜兴,步行来到了安徽芜湖。他们沿途看到不少军人挖战壕,做阻击日寇的准备,也见到不少从前线撤退下来的伤员,一路上到处都是流离失所的老百姓,战争的气氛极浓。他们五人在芜湖暂时住了下来,等待沿长江运送难民的轮船。难民很多,长时间疏散不开。这时日军不断有飞机到芜湖进行空袭,徐利治几人不得不到附近的坟地躲避。

一次,在芜湖的码头上他们亲眼看到了日本飞机空袭所造成的悲惨景象。几架日军飞机呼啸着掠过码头的上空,成批的难民在岸边无处藏身,不少人躲进了岸边临时搭建的铁皮棚底下。当时如果铁皮棚被炸,后果是不堪设想的。在码头东侧停泊了一艘挂着米字旗的英国商船,被日本飞机轮番轰炸,一阵阵浓烟腾空而起,不一会儿这艘轮船便被炸沉了。

后来人们纷纷传言,日本人炸的就是这挂着米字旗的商船,其目的就是警告英国人不要干涉日军在中国土地上进行的这场侵略战争。据目击者说,在这艘船上不但有英国人,还有芜湖一带及流亡到此地的有钱人。这些富人原以为交了钱,上到英国船上就等于上了保险,没想到聪明反被聪明误。真是应了那句古语"覆巢之下安有完卵",在民族危亡的时刻,人们是不能自保的。

在那段日子里,长江上的轮船根本不够用,难民的人数实在是太多了。人们不能预料自己什么时候能上船,也不能老是等在码头上,同伴中储雨田和周福征在一次偶然的机会先上了去武汉的船。徐利治与龚富春和吴金坤见战事越来越吃紧,决定乘小船先到江北。他们在江北的裕溪口上岸,然后沿江向上步行,走了八天,来到了安庆。

在安庆等船的时候,徐利治和两位同学能够有机会在这素有粮仓之称的安庆到处走访。一方面,祖国的大好河山真是让他们流连忘返,另一方面,战争的阴云笼罩着可爱的家园,流亡生活压得他们透不过气来。他们不得不来往于住地与码头之间,打探着船期。一天夜里,难民船到来的消息传开了,人们拥到了码头。轮船与码头之间,只有很窄的一条木制栈桥,栈桥一侧有一条铁索供人们使用,以防不慎落入江水。夜黑人多,远处又不时传来日军飞机的轰炸声,人们仓皇地沿着这狭窄的栈桥登船。由于桥上人多,又无法指挥调度,人们拥来挤去,不时听到有人落水的声响,伴着惨痛的呼救声,真是令人毛骨悚然。

徐利治等三人幸好都登上了这条大船。他们顺利地来到了武汉,在那里得到了江苏省第一难民所的安置和接待。第一难民所坐落在武汉市的孤儿院内,这里的建筑物直到 20 世纪 80 年代还用来做招待所。徐利治后来到武汉开会时还特意来到这里参观,望着这幢叫作"利济招待所"的披满沧桑的楼房,抚今追昔,真是感慨万千。

当时,凡江苏省流亡出来的小学教师都可以得到 30 块大洋的补贴。徐利治和他的同学们已经读完了三年的乡村师范,正应该进行教学实习,所以也可享受小学教师的待遇。于是徐利治、吴金坤、龚富春和先期到达的储雨田、周福征每人都领到了 30 块大洋的补贴。这对当年举目无亲的流亡者来说,真是莫大的援助。

难民所的工作人员有许多人是教师出身,徐利治感到在这个环境里生活很是融洽。那时已是寒冬,好在难民所发了御寒的衣服和一床棉被,居住与伙食就都有了着落。宿舍里的床是大通铺,加上没有洗澡的条件,很快人们身上都生了虱子,而且虱子繁殖得很快。同房间住的人们苦中作乐,竟想出了许多捉虱子的办法,有时兴致所至,居然举行捉虱子比赛。离难民所不远就有防空洞,人们一听到空袭警报,就得赶快转移到防空洞去。那里面漆黑一片,伸手不见五指。

在那紧张的日子里,徐利治与伙伴们也没有忘记游览祖国的美丽河山,去领略中华民族悠久的文化。在武汉的时候,他曾多次去过著名的黄鹤楼,还几次从汉口乘轮渡去武昌、汉阳。

紧张而压抑的流亡生活并没有瓦解大家的精神和斗志。徐利治在武汉难民所的日子里,挤时间读了大量的书籍。他除了继续研读《查理斯密大代数学》外,还读《毛泽东自传》《伽罗华与群论》等进步书籍和科学著作。他还在沿街的书摊上买了一本由中国数学会主编的《数学杂志》来认真研读。那时候,流亡的师生们经常讨论的话题,除了战局与国家的前途、个人的近期打算,也有不少学术上的热点问题。徐利治在那样一个特殊的环境下,读书的效率竟然是非常高的。国难当头,每个人选择生活道路的思维方式不同,但都明显地打上了时代的烙印。在难民所里,人们争相传阅武汉日报。那些日子里,报上天天登载着各种招生的消息。延安抗日军政大学、中央炮兵学校、中央军官学校的招生广告,都是非常引人注目的。当时还有教育部组织的流亡员工登记工作,为大后方的教育重建招募人才。

青年徐利治这时再也坐不住了,他时而决心报考延安的抗大,要到敌人的后方去大干一场,时而要去军官学校。难民所的朋友们又传闻中央军校非常正规,待遇也较高,个人的发展前途不可限量。但是,徐利治最后所做的抉择是:到中央炮兵学校报名,并到流亡员工登记处进行了登记。他要学炮兵,一是为报效祖国,二是可能更多地运用他所喜欢的数学；做了流亡员工登记之后，则有可能进一步接受培训，还有上大学深造的机会。要上大学，要学习和研究数学，一直是徐利治的信念。

庞建侯老师当时也在武汉市，住址离难民所不远，因而徐利治常常可以到庞先生那里请教各方面的问题。考虑到徐利治学业上的发展，庞先生建议他争取读大学的机会。庞先生的分析是：日本那样一个岛国，民族又有狭隘之嫌，把罪恶的侵略战争强加到中国人民的头上，总要应了那句老话"多行不义必自毙"。无论战争进行多少年，中国的建设总不能停下来。他认为徐利治自幼在数学上表现出来的兴趣和才能，如果得不到发展实在是可惜。徐利治听了恩师的话，真是茅塞顿开，更加坚定了争取读大学的信念。

徐利治在教育部流亡员工登记处登记之后，通过考核成为国立第三中学（以下简称"国立三中"）高等师范部的学生，在当时，学生只有高中毕业才能报考大学。1938年春，教育部组织他们奔赴自己的学校，开始了一个难忘而又漫长的旅程。流亡学生每20人组成一个小队，由一名老师做负责人。领队的老师在战前一般都是中学校长，教学上很有经验，又颇有组织能力。每个小队还有一位老师做领队的助手，协助组织学生在旅途中的生活。徐利治一行坐着数十只木船从武汉出发，由长江进入了洞庭湖，在岳阳市休整了一天，老师带大家登上了岳阳楼。登高远望，无边的洞庭湖水天相连，山河壮丽，真是令人荡气回肠。从洞庭湖出来，又沿沅江逆水而上，途经常德、桃源、沅陵，在叫作辰溪的那个地方，登岸步行，到达贵州省铜仁市。

国立三中就在铜仁的境内。这一次长长的旅途走了一个多月，一路上，天气大都很好。沿江碰到著名的旅游胜地或历史久远的人文景观，老师们还领着大家上岸参观。在陶渊明写下《桃源赋》的桃源，美丽的景色给大家留下了难忘的印象。老师们为大家讲解陶渊明"大济于苍生"的政治抱负和壮志难酬的苦闷，带领学生背诵大诗人脍炙人口的佳作。桃花开放的季节是沅江沿岸最美的时光。老师常常为大家现场介绍历史古迹所留下的故事和文学作品。这一路，学生们欢欣鼓舞，一改在武汉难民所那种压抑的情绪，大家有说有笑，既没有觉得劳累，也没有觉得旅途漫长，就顺利到达了目的地——贵州铜仁。

1940年3月22日铜仁国立三中师范部师生合影
（二排右五为校长周邦道，三排右六为徐利治先生）

徐利治此行不但欣赏了沿江两岸的美丽风光，还忙中偷闲，挤出时间来阅读自己喜爱的文学作品。他坐在船上阅读了苏曼殊的《断鸿零雁记》、法国大作家雨果的名著《悲惨世界》等，颇为感动。正由于徐利治身世坎坷,又逢战乱,日夜牵挂着不能相见的母亲和亲友,他对人生百态、世事炎凉,开始有了较深刻的体会。

1938年春至1940年夏,徐利治开始了铜仁国立三中高等师范部的学习生涯。在那艰苦的岁月里,他靠着微薄的生活补贴,苦熬着求学的日子。但是他的精神是昂扬的,因为他是向着自己的目标——学数学,读大学,将来用自己的本领报效国家——而努力的。

1940年夏徐利治先生在铜仁国立三中师范部毕业时期照片

学习条件很差,根本没有电灯,用的是桐油灯,灯光是昏暗的。一天晚上要挑几次灯芯,否则灯光就太暗了,无法看清书上的字。当时,开了高中化学、物理学、数学和国文等课程。他的国文学得很好,作文常常得第一名,老师总是把他写的作文当作范文,在全班念给大家听。他的物理学得也不错,而且很有兴趣,与老师讨论物理问题是他莫大的快乐。只是化学学得较差,他觉得这门课主要靠记忆,数学和逻辑推理用得较少,后来他常感到在当时化学的学习上还没有入门。

在铜仁国立三中的几年中,数学一直是徐利治的精神食粮。老师在课堂上讲的远远不能满足他的学习欲望。那时他就自学了初等微积分,做了不少微积分和代数难题,常常从破晓一直做到深夜,困倦了,就和衣而卧。课余他常常给同学们讲解数学习题,同学们在他那里得到很多帮助。他因此得到了一个绰号——"数学大王"。这个绰号不胫而走,最后全校学生都知道了。其实,同学们可能不知道,徐利治数学那么好,兴趣原来是最大的动力。而且,给同伴讲题,也是他的一个重要的学习方法。他十分乐于帮助同学,毫无自私自利的想法,还认为这是巩固和检验自己所学知识的最好途径。他的做法正应了那句话"看十遍不如做一遍,做十遍不如讲一遍"。

第二章
西南联大

1. 报考大学

1940年的春天，同学们都在议论纷纷，商讨着怎样安排毕业后的去向。但是徐利治这几天有些心神不定，他遇到难题了。当初他进入铜仁国立三中高等师范部，不光是因为洛社乡村师范学校的出身使他比较容易进入师范部，还因为在师范部可以得到在他看来算是较高的补贴。有了这些补贴，他就有了足够的经济支持，来完成这几年的学业。但是按照教育部新颁布的规定，他作为师范部的毕业生，必须先教一年的书才能报考大学。他在读师范部时就已到学校附近的小学代课，他认为自己已经有了一年的教学经验，但教育部不予承认。这样一来，他将不能如愿报考大学。

徐利治这几天总是闷闷不乐，这引起了一位女同学的注意。她问明了缘由之后，就给徐利治出了个主意。这位同学的父亲在战前是一位中学校长，能帮助徐利治搞到一份高中肄业证书，这样他就能以同等学历来报考大学了。徐利治听到这个消息真是喜出望外,他略加思索,为自己取了个新名字——徐利治。在此之前,他一直叫徐泉涌,而上大学后他就开始叫徐利治了。

那时教育部在后方,能够组织统一的高等学校的招生考试。徐利治的一位同乡力劝徐利治报考唐山工程学院。他的理由是这所学校学风好,办学正规,国家十分需要这方面的人才,因此毕业后分配去向非常好。唐山工程学院的专业是面向铁路建设的,战时国家对铁路交通十分倚重,唐山工程学院的毕业生好找工作,工资待遇高,职位也十分稳定。徐利治从小到大吃尽了经济拮据的苦,因此同乡的话令他很动心。但是不能学习心爱的数学,徐利治还是十分犹豫的。有人劝告他说,铁路工程师也要用很多数学知识,并不影响他发展数学爱好。于是,他报考了唐山工程学院,并以高分被这所竞争十分激烈的大学录取。

当时,唐山工程学院校址设在贵州省平越,著名学者茅以升任这所大学的校长。徐利治到贵州平越报到后,只在他自愿报考的这所大学待了一个月。因为他进入这所学校后,就发现学习内容不能引起自己的兴趣。他喜爱的数学在这里教得太少。尽管学校各方面条件确实不错:伙食好,住宿条件也好,同学都有很高的素质,师生们对徐利治也都很热情,但他还是放不下他所喜爱的数学。怎么办呢?为了自己的志向,徐利治决心直接找学校校长——著名桥梁专家茅以升先生求助。茅校长听了这个毛头小伙子的陈述,又了解到他的有关情况,便欣然为他写了一封介绍信,叫他到四川省叙永的西南联合大学分校去办理转学。徐利治高高兴兴地来到了西南联大,学校看了他的高考档案和茅以升校长的推荐信,就立即录取他为数学系的学生。徐利治就这样争取到了去他自己喜爱的专业学习的机会，他是很幸运的，但入学后他却干了一件蠢事。

徐利治入学后，便投入到紧张的学习生活中。由于他在洛社乡师和铜仁国立三中高等师范部都没有正式学过英语，突然在大学接受英语教育是非常困难的。他感到英语语法还是好学的，那里面有很清晰的逻辑结构，因此好理解，也好记忆。但是英语发音和大量词汇需要记住，实在让徐利治有些打怵。他拼命地学习英语，仍为期末考试担心。他的一位叫苏崇智的好友自告奋勇，要帮他渡过难关。他所提出的方法是，两人都参加考试，但徐利治不用交考卷，由好友替他答一份卷子。他的好友非常自信，可谓"艺高人胆大"，他要在规定的考试时间内答两份卷子。但是一进了考场，拿起考卷一看，徐利治就觉得手痒痒，便不停地答起来。考试结束前，他发现自己的题答得还可以，及格是没问题的，竟忘了事先的约定，把考卷交了上去。考试后，主考教师发现徐利治的名下竟有两份卷子，都以不错的成绩通过了考试，甚是奇怪。于是对照笔迹，很快查出了代徐利治答卷的同学。这件事被学校知道以后，徐利治与好友都受到了处分。他们俩被勒令休学一年。

1940年年底到1941年9月这段时间，徐利治来到了重庆南岸江苏复兴中学当数学教师。替他代交英语试卷的好友也在四川某地找到了工作。他在复兴中学的教学工作得到校方的高度肯定，因为他的逻辑思维十分清楚，口才又好，学生们十分喜欢他的数学课。当他准备返校复学时，校长和学生们都热情地挽留他。校长告诉他，即使师范学校毕业，找到复兴中学教师这样的一份职业也是不容易的。但是，徐利治酷爱数学，他多么希望能继续深造，至于将来干什么，他还没来得及多想。他决心返回西南联大。于是，复兴中学为他开了欢送会，学生们对他恋恋不舍，一直把他送到数里外。其中一些学生还与他长期保持联系。只是代他答英语试卷的好友因为对工作环境颇为满意，此后就再也没有返回西南联大。

2. 名师的教诲

1937年，北京大学、清华大学、南开大学先迁至长沙，组成临时大学；第二年又迁往昆明，改称"西南联合大学"，简称"西南联大"。北京大学、清华大学、南开大学都是著名的高等学府，它们有各自独特的经历，有各自的办学风格。西南联大成立以后，人才荟萃，大多数教师学有专长。虽然他们的学术观点并不一致，学派渊源并不相同，但这里学术氛围比较民主，大家各抒己见，很利于学生独立思考。在办学8年中，西南联大培养了2 000多名毕业生，这些学生中的大部分后来成为建设新中国的骨干，有不少人成为举世闻名的专家学者。

如果说西南联大集中了一大批中国知识分子的精英，那数学系更是藏龙卧虎。系领导有清华大学数学系主任杨武之，北京大学数学系主任江泽涵，南开大学数学系主任姜立夫，数学系先由江泽涵，后由杨武之负责。当时科学研究成就最突出的人是号称西南联大"数学三杰"的华罗庚、陈省身和许宝騄。徐利治直接受业于华罗庚与许宝騄。

华罗庚是江苏省金坛市人，生于1910年。他的父亲原是江苏省丹阳市人，后来迁到金坛定居。父亲精明能干，靠开杂货店谋生。由于家境贫寒，1925年华罗庚初中毕业无力继续读高中。经过努力，他考取了由黄炎培等主办的上海中华职业学校商科。后来只是因为付不起50块大洋的学费，他在还差一个学期就要毕业的时候，不得不弃学回金坛帮助父亲经营生意。

这时华罗庚已对数学产生了浓厚的兴趣。适逢一位留法学子王维克，学成归国回到家乡金坛后在当地的初中任教。正是这位中学老师借给华罗庚的书，引他步入了数学的圣殿。华罗庚边站柜台边读书，利用零散的时间学习了一本大代数、一本解析几何和一本50页的微积分。1927年，华罗庚与吴筱元女士结婚。吴筱元的家境比他还要贫困，而他们婚后的第二年就生了女儿华顺，以后又有三个儿子和两个女儿出生，日子就更加艰难了。1929年，王维克做了金坛初中的校长，他请华罗庚到学校任会计兼庶务，并让他任初一补习班的教员。当时，金坛流行伤寒一类的瘟疫，华罗庚一病半年，以后虽然战胜了病魔，左腿却留下了终身残疾。

1929年，华罗庚在上海的《科学》杂志第14卷上发表了他的第一篇学术论文，此文是讨论施图姆定理的。1930年他在上海《科学》杂志上又发表了一篇文章，被杨武之发现，并推荐给当时清华大学数学系主任熊庆来。他们认为华罗庚在数学上有才华，大有培养前途，便打破常规让华罗庚进入清华大学图书馆担任馆员。1931年到1933年，华罗庚担任清华大学算学系的助理，利用业余时间拼命学习数学。由于他的水平能力为大家所了解，在几位教授的力荐下，克服了任职资格上的困难，被破格任命为助教，讲授微积分课。1934年他又被提升为教员。1936年，经美国著名数学家维纳（N. Wiener，1877—1964）推荐，华罗庚来到英国剑桥大学师从著名数学家哈代（G. H. Hardy，1894—1947），并得到中华文化教育基金会每年1 200美元的资助。哈代等几位著名学者都很赏识华罗庚，保证两年内可以授予他博士学位。而华罗庚的着眼点是来求学问的,并不一定要得到学位。那时,华罗庚致力于解析数论,所发表的论文后来成为公认的经典文献。随着抗日战争的爆发,华罗庚于1938年毅然回国,到昆明的西南联大任教授。

许宝騄教授1910年生于北京,出生于浙江杭州的名门世家。祖父官任苏州府知府,父亲自清末至民国期间历任中高级官员,至江浙盐运使。许宝騄幼年体弱多病,父亲聘请知名家教为他授课,打下很好的文史基础,因此他古典文学的修养很深,用语和写作都很简练。许宝騄在中学期间对数学产生兴趣,1928年考入燕京大学理学院,后来了解到清华大学数学系最好,就决心转学。1929年许宝騄转入清华大学,仍从一年级学起。当时的老师有熊庆来、孙光远、杨武之等人。许宝騄1933年毕业于清华大学数学系,获理学学士学位。之后考取赴英留学生,但因体重太轻不合要求未能成行。许宝騄从此用心调养身体,并到北京大学数学系当助教。当时正值美国数学家奥斯古德(W. F. Osgood,1864—1943)在北京大学讲学,许宝騄在他讲学的两年中一直是他的助教。许宝騄在协助奥斯古德工作的过程中,自己也深有所得。因此在他赴英国留学之前,在分析和代数方面都已有较好的修养。

1936年,许宝騄再次考取了赴英留学生,被派往伦敦大学理学院,在高尔顿实验室和统计系学习数理统计。当时正是该统计系的鼎盛时期,许宝騄得以向许多名师学习,得到他们的指导。他在学业上进步很快,于1938年获哲学博士学位,1940年又获理学博士学位。

抗日战争爆发后,许宝騄决定回国,终于在1940年到达昆明,开始在西南联大执教。在这期间他的学生有钟开莱、王寿仁、徐利治等人。第二次世界大战刚刚结束的1945年秋天,许宝騄又去美国加利福尼亚大学伯克利分校和哥伦比亚大学任访问教授,各执教一个学期,著名数理统计学家安德森(T. W. Anderson,1918—2016)、莱曼(E. L. Lehmann,1917—2009)等人曾是他的学生。1947年,许宝騄谢绝一些大学的聘请,回到北京大学任教。1948年他当选为中央研究院院士,1955年当选为中国科学院学部委员。

在西南联大任教时期,许宝騄在统计学方面已小有成就。他天赋很高,又以勤奋著称。西南联大不但生活很清苦,学习资料也极为匮乏,找到合适的参考书往往很困难。那时因为科研和教学上的需要,许宝騄竟把蒂奇马什(E. C. Tichmarsh,1899—1963)厚厚的一大本《函数论》抄了下来。

许宝騄治学严谨,一旦看到需要的好书,就仔细阅读。他还大量做题,并把一些习题深化成小的研究习作,有的写成了论文。而他对发表论文又很慎重,他的一句名言在同事中传为佳话:"我不希望自己的文章因登在有名的杂志上而出名,我希望杂志因为登了我的文章而出名。"他的论文有的长达几十页,有的只有一页多一点,都是朴实无华,简明扼要,以解决问题为基本目的。他在文章中引用别人的结果时非常认真,总是要求自己给出完全的证明。而他自己的工作也颇具风格,总是尽量追求初等的证明,认为初等的方法比艰深的方法更有意义。因而他的授课能吸引很多人来听,他总能够把问题剖析得非常透彻,问题的解决似乎是自然和容易的。

在教学上,许宝騄主张"良工不示人以朴",他要求把原始的、真实的思想给学生进行充分和恰当的讲解,而在证明方法上又力求言简意赅。他的讲课是深刻思想与完美形式的良好结合,得到了中外学生的交口称赞。作为科学家与教师,他对学生与同行都有强烈的影响,一些人回忆道:"许宝騄坚持深入浅出,毫不回避困难,特别是沉着、明确而又默默地献身于学术的最高目标和最高水平的这种精神吸引着我们。"刚刚30岁出头的许宝騄以自己的学术成就和教学风格博得众望,在数学系和理学院都很有影响力。

每学期开始,华罗庚与许宝騄等人就竞相争取开设新课,借以扩大自己的数学知识领域,很多课程都是他们研究领域以外的内容。徐利治在西南联大学习时期,华罗庚教授讲数论和近世代数两门课,后来成为著名数学家的闵嗣鹤时任华罗庚的助教。许宝騄教授讲微分几何,申又枨讲高等分析,江泽涵讲高等代数,钟开莱讲概率论。

徐利治在每一位授课的先生那里都学到了不少知识,而华罗庚的课使徐利治受益最大。华先生特别善于解题,课也讲得非常好,学生们都很佩服他。华罗庚讲课时经常强调数学研究的方法和技巧,使徐利治大开眼界,对他有很大影响。在华罗庚当时主持的讨论班中,有不少人后来成了国内外知名的数学家,徐利治便是其中之一。

有一次,华罗庚在讲课时,提到他新近发现的一个不等式。他对听课的学生们说,谁能证明出来,欢迎到家里来讨论。徐利治当晚就给出了证明,请华先生过目后,华先生称赞他做得对、做得好,当时还写下几句诗来鼓励徐利治,这是1944年的事。1954年徐利治曾把该不等式发表在印度的数学刊物上,并称之为"华罗庚不等式"。

徐利治从华先生那里获益颇多。徐利治的学术进步还得益于他较早地进入了华先生的研究小组。联大时期闵嗣鹤、施惠同和徐利治等四人组成了一个小型讨论组,定期到华先生家里讨论感兴趣的数学问题。有了这样的共同学习和研究的基础,徐利治在学术上突飞猛进。华罗庚对他的要求也非常严格。徐利治性格随和,人缘很好。当时他有很多朋友,施惠同就是他的莫逆之交。他还有不少投身革命活动的朋友。与朋友的交往占去了他一些时间,因而徐利治在数学上每天也只能用四五个小时来工作。华罗庚知道了以后,要求徐利治再勤奋一些,每天在数学上至少要工作八小时。从此以后,徐利治更加专注于数学研究。华罗庚有句名言:"勤能补拙是良训,一分辛劳一分才。"华罗庚以自己的言传身教影响着徐利治。

虽然华罗庚十分勤奋,在学术上很有思想和见地,但他的人际关系往往较为紧张。凡是有天赋、有成就的人,都会有许多常人所不及之处。华罗庚在许多方面都是出类拔萃的,他往往对某些同人的工作方式或研究习惯有不同的看法。这就给一些同事留下了华罗庚傲慢的印象,因而使得华罗庚的人生历程也有所波折。一次,许宝䝮与徐利治私下谈到华罗庚,许先生曾告诫徐利治:"华罗庚的治学态度与方法是值得学习的,但对他的为人之道要加以分析,有的可以学习,有的却只能借鉴。"尽管徐利治当时很年轻,但他对华先生的事有自己的看法:华先生自幼家境贫寒,难以得到长辈恰当的照料和引导,少年又历尽磨难,容易养成极为坚韧的风骨,为人处世有些与众不同是不奇怪的。徐利治认为华先生的为人之道有许多可学之处,例如他的直爽、坦率,对学生要求严格等。

徐利治在西南联大还有一位很要好的师友钟开莱。钟开莱当时为西南联大的年轻讲师,他讲概率论时,为学生出了40道题,难易都有。当时班里徐利治做得最好,得了95分的好成绩。由此徐利治得到了钟开莱的赏识。

钟开莱生于1917年,与徐利治的年龄仅差三岁,两人很是投缘。

他与徐利治既是师生又是朋友，他们常在一起探讨感兴趣的问题，话题也常常由学术扩展到时局与国际形势。钟开莱原来跟华罗庚做研究，由于两人的性格都十分好强，后来钟开莱离开华罗庚自己做研究。华先生虽没说什么，却不以为然，曾对徐利治说，"钟开莱吃亏就吃亏在从小到大总是考第一名（钟先生考取清华大学时获总分第一）。"徐利治很理解钟开莱性格的可贵之处。钟开莱、许宝騄是杭州同乡，两人来往很多，关系极为融洽。后来钟开莱参加庚款留美学生招生考试，以第一名的成绩获得赴美留学的机会，数年后终于成为世界著名数学家，曾为斯坦福大学终身名誉教授。

钟开莱成名以后，台湾有关方面邀他赴台讲学，因为他对有些台湾方面存在的问题，总是直截了当地进行批评，使得台湾一些有影响力的人不大喜欢他。数学界的一些权威人士认为，按评选中央研究院的规则和钟开莱的学术成就，他理应被选为该院的院士，但他一直没能当选。当时有传言说钟先生思想激进，其实，大陆有些人也不喜欢他，因为他在回大陆访问时也常常直言不讳，对所见所闻好发表一些过火的评论。

徐利治与钟开莱两人的性格有很多相通之处。他们经常在一起切磋学问，徐利治从钟开莱身上学到了很多东西，他十分钦佩钟先生在科学研究中深邃的洞察力，做学问很有一套独到的功夫。特别是钟开莱强调数学的直观能力对发挥创造性的作用，使徐利治永难忘怀。由于早年的交往深厚，他们的友谊一直保持着。钟开莱终身任教于美国的著名学府，以概率论方面的工作闻名于世。1980年，徐利治创办《数学研究与评论》杂志，还聘请钟开莱当学术顾问。20世纪90年代初钟先生专程到大连理工大学讲学，并与徐利治共同举办学术报告会。在一旁作陪的徐利治的同事和学生们为他们两人的友谊所感动。

西南联大迁址,校舍必须重建。但由于教育经费短缺,一切都很简陋。校园没有高楼大厦,学生住茅屋草舍,教室是土坯房。教师的居住条件也差,理工科没有几套试验仪器,文法科缺乏图书资料。加上抗日战争期间物质匮乏,人们的生活条件极为艰苦。可是西南联大师生对科学研究的热情、奋发向上的精神异常高涨,大家满怀着对抗日战争获得胜利的希望。

由于国内外消息闭塞,文献奇缺,所以数学研究无法依赖文献,必须立足于自己的原始思想,这就要求很强的开拓能力。数学系人才济济,"若干能人就可以抓到材料,工作不辍"(见《陈省身文选》,科学出版社,1989)。不仅如此,几位先生还经常陶醉在数学美之中,如梦如痴。华罗庚就曾经对人说:"人们都说音乐美,我觉得数学比音乐美得多。"

在这种环境中,徐利治受到极好的熏陶。他为自己能够跟随着中国当时水平最高、思想最为活跃的一批数学家学习数学而感到十分荣幸。

他参加数学讨论班,接触研究工作前沿,领会到数学家思考和研究的方式,并尝试着独立地做研究。他深感自己一定要选一个方面去钻研。开始他以代数为主攻方向,之后转向分析学,他认真研读了著名数学家波利亚(G. Pólya,1887—1985)和塞格(G. Szego,1895—1985)合编的《数学分析中的问题和定理》一书,做了大量的读书笔记,为日后他撰写专著《数学分析的方法及例题选讲》奠定了一定的基础。

在西南联大数学系浓厚的学术氛围中,徐利治不知不觉地学会了独立研究问题。二年级时,他悉心研究了自己在组合数学中发现的问题,将研究成果寄给了美国的一份数学杂志。三年级时,这篇论文发表了,徐利治默默地享受着数学研究带给他的欢乐。四年级时,当美国普林斯顿的《数理统计年刊》把徐利治的第二篇论文的油印本误送到许宝騄的办公桌上。原来送信人把徐利治的英文名 L. C. Hsu 与许宝騄的英文名 P. L. Hsu 搞混了。许宝騄发现自己的学生如此有出息,十分高兴。他把徐利治叫到办公室,向他表示祝贺与嘉奖,并向华罗庚建议,务必留下徐利治,这恰与华罗庚的想法不谋而合。在大学就读期间徐利治共完成四篇研究论文,发表在不同的国际数学杂志上。

1945 年徐利治毕业时,许宝騄与华罗庚都推荐他留校做数学助教。杨武之时任数学系主任,他到西南联大理学院为徐利治争取留校的名额,却没有得到理学院院长吴有训的支持。当时上面有严格的规定,不得留左派学生担任教师。吴有训颇为踌躇,当局的命令与数学系教授的要求使他进退维谷。后来还是华罗庚想出了一个好主意,他建议徐利治直接去拜访吴有训。徐利治一心想留校继续研究喜爱的数学,他舍不得这个国内最好的研究群体和学术环境。徐利治与吴有训没有任何私交,甚至很少见面。事已至此,他只好按华罗庚的想法试一试。那天晚上他鼓足勇气来到吴有训家,但大大出乎他预料的是,身为理学院院长的吴有训对徐利治这样一位应届毕业生却十分客气。吴有训是一个精明而务实的人,与徐利治好像很随便地谈了一会儿,便对他的功底、禀性与志向有了基本的了解。他发现徐利治确实是个人才,便决心帮他。徐利治留校的事经过多方努力终于成功了。

1945年7月徐利治先生在西南联合大学的毕业照

1945年秋,徐利治刚留数学系工作时,同时给华罗庚与杨武之两位教授当助教。他继续参与华罗庚的讨论小组,帮助华罗庚修订书稿。那时,他每周都要到杨武之家里去一趟,把批改好的学生作业送去。因此,徐利治与杨武之一家很熟悉。杨武之的长子,后来成为著名物理学家的杨振宁当时也在西南联大读书,他与徐利治也有些交往,把徐利治在大四读钟开莱概率论课程的笔记借去浏览。

徐利治与杨武之一家的交往,使他一生都难以忘怀。杨武之为人正直,治学严谨,通情达理,深受同事和学生的爱戴。他在主持西南联大数学系的行政工作方面,费了不少心血,也很有成就,许多数学家的成长直接得益于他的关怀、指导与教诲。徐利治在西南联大读书时,数学系学生每学期选修课程都要得到系主任的签字许可。徐利治在杨武之的指点与鼓励下,继续进修数论、近世代数、概率论与集合论等重要的基础课,从中学到很多基本的数学思想、方法、计算技巧,为他后来的数学研究与教学奠定了坚实的基础。

徐利治跟随杨武之,耳濡目染,受益匪浅。他从教半个多世纪,培养了一大批很有成就的学生,其教育思想深受杨武之的影响。

1946年,组成西南联大的三所大学分别迁回原地,徐利治得到了系主任杨武之签字的一份聘书,到清华大学任教。这样,徐利治就获得了去美丽的清华园工作和继续从事数学教学与科研的难得的机遇。从此,徐利治才真正开始进入数学的研究领域,为以后几十年的学术生涯打下了十分重要的基础。

3. 莘莘学子

新中国成立初期,徐利治有着令人瞩目的双重身份,在业务上是前途无量的学者,又是有过贡献的年轻的共产党员,可谓是红色专家。学术和政治上的追求是徐利治求索生涯的两个重要方面。那么,他早年是怎样走上革命道路的呢?

徐利治经历了少年时期的贫寒生活、流亡中的苦难,目睹了帝国主义和封建军阀给中国人民带来的深重灾难。到大后方昆明读书后,他对时局又有了进一步的认识,作为一名热血青年,他立志追求真理,伸张正义,报效国家,争取进步。20世纪40年代初期,徐利治便投身于进步活动。1944年12月1日,西南联合大学、云南大学的学生联合发起"反内战、争民主"的学生运动,历史上称为昆明"一二·一运动"。徐利治积极参加了这次学生运动,而这次运动的领导人之一就是徐利治的好友洪季凯。

洪季凯当时为西南联大历史系的学生,是湖南省长沙市人。他早年在长沙高中读书时便加入了共产党,由于抗日战争初期到过延安,周恩来曾当面向他布置过工作。后来,他在敌后皖苏根据地的新四军军部工作,皖南事变时被捕入狱,经周恩来代表共产党与国民党当局谈判交涉,同叶挺将军一起获得释放。出狱后洪季凯经长沙转入昆明,他的任务是在西南联大团结进步师生,开展中国共产党的地下工作。这时,徐利治经一位湖南籍校友介绍认识了洪季凯,该校友请徐利治帮助洪季凯补习数学,后来洪季凯果然顺利地考入了西南联大历史系。

洪季凯经常对徐利治说:"没有一个美好的社会,干哪一行都难以获得成就,而要建立一个美好的社会,就要救国……""这是我们这个时代每一个清醒的、正直的、有爱国心的青年的共同课题,要靠人们自己去寻求、探索、斗争。"徐利治与他谈起早年曾向往过"科学救国",但几年的所见所闻和他自己的坎坷遭遇,使他意识到科学救不了中国。当人民连活下去都困难时,还谈得上什么科学、教育、文化?

在洪季凯的带动之下,徐利治于1945年初参加了民主青年同盟,当时称"民青"。这一工作经历在1949年被认为等同于参加共青团。当时,不少进步的西南联大学生和青年助教参加了"民青"。徐利治参加"民青"后,在学生与教师中做了不少工作。一起参加进步活动的好朋友还有闵庆全,他后来成了北京大学教授。同学中戴仲珩、王念平和洪季凯都是进步活动的积极分子,后来徐利治才知道他们都是中共地下党员。洪季凯在学生中是声名大振的才子,是大家都很钦佩的学生领袖。洪季凯除了组织进步的学生运动,还对当时的爱国人士、著名学者闻一多、吴晗和费孝通等人做了大量卓有成效的工作。由于这些工作,徐利治于2015年荣获由中共中央、国务院和中央军委颁发的中国人民抗日战争胜利70周年纪念章。

　　1945年抗日战争胜利后,组成西南联大的三所大学——清华大学、北京大学与南开大学都在筹备复校搬迁的工作。西南联大的大部分师生仍滞留在昆明,教学工作如常进行。此时,徐利治与华罗庚的私交越来越多,他所参与的进步活动华罗庚也有所了解,华罗庚嘱咐他每天至少要在数学上工作八小时。在西南联大期间,华罗庚经济负担比较重:华罗庚的夫人没有工作,他们的子女又多,华罗庚的岳母也与他们同住。几年间华罗庚不得不在西南联大附近的一所私立中学——中山中学兼课。由于华罗庚工作很忙,徐利治常去那所中学为华罗庚代课。工资由华罗庚领回来以后,师母坚持要分一些给他,他申明自己生活简朴,工资也够用,婉言谢绝了师母的好意。而十分厚道的师母常常留他在家里吃饭,并预备一些稿纸送给他用。徐利治在中山中学的教学工作深受学生与校方的好评,对此,华罗庚也十分满意。

　　徐利治从西南联大毕业时适逢抗战胜利,当时国民政府的国防部长俞大维与美国方面磋商,决定派三名搞数理化的中国教授到美国工作。后来华罗庚、吴大猷和曾昭抡三位教授终于成行,他们原计划每人带两名助教去美国。华罗庚拟带徐利治和孙本旺,物理方面的助教是李政道和朱光亚,化学方面的两位助教中有唐敖庆。徐利治已经交了照片办手续,但当局以他是左派学生为由,拒绝了他的出国申请。最后,华罗庚只得带了一位助教出国,他十分惋惜地对徐利治说:"学生运动搞搞就是了,不要那么明显,影响那么大嘛。"

第三章
黎明前后

1. 返回清华

1946年,清华大学迁回北京清华园原址复校。初到美丽的清华园,徐利治高兴极了。清华大学当时在国内外就极有声誉,在年轻学生中也有口皆碑。那时的清华大学以学术思想活跃著称,其设施也是国内一流的。著名数学家陈省身高考择校时就听说过这样一句话:"清华大学有游泳馆,北京大学有胡适之。"可见,大学的名教授和先进设施对考生的吸引力是由来已久的。清华大学有徐利治熟悉的故交好友,又有充满活力的学术环境,徐利治忘我地投入了全新的工作。

随着经济环境和生活条件的改善,徐利治能够把分别多年的母亲接来清华园同住。母亲把徐利治的成长和发展看在眼里,喜在心头。她过惯了贫寒节俭的日子,把为儿子操持家务看作是自己莫大的幸福。此时的徐利治正是二十六七岁的年纪,有了母亲的帮助,他便全身心地投入了工作。徐利治担任清华大学的助教,把主要精力用于数学的教学与研究。西南联大的功底,加之清华大学校园文化的熏陶,为他日后成功地走上数学之路打下了坚实的基础。这时,他还延续了早在西南联大时就养成的一个习惯,那就是"哲学思考",通过不断的学习自觉地提高自己的哲学素养。一批清华大学的年轻助教自发地组织了一个学习小组,坚持学习、讨论自然辩证法。这个学习小组的成员主要是物理系与数学系的助教,物理专业的人更多一些。比如,他们曾经讨论哲学与自然科学的相互关系问题,有人认为一些问题用自然科学说明不了,而依靠哲学却能加以解释。比如,古希腊哲学家芝诺提出的"阿基里斯追不上龟"的悖论问题,至今用自然科学仍不能说明,只有用时间的"连续性和分立性的矛盾统一"才能加以解释;而另一些人则认为芝诺悖论对于这种论点来说恰恰是一个很好的反例,即只有用自然科学的成果才能真正理解这类哲学论辩的含义。

芝诺悖论是这样论证的:"在赛跑的过程中,跑得最快的永远追不上跑得最慢的,因为追者必须首先达到被追者的出发点。这样,那个跑得慢的必定总是领先一段路。"芝诺悖论的关键是用了两种不同的时间测量。经过热烈的讨论,年轻的学者得到了共同的启示:时间与时间的度量不同,一种时间度量达到无限之后还可以有时间。"时间之后的时间""无穷之后的存在",就是蕴含在芝诺悖论中的哲理。这些哲学思考和讨论对徐利治日后的数学研究有很大的启发。

在抗日战争胜利后的中国,有一份杂志很有影响力,它是创办于1946年的《科学时代》,由一些进步青年在1945年组织的科学时代社主办,其总部设在上海。这份杂志以介绍科学和社会的结合、向国民开展科普知识为主旨,一批年轻的大学助教成为这份杂志的骨干和主要撰稿人。这些助教大多来自上海交通大学、浙江大学、北京大学和清华大学,有理、工、文、史、哲等专业的人参与这一活动。当年,徐利治也是科学时代社成员之一。

1948年春徐利治先生在清华大学数学系任助教时期照片

徐利治在清华大学校风的沐浴下,在清华大学数学系老教授的培养下,进步很快。1946年徐利治返回清华大学任教,1948年就被破格聘为教员。通常由助教升为教员需要五年的时间。徐利治在清华大学真是如鱼得水。

徐利治先生清华大学教员身份证明书(1949年)

2. 动荡的年代

1946年到1949年,内战爆发,物价飞涨,民不聊生。大学里师生们的生活也是非常艰辛的。在这动荡的年代里,徐利治除了钻研业务,还参加了大量的社会活动。1946年10月,由洪季凯介绍,徐利治秘密加入了中国共产党。徐利治与何东昌同在一个党小组,何东昌担任小组长,党小组中的另一位共产党员是吴征镒。

那时徐利治的主要任务是以清华大学教师的身份,联络清华大学的著名学者(如段学复、周培源等),宣传中国共产党新民主主义革命的政治主张。同时他还参与了护送过往北平的革命同志的工作。

那时由地下党介绍来的进步学生不少落脚在清华大学,由北平转赴解放区。这些学生多来自上海和江苏,徐利治接待过的学生有好几批,每批大约三到五人。这些人多是高中生,男女都有。在那兵荒马乱的日子里,他们远离家乡父母,多有不便。徐利治把学生们都领到家中,由母亲做饭,热情地款待他们,有时还要给他们一些零用钱。

一次,清华大学的学生领导人之一——张家树遭到军警的通缉,徐利治受命负责他的安全。趁着夜色的掩护,他把张家树送到段学复的家中,使张家树平安地躲过了这次劫难。后来张家树成了新华社的记者。另一次,由何东昌介绍到徐家一位客人,名叫袁永熙,作为一名共产党员,他的名字后来广为人知。他的岳父是当时很有名气的陈布雷,陈布雷曾担任蒋介石的秘书,据说因为与蒋介石的政见不同及其他某些复杂的原因,于20世纪40年代末自杀身亡。袁永熙与妻子陈琏都是共产党员,这件事曾震动了蒋介石与当时的国民政府。袁永熙在1957年被冲击,1978年获平反后,曾任北京经济学院院长。

由于徐利治的这些活动,在保留下来的北平民国政府的有关档案里,徐利治被列入了受到严密监视的"黑名单"。但是,他们还没有来得及对徐利治进行迫害,国民党的统治就日落西山了。

在新中国成立前夕,各地学校的进步师生在中国共产党地下党组织的领导下开展了护校斗争。徐利治积极参加了清华大学的护校工作。作为一名中共地下党员,他为争取社会进步和民族解放做出了应有的贡献。

3. 留学英国

1949年北平解放初期,徐利治获得了英国文化委员会奖学金(British Council Scholarship)的资助,得到了公费留学英国的机会。许宝騄曾认真地为徐利治写了推荐信,并指点他对选拔考试做了认真的准备。徐利治经过一番努力,终于通过了英国文化委员会组织的考试。英国文化委员会的这项奖学金是面向全世界的,因而审核筛选程序相当严格,对申请人的学术工作背景也有相当水准的要求。

可以说,这次留学英国的机会对徐利治来说十分难得。但是,在国内那场大决战还没有完全结束的时候,北平的最高行政管理部门——军管会决定:到国外留学的一切手续都暂不办理。徐利治又一次面临着巨大的失望。1945年随华罗庚留学美国的机会因为他的社会活动断送在国民党控制的民国政府手中,难道这一次留学英国的机会因为军管会的一项临时性的政策又成为泡影了吗?

徐利治为民主、科学而积极参加革命工作和社会活动,为中国共产党的新民主主义政权的建立做了自己应有的贡献,共产党应该批准他深造。徐利治了解党的一贯原则,他相信:对于他出国留学的申请,上级领导一定会予以考虑。他想到了当年找茅以升先生请求转校,找吴有训院长要求留清华大学工作的事。这一次他决心再争取一下,他想到了党小组组长何东昌。徐利治把自己碰到的问题向何东昌做了汇报,何东昌当即将这一情况反映给北京市的主管人刘仁同志。北京市军管会的领导经过认真研究认为,新政权建立后必然需要大量的德才兼备的干部,像徐利治这样经过多年工作锻炼的可靠同志应当送出去留学。就这样,徐利治获得了北京市军管会的特批。

1949年7月25日,徐利治持军管会的介绍信离开北平,取道天津,乘上了太古轮船公司的客轮,8月上旬抵达香港。徐利治拿着英国文化委员会的资助证明,来到民国政府外交部驻港办事处,专程办理留学英国的护照。办事处的工作人员看到他是清华大学的教员,又是去英国公费留学,对他格外客气,所有手续都办得十分顺利。

徐利治因为等船在香港逗留了一周,后来乘意大利轮船"那不勒斯号",一路经过新加坡、意大利,用了将近一个月的时间抵达终点站——法国的马赛港。他在马赛上岸后住了两晚,乘火车前往巴黎。之后乘船渡过英吉利海峡,到达英国的港口城市多佛尔,再乘火车到了伦敦。他在伦敦住了三四天,便前往此行的目的地——阿伯丁。

一路上,徐利治踌躇满志,心情十分畅快。他要努力学习,要学有所成,要把学得的知识献给新中国,献给人民。他的目标就是要成为新中国的数学家,成为世界知名的数学家。

阿伯丁是苏格兰北部的渔港城市,也称花岗岩城。它的建筑别致,风景秀丽,市中心附近保留着一些建于13至14世纪的最古老的街道和庭院。在宽阔的联邦大街上,当代建筑与中世纪的城堡和尖塔结合在一起。市政厅内保存着珍贵的文物和有关每个苏格兰自治市的完整史料。

阿伯丁大学于1860年由罗马天主教国王学院(1494年)和新教马里夏尔学院(1593年)合并而成。伟大的物理学家麦克斯韦(J. C. Maxwell,1831—1879)在这里度过了他的青年时代,著名的数学家麦克劳林(C. Maclaurin,1698—1746)在这里完成了他主要的数学工作。这是欧洲文明孕育出来的一座古城,徐利治在这里处处感到它那令人神往的气息。在他留学的一年时间内,曾多次参观和游览阿伯丁市的著名建筑,特别是新古典主义音乐厅和号称世界最大的花岗岩建筑——马里夏尔学院,这座文明古城给他留下了深刻的印象。

1949年秋徐利治到达英国,在那里度过了两年的留学时光。第一年是在苏格兰的阿伯丁大学。在国外,作为一名中国共产党党员,徐利治十分关心当时的国际共产主义运动,但在格拉斯哥大学里徐利治没有找到共产党的组织。1950年的暑期徐利治到阿伯丁一家造船中心参观度假,在那里他了解到英国重工业的情况。这时期他也能经常读到英国的《工人日报》(*Daily Worker*)。同英国产业界的人士谈论他们关心的问题,使徐利治开阔了眼界。同时,他也从英国的历史与现状联想到中国的历史、现状与未来,他对新中国的建设充满了信心。

1950年9月到1951年夏,徐利治是在剑桥大学度过的。剑桥大学位于剑桥市卡姆河畔,是欧洲最古老的大学之一。这里的数学传统是徐利治向往已久的。1669年,科学巨匠牛顿前来教授数学,极大地提高了剑桥大学的学术地位。牛顿在剑桥居住了30年,使该校的数学研究水平大大提高。18世纪剑桥大学举行首次荣誉考试时,主要科目就是数学。到剑桥大学来学习和研究数学是徐利治梦寐以求的。

在剑桥他结识了一名来自美国的数学工作者,名叫雷弗茨(J. Ravetz)。雷弗茨的父亲是美国共产党员,因而比徐利治先到剑桥的雷弗茨已经参加了那里共产党组织的活动。有了雷弗茨的引荐,徐利治参加了英国共产党剑桥支部的活动。经常参加剑桥党支部活动的人员约30人,多为剑桥大学的助教和学生。这些人对工作都满腔热忱,他们搞活动都是大家凑钱做经费。他们的活动主要是就某一个政治专题进行讨论,有时也一同去野餐。

当时,国际共产主义运动的一个焦点问题是南斯拉夫问题。南斯拉夫总统铁托是一位"比铁还硬的人物",与苏联共产党的领导人斯大林发生了政治见解上的分歧。在剑桥支部中少数人同情铁托,但大多数人认为是铁托的政务活动造成了分裂,对铁托表示反对。剑桥支部的同志们对此经常展开辩论;时常相持不下,吵得面红耳赤。

1950年夏徐利治先生留学时期摄于格拉斯哥城

徐利治参加英国共产党基层组织的活动,感触良多。印象最深的是,在资本主义民主制度下,共产党内就不同的政见也经常分成两派;但是,无论怎样争论,争论到什么程度,从不伤害彼此的感情。他们关于言论自由的信仰,可以表现在一句名言中:"尽管我认为你是错的,但坚信表达意见是你天赋的权利。"这给了他很大的影响。

在剑桥的日子里,徐利治还参加了英中友好协会的活动。英中友好协会的主席是李约瑟博士(Joseph Needham,1900—1995),他是世界著名的科学史家,当时正在编著《中国古代科学技术史》,后来这本书成了有国际影响力的名著。一位名叫王铃(Ring Wang)的中国人,此时正做李约瑟博士的助手。王铃毕业于中央大学(南京大学的前身)历史系,后来成为澳大利亚一所大学的教授。徐利治与王铃在剑桥成了好朋友,他们常常在一起讨论问题,一起吃饭。由王铃引荐,徐利治结识了李约瑟博士。在剑桥的一年里,徐利治经常与雷弗茨一同拜访李约瑟博士,替他看搞、写评论文章等。李约瑟博士的著作中还提到徐利治的名字,徐利治与李约瑟博士的交往对他日后提倡数学思想史研究有很大影响。

徐利治在英中友好协会主办的活动中,曾经应邀做过报告,专门展望新中国的建设和各方面的发展。后来还就这一专题写出文章,于1951年春天发表在英国的报刊上。

当时,在英国留学的朋友中还有邹承鲁、李林夫妇。邹承鲁在西南联大就读时,与朱光亚都是徐利治的同寝室的学友。李林是著名的地质学家李四光的女儿。他们夫妇两人都获得了哲学博士学位,后来都成了中国科学院的院士。

在徐利治的留学生涯中,使他永难忘怀的是他所参与的周末文化活动。徐利治刚到剑桥,便和朋友发起并组织了一个讨论班,每两周举行一次讨论。讨论班的六七名成员当中,有专攻物理、化学、数学的,还有一名专攻蝗虫学的昆虫学家。每次讨论的议题都很小,力求通俗明白。这个小讨论班实质上是一个高级科普的系列讲座,每一位参加者既是听众,又是专题报告人。

这种不同专业的人士交流思想、切磋治学经验的方式是十分灵活的,适用于不同环境、不同层次的人。这种方式也是非常重要的,它对开阔人们的眼界、启迪人们的思维是卓有成效的。

1951年春徐利治先生在剑桥郊区

  物理学家爱因斯坦年轻时与两位同龄的朋友经常在一起讨论各种问题,他们把自己定期举办的讨论班戏称为"奥林匹克研究院"。爱因斯坦后来回忆,他大学刚毕业,包括待业和在瑞士伯尔尼专利局工作时热衷于"奥林匹克研究院"的活动,那段经历使他终身获益。徐利治更是一辈子没有放弃过这种学术讨论与交流的方式。在科学方法论方面,关于讨论班与学术交流的必要性,结合科学发展的时代特征,徐利治有专门的论述。

  徐利治在阿伯丁大学的导师是 E. M. 莱特(E. M. Wright,1906—2005)教授,他是一位在渐近展开这一数学分支很有贡献的数学家。徐利治在渐近展开方面的研究上已经有了相当好的基础,他于1948年就在这一领域发表了研究论文,而且发表在最著名的数学杂志之一——《杜克数学杂志》上。莱特教授对徐利治的功底与研究能力十分欣赏,劝说徐利治在阿伯丁大学攻读科学博士学位。在英国,科学博士(Dr. Science)是一种高于哲学博士(Dr. Philosophy)的学位。英国文化委员会的奖学金的期限一般是一年,对工作出色的人可以延长到两年。莱特教授保证为徐利治继续申请这一奖学金,并且认为他在三年之内能够拿到这一学位。然而,那个时代的人,尤其是徐利治,由于在西南联大那样一种自由与务实的学术氛围中成长起来,"学位意识"十分淡薄。徐利治还特别受华罗庚的影响,深信一位成功的数学家主要应当靠科研成果,靠在数学上实实在在的贡献,而不必靠形式上的"学位"。

1951年徐利治先生乘船回国经过印度洋时所摄(右一为徐利治先生)

当时,徐利治梦寐以求的是到剑桥大学去,那里是数学王国最神圣的殿堂。如果留在阿伯丁大学攻读学位,那么就可能与到剑桥大学进修的机会失之交臂。

事实上,当时占据徐利治脑海的还有一个最重要的想法——尽早学成归国,为新中国的建设做出应有的贡献。他在回国前经常与一批思想进步的同学通信,他们互相鼓励,立志尽早回国,以便迎接新中国的成立,建设新中国。这批人后来全都回国了。

那时,华罗庚仍在美国,他与徐利治有过多次书信往来,表达了对祖国的思念之情,交流回国参加建设的打算。

新中国成立后,各方面充满了活力,在知识分子政策方面也是极为务实的。当时政策规定,凡是归国的海外学者,像徐利治这种情况一律给予副教授职称。徐利治回到清华大学时,的确很顺利地得到了学校颁发的副教授聘书。他从1945年在西南联大结业担任助教开始到破格升为教员,再到1951年聘为副教授,仅用了短短六年的时间。清华大学和北京大学仅由助教升为教员一般需要五年,他的晋升不仅因为机遇,也因为他个人的努力,还因为那个时代的特殊性。徐利治学术地位的变化令人瞩目,而且今后的发展也是不可预测的。

第四章
初到长春

1. 建设东北人民大学

新中国建立之初,中国面临的主要任务是恢复并发展国民经济,同时对旧有教育事业进行改革。中共中央发出指示,学习苏联先进的教育经验,对高等学校进行院系调整。

学习苏联先进的教育经验是在当时特殊的历史条件下提出的。因为中国人民还缺乏建设社会主义的经验,而且面临着帝国主义的包围和封锁,只有斯大林领导的社会主义国家的经验可以借鉴。

高等学校的院系调整就是在学习苏联教育经验的过程中进行的。从1952年下半年开始,在以培养工业人才和师资为重点、发展专门学院、调整和加强综合大学建设的方针指导下,进行了院系调整。当时以华北、华东、中南地区为重点,实行全国一盘棋,尽可能使学校的布局合理。在院系调整中,要使大多数省份都有一所综合性大学和工、农、医、师等专门学校。将清华大学和浙江大学等高校改造成多科性工科大学,并加强综合大学和师范院校建设。

根据中央的指示,吉林省准备把东北人民大学(今吉林大学)建设成一所高档次的综合性重点大学。东北人民大学的前身是1946年10月创立于哈尔滨的东北行政学院,是一所专门培养行政管理干部的文科大学。1948年5月,哈尔滨大学和东北行政学院合并,更名为东北科学院。后该校迁至沈阳,复名为东北行政学院。1950年3月,东北人民政府决定:东北行政学院更名为东北人民大学,并于同年6月由沈阳迁至长春。

院系调整时,中央拟调配其他重点大学的骨干教师来充实这所大学,北京大学和清华大学等重点大学都有具体的名额,要派一部分教员去东北人民大学。大连工学院与东北工学院当时都成批甚至成系地调去了教师和在校的学生。

徐利治回国时,华罗庚已经先期回国,并担任中国科学院数学研究所所长兼清华大学教授。当时,华罗庚建议徐利治到数学研究所任职。徐利治考虑到清华大学一直厚待自己,当时在工作上也很需要他,而且在清华大学也能直接得到华罗庚的指导和支持,就留在了清华大学。此时,北京师范大学由傅钟孙任校长,他热情相邀徐利治到北京师范大学任教授,清华大学数学系当时由段学复代理系主任,他坚决不同意徐利治离开清华大学。因此,徐利治只能去北京师范大学兼职任教,讲授实分析课程。这是1951年到1952年秋的事。

1952年夏秋之交,高校院系调整开始了。清华大学数学系并入了北京大学数学系,而清华大学只留下了一个"高等数学教研组",由著名的数学家、数学教育家赵访熊负责。那时,北京大学已经开了欢迎会,庆祝徐利治随清华大学数学系的并入而调入北京大学。但是他还没有到北京大学正式工作，中央政府教育部建设东北人民大学，要求北京大学、清华大学派骨干教师前去支援的方案就出台了。当时的教育部长是杨秀峰，副部长是曾昭抡。曾昭抡是清朝著名人物曾国藩的后代，曾是北京大学的著名教授。曾副部长与北京大学有关领导表示过，支援新建的东北人民大学，应当有徐利治这样年轻有为的学者。经过系领导开会动员后，徐利治表示愿意放弃北京大学的优越教学条件，去东北人民大学。

这里还有一个小插曲，同时调入北京大学的还有吴祖基，他是苏步青的弟子，微分几何专家，原来也是清华大学的副教授。吴祖基也报名支援东北人民大学。当系里通知吴祖基去东北人民大学时，吴祖基的妻子——北京某医院的一位医生态度很坚决地表示，吴祖基如果去东北，就与他离婚。段学复这时仍在系里做领导，从系里的全面工作考虑，段学复认为徐利治不应该离开北京大学。段学复告诉徐利治，周培源也希望徐利治继续留在北京大学工作。周培源那时担任北京大学校务委员会副主任、教务长。在这样一种特殊的情况下，段学复与其他系领导经过磋商，决定让徐利治赴东北人民大学任职。数年后，吴祖基离开北京大学，调往郑州大学数学系任系主任。

院系调整对于改变旧中国高等教育结构不合理的状况，使教育适应经济建设的发展，是具有深远的战略意义的，但也有一些弊端。由于旧中国高等院校中法律专业和文科的比重太大，中央对一些文科专业在经济建设中的作用认识不足，不适当地砍掉了这些专业，这使财经、管理、政法、哲学等许多学科严重削弱，这种做法是错误的。对专业的调整也有不适当的地方，如出现并加剧了文科与理科、理科与工科的分割，以及专业设置过细、专业面过窄等。

1952年初冬，徐利治与王湘浩、江泽坚一起来到长春，在东北人民大学组建了数学系，王湘浩任数学系主任，徐利治任数学系副主任，江泽坚任分析教研室主任，徐利治分工负责不少行政事务。

当时东北人民大学的校长兼党委书记是吕振羽。1953年春，东北人民大学建立中国民主同盟区分部。吕校长找徐利治谈话，指派徐利治加入民盟，从事统战工作。后来，徐利治在民盟区分部的代表大会上被选为组织委员兼秘书长。这一时期正是贯彻中共七届三中会议精神，强调要"有步骤地谨慎地进行旧有学校教育事业和旧有社会文化事业的改造工作，争取一切爱国知识分子为人民服务"。因此民盟的工作很重要。徐利治作为红色专家，在当时有双重身份，他做这项工作很合适。徐利治以满腔热情投入这项工作。当时，民盟工作十分活跃，平均每周活动一次。东北人民大学当时负责民主党派工作的领导人是刘丹岩，他是党委委员，哲学系教授。由于民盟工作的需要，徐利治要经常与刘丹岩保持联系。

此时徐利治的另一个职务是东北人民大学数学、物理和化学三系的党总支委员，成为党总支内数学系的代表。在20世纪五六十年代，党务部门的权限很大，党总支实际上承担了很多行政事务。

尽管徐利治工作十分繁忙，但是他每年至少还要讲两门数学课。1953年秋季，徐利治提议在数学系四年级挑选10名优秀学生，组织一个科研小组，得到系主任王湘浩的支持。徐利治作为指导教师带领这批学生开始做一些数学研究课题。这批学生毕业后绝大多数都成长为数学素养很高的专业人才，其中有八位后来成为博士生导师，还有两位成为大学校长（李岳生在1984—1991年任中山大学校长，伍卓群在1986—1995年任吉林大学校长）。

1954年7月毕业时,在徐利治先生住宅前,东北人民大学(今吉林大学)数学系1954届学生科研小组(1953—1954)合影。前排左起:刘荫南、指导教师徐利治副教授、系主任王湘浩教授、吴智泉;后排左起:欧阳邕、李岳生、陈文塬、李荣华、伍卓群、成平、任福尧

1954年,徐利治又创办函数逼近论讨论班,该讨论班培养出了不少这方面的人才,他从此也开始了逼近论和泛函分析方面的研究。1956年,徐利治被提拔为教授,同时被任命为教务长兼教务处长。

2. 创办计算数学专业

1956年,中国科学院派出了由曾远荣(南京大学)、田方增(中国科学院)和徐利治组成的三人代表团参加了在莫斯科举办的全苏泛函分析及其应用会议。开会期间,徐利治认识了不少在全世界有影响力的著名数学家,了解了当时数学发展的有关动态。苏联泛函分析领域的杰出数学家坎托罗维奇(L. V. Kantorovitch,1912—1986)教授在会议上做了很好的报告。

在泛函分析领域,坎托罗维奇引进并研究了一类半有序空间(后来称为坎托罗维奇空间),他还把泛函分析的理论应用于计算数学,发展了近似方法的一般理论,建立了算子方程的行之有效的方法。坎托罗维奇在程序设计、函数论、数学物理、微分方程、积分方程、变分法等领域也都有所建树。后来,他还深入研究了数学在经济学中的应用和经济学中的若干课题,并于1975年荣获了诺贝尔经济学奖。

会议休息期间,徐利治有好几次机会与坎托罗维奇做很深入的讨论。在讨论中,泛函分析中的许多新问题,特别是在计算数学中的应用引起了徐利治更大的兴趣和关注。徐利治除了抓紧一切机会向坎托罗维奇当面请教,还代表东北人民大学与他探讨了两国学术交流与合作的可能前景。在徐利治的盛情相邀之下,坎托罗维奇教授决定安排他的大弟子梅索夫斯基赫(I. P. Mysovskih, 1921—2007)来中国讲学。当时,梅索夫斯基赫是苏联列宁格勒大学的副教授。

回国后,徐利治兴致勃勃地与数学系的同事们一起策划了苏联专家在东北人民大学的讲学活动,并就泛函分析及其在计算数学中的应用这一专题举办了全国计算数学的第一个培训班。

徐利治哪里想到,正当他春风得意之时,等待他的却是另一种命运。中国的政治风云突变,他这位令人羡慕的、学术地位和行政职务蒸蒸日上的红色专家,从人生、事业的巅峰跌入谷底。下面我们还是先了解一下徐利治是怎样创办中国第一个计算数学专业的。

当梅索夫斯基赫即将如约来到中国长春讲学的时候,这项活动的策划人徐利治已经被撤销党内外一切职务,影响力大为降低。人们不禁担心:这次中苏合作的学术活动是否会搁浅？即使如期举行这次活动,能否达到预期的效果？几个月的准备工作能否半途而废、劳而无功？

匡亚明校长不愧是一位政治家、教育家。他十分爱惜徐利治这样的人才,一直明里暗里竭尽全力为徐利治的事业发展铺平道路、创造条件。匡亚明校长顶着相当大的压力,当机立断,主持起草了一份报告,以东北人民大学党委的名义送交吉林省委,申明这次学术活动的重要性,并说明此次学术活动必须由徐利治主持,强调他的作用无人可以替代。特别指出他的政治问题毕竟是我们国家的内部问题,而中苏学术交流是有国际影响力的学术问题。这份报告得到了吉林省委的支持,徐利治又一次走马上任,成了主角。此时的徐利治暂把个人之事置于脑后,全力以赴投入学术交流的准备工作中。

学校不仅允许徐利治主持学术活动,还派李岳生和徐利治的学术助手冯果忱专门去学俄语。冯果忱提前三个月到东北师范大学的俄语专业进修口语,整个学术活动期间,都是冯果忱和李岳生为徐利治担任口语翻译的。后来,根据梅索夫斯基赫学术活动的发言稿,同时用俄文与中文出版了有关的文集和专著,冯果忱真是功不可没。这次活动使徐利治、李岳生、冯果忱获益良多,也提高了东北人民大学数学系的知名度,推动了我国计算数学事业的发展。

徐利治还利用苏联专家来华讲学的机会,在数学系的支持下办起了国内第一个计算数学讨论班兼培训班。当时,英、美两国的最先进的计算机据说要有几个大房间才能摆得下。徐利治不可能得到这样的计算设备,但他们并没有止步。在学校的支持下,他们买进二三十台手摇电动计算机,便夜以继日、风风火火地干了起来。这种手摇电动计算机比前不久还在使用的机械式打字机略大一些,虽然谈不上有多大的实用性,但已经能够满足培训班的需要了。他们用这些简陋的设备培训了一批从事计算数学研究的人才,并就泛函分析及其在计算数学中的应用这一专题开展了广泛的交流和探讨。

与此同时,徐利治还不失时机地主持创办了国内的第一个计算数学专业。第二次世界大战之后,随着计算机的迅猛发展,数学界的同行一般都能认识到数学的发展必然面临新的机遇和挑战,未来数学的发展方向与研究战略必然会受到计算机科学的影响。徐利治的成功经验就是反应敏捷,行动迅速。他在计算数学中保持的好几个第一的纪录及而后他所取得的一系列研究成果,都和他此时较好地抓住了机遇有关。

此后不久,北京大学与中国科学院数学所也在计算数学方面有了一些举措,二者共同促进了计算数学专业的发展。到了1959年,国内许多大学都办起了计算数学专业,真可以说是遍地开花。

1966年以前,吉林大学(1958年东北人民大学更名为吉林大学)的计算数学专业在国内外就有一定的影响力与地位。1977年以后,吉林大学曾涌现出一批卓有成就的计算数学专家,如李荣华、李岳生、冯果忱、王仁宏等。1961年以后,徐利治为这个专业的发展做出了非常重要的贡献。他不但参与这个专业的创办、日常的行政与学术管理,还一直站在学科建设与人才培养的第一线。后来吉林大学计算数学专业成立了国内第一批博士点,徐利治成为改革开放后的第一批博士生导师之一,这些与当时奠定的基础是分不开的。

第五章
凤凰涅槃

1. 从头说起

1957年，徐利治从人生事业的巅峰跌入谷底，之后他经历了20余年的坎坷磨难。这一切都是因何而起呢？

让我们回到1953年春天，当时徐利治等人来到长春，创办东北人民大学数学系仅半年时间。前文已经提到，根据形势的需要，徐利治参加了中国民主同盟东北人民大学区分部的工作。这一工作是当时东北人民大学的最高负责人吕振羽校长亲自交给他的，并且由东北人民大学党委委员刘丹岩直接领导。这两位领导都是很有水平的党内专家，又都经历过延安时期艰苦斗争的考验，可谓学富五车，见多识广。而徐利治对这份工作又极为用心，他代表党委与民盟的专家学者打交道，相处又甚是融洽，也经常向上级领导请示汇报。

让我们先了解几位有关的人物。

东北人民大学党委委员刘丹岩同志早年在北京大学毕业，曾到美国留学,后参加了革命工作。他从延安时期起就从事马列主义哲学研究,人品极佳,是党内学者型的老干部。东北人民大学建校初期,刘丹岩任哲学系系主任。他作为党委委员主管统战工作时,是很负责任的,工作也卓有成效,但是后来也受到了批判。在学术上,刘丹岩有这样一种哲学观点:辩证唯物主义与历史唯物主义的重要程度并不相同。不久,刘丹岩被定性为:否定历史唯物主义,否定毛泽东主席的哲学贡献。

东北人民大学校长吕振羽同志早年参加革命,曾任刘少奇的政治秘书。他融革命与学术于一炉,青年时代就是国内著名的红色教授,曾积极参加第一、第二次国内革命战争和解放战争,被誉为"进得书斋是学者,出得书斋是政治家"。1949年起,吕振羽任东北地区由中国共产党亲手创办的第一所大学——大连大学(现大连理工大学、大连医科大学、大连化学物理研究所的前身)的校长。院系调整初期,他被任命为东北人民政府文教会副主任兼东北人民大学校长。吕振羽是国内外著名的历史学家,著述甚丰,1955年被评为中国科学院院士。

当时,担任民盟区分部主任委员的是物理系系主任余瑞璜,担任民盟区分部副主任委员的是历史系系主任丁则良。余瑞璜于20世纪20年代末毕业于原中央大学,之后受聘于清华大学物理系。20世纪30年代到英国留学,获博士学位。1952年,他响应党的号召,离开工作20多年的清华大学到东北人民大学筹建物理系。丁则良就是早年给幼年杨振宁担任家教的西南联大历史系高才生,这时已是声名显赫的历史学家了。区分部的其他负责人还有唐敖庆和唐嗣霖。唐敖庆也是在院系调整时由北京大学调入东北人民大学的,是筹建化学系的主要负责人,后来成为中国科学院院士,并任吉林大学校长、国家自然科学基金委员会主任等职。

民盟区分部的这些负责人在思想上、工作上、学术上与徐利治都有很多交流,他们为民盟的中心任务做出了应有的贡献。

1957年,余瑞璜、丁则良和徐利治被定成"余、丁、徐"集团。这一事件轰动了东北人民大学,在整个吉林省造成了很大的影响,作为当时的一条重要新闻曾在《吉林日报》上被详细地报道过,《人民日报》在1957年8月下旬也曾摘引了这条消息。这一事件的相关人员经过23年才平反改正,恢复名誉。

那么余瑞璜、丁则良和徐利治是怎样成为三人集团的呢?这还要从徐利治的"万言书"说起。

所谓"万言书"是指徐利治写给教育部党组的一份内部文字材料。这份材料是在1954年写成并寄出的。它针对当时东北人民大学领导班子的一些问题进行了分析和批评。它的主要内容涉及东北人民大学在统战、党政领导、教学和科研等方面的问题。

"万言书"虽然是由徐利治执笔写成,但整个思路是民盟区分部主要负责人的共识,所论及的事实只有一小部分是徐利治本人在工作中观察到的,大部分材料则是由其他人提供的,特别是丁则良、唐敖庆等人提供的。由于丁则良是这个集体里唯一的文科教授,他的见解常常比别人更深刻一些,在这份材料的起草过程中,丁则良或许起了更大的作用。他们向教育部反映学校工作中的问题完全是出于公心,是为把学校的教学、科研等工作搞好。

1954年暑假期间,徐利治去清华大学调研,当时何东昌任清华大学的党委副书记。徐利治把这份材料("万言书")给何东昌看过,其本意是想请何东昌判断一下,这份材料是否偏颇,应该怎样处理。如果方便的话,他也想请何东昌代为转呈教育部。看过材料之后,何东昌认为这份材料所反映的问题是有分量的,并建议徐利治将这份材料直接寄送教育部党组。此时,何东昌已经有了好几年的党务工作的经验,他认为徐利治作为一名共产党员向上级党组织反映问题、汇报工作是符合组织原则的。

教育部收到这份材料后十分重视,很快就派了一个工作检查团来到东北人民大学做调查研究,时间长达40多天。这个检查团的团长是教育部的一位司长李云扬。李云扬在此之前曾负责过同样性质的检查团工作,处理这一类问题相当有经验。李云扬在教育部工作期间颇有威信,后来调去暨南大学任党委书记。

经过一番认真的调查研究,检查团曾写出了详尽的报告呈交给上级,并在东北人民大学的有关会议上宣布了检查团调查工作的主要结论:"徐利治所写的材料内容是符合事实的。"

检查团撤离东北人民大学后不久,吕振羽校长到北京疗养,1955年7月正式调离东北人民大学,到北京中国科学院历史研究所工作。东北人民大学校长职位由匡亚明接任。

"万言书"事件应该说对东北人民大学的发展起了积极的推动作用。它引起中央和教育部对东北人民大学工作的高度重视,检查团被派到东北人民大学工作40天;进一步又导致了吕振羽校长的离职和匡亚明校长的上任。从此东北人民大学获得长足发展。东北人民大学于1958年改名为吉林大学。吉林大学的教学、科研基础及办学规模主要是在那个年代形成和发展起来的。这一事实在吉林大学和教育界有口皆碑、人所共知。从这个意义上讲,徐利治对吉林大学的发展是有贡献的。

但是,"万言书"事件也带来了一些消极影响。它并没有完全从根本上解决问题,一些矛盾只是暂时隐蔽了,双方对立情绪依然尖锐。

匡亚明任校长以后非常器重党内外专家。余瑞璜、丁则良和徐利治三位教授正处于学术创造的巅峰时期,可谓才华横溢、如日中天,他们自然得到匡亚明的赏识。

谁也不曾料到"万言书"——这份由一名共产党员写给上级党组织的报告竟然成了这三位教授人生道路上的一枚重磅定时炸弹。

2. 风云变幻

1957年初春,徐利治在市委的一次会议上发言,批评党内存在教条主义和宗派主义。这成为一条导火线,使他在这场全国性的运动中在劫难逃。而这一切都与"万言书"有着必然的、复杂的联系。

1956年是徐利治人生所度过的第三个本命年。他刚刚36岁,大学毕业仅仅10年,实际上他还很年轻,社会阅历还很浅。但是,徐利治的头上已经罩上了引人瞩目的光环。当时,他不仅是颇有成就的年轻数学家、久经考验的共产党员、数学系副主任、民盟东北人民大学区分部的秘书长,而且就在这一年,他还获得了许多耀眼的职位。比如,他被选为东北人民大学党委委员、校常务委员会(七人领导小组)委员、长春市党代会代表,还被任命为校教务长兼教务处长。当时,苏联是中国的"老大哥"、全世界无产阶级革命的圣地、中国革命与建设亦步亦趋地学习的榜样。徐利治到苏联参加了极有影响力的国际数学会议,并且载誉而归。回国之后,他被誉为党内专家。

1956年国内的政治经济形势十分好，农业获得了中国有史以来的大丰收，我国的工业体系已经基本建立起来，民族团结得到巩固和发展，在朝鲜半岛的战事也获得了极大的胜利。中共"八大"胜利召开，动员全党和全国人民"向科学进军"。国家和个人的形势都是一派大好。此时，徐利治的心情可以用"春风得意马蹄疾"来形容。

1957年春，党中央下发文件至全党、全国，发动了新中国建立以来的第一次大规模的政治运动。这次运动的目的是整顿党内的不正之风。运动初期，各级党组织大力动员党内外的同志积极参加运动，提倡的原则是"知无不言，言无不尽，言者无罪，闻者足戒"。各级党组织的文件、报刊上大量登载文章，强调这次运动的目的是提高党员的素质，在运动中改正党内的一些不良作风，动员广大群众为党的事业继续发展做贡献；并且号召所有党员、共青团员、党外积极分子带头参加运动。

运动初期，徐利治在北京开会。他的学术助手朱梧槚曾写信给他询问应该怎样面对这次运动，是否可以给系总支副书记提意见。徐利治立即回信说："现在还有谁敢压制批评？你完全可以发言，不必存在任何顾虑！我回校后也要带头鸣放……"

其实在此之前，朱梧槚已经请教他的恩师刘丹岩（朱梧槚数学系毕业后，在刘丹岩的指导下学习哲学），刘丹岩非常明确地回答他说："作为领导，我得支持你大鸣大放，但作为老师和朋友，我反对你发言。"但朱梧槚还是犹豫不决，他不服气，也有一种好奇心，想看看徐利治是什么态度。果然不一样！刘丹岩、徐利治都是党委委员，又都是朱梧槚最信赖的人，然而，哲学家与数学家的政治态度是完全不同的！当然刘丹岩最终也没能幸免。

朱梧槚在徐利治的鼓动下给党委提了意见,他的经历更为离奇,他后来以莫须有的罪名被投入监狱,在极其艰苦的环境下坚持科学研究,终于取得引人注目的成果。四十几年之后,当朱梧槚提起往事时,深有感触地说徐利治当年"头脑太简单,政治上很幼稚"。

在这场运动中,吉林大学揪出所谓"余、丁、徐"三人集团,可谓轰动一时。按当时流行的说法,余瑞璜是这个集团的"统帅",丁则良是"参谋",而徐利治是"急先锋",余瑞璜因为心口如一,比较直率,曾被人称为"余大炮"。1957年4月间,长春市委组织召开了宣传工作会议,长春市各大学民主人士、教授学者、各大学做统战工作的党员干部、党委书记等人参加了会议。主持会议的领导一再地动员大家讲话,在这种情况下一些人谈了自己的看法。余瑞璜在这次会议上"大放厥词",提出了"四类干部论":第一类是真正的革命者(或称大公无私者),第二类是唯唯诺诺者(唯命是从者),第三类是假公济私者(公私不分的官员),第四类是妓女型政客(惯于吹牛拍马者)。至于丁则良没有什么有鲜明特色的言论,因此被称为三人集团的"参谋"。

那么,"急先锋"徐利治是怎样表现的呢?在市委的这次宣传工作会议上,徐利治也做了发言,他的发言主要包含两个方面的内容。第一方面是关于工作中普遍存在的问题,他提到东北人民大学党组织确有教条主义、宗派主义的情绪和倾向。他还列举了一些例子,提到所谓的"排内性"和"排外性"。排内性是指有些同志对内部不同的意见进行打击,排外性是指有的人对外来同志一概排斥。第二个方面是关于个别领导的不恰当的工作作风,他在发言中曾提出:"有些党政领导干部常常喜欢自称为'领导群',似乎表现出有一些高出于群众的优越感……"这时所指的领导人是当年吉林大学党委第二书记陈某某同志。陈某某原为东北师范大学团委书记,于1956年调入东北人民大学,任党委副书记,后任第二书记。他在新中国成立前初中毕业,后来参加了工作。

1957年6月到8月间,在一次东北人民大学的党委扩大会议上,陈某某说徐利治暗箭伤人,并对徐利治在市委宣传工作会议上的不点名批评进行了公开的回击。

当时,数学系主任王湘浩先生曾说过:党内外干部分为四种人——孙行者、沙僧、唐僧和猪八戒。他自认为属于沙僧类的干部。他的这种观点自然也要受到批判。

作为东北人民大学的主要负责人,校长匡亚明在公开场合的态度时常显得十分暧昧。匡亚明曾经想努力保护徐利治、余瑞璜等人,因为他们都是从北京调到东北人民大学来的,是创建数、理、化三系的台柱子。匡亚明不愿将他们抛出,但余瑞璜很快就保不住了。在两次徐利治已经不能参加的党委会议上,讨论到确定徐利治的问题时,匡亚明都坚持不能定,由于意见不同,争执不下,不得不两次中断会议。最后,由于形势的发展,匡亚明只好做出让步。有人曾经评价匡亚明当时对徐利治的态度是"挥泪斩马谡",是很恰当的。

"余、丁、徐"三人集团与几年前的"万言书"事件密切相关。匡亚明是在1955年由华东局党委宣传部长的职位上调到东北人民大学当校长的。他上任以后对北京来的一批人十分器重,尤其对余瑞璜、丁则良、徐利治和唐敖庆等人十分尊重、赏识,经常向他们请教,同他们一起商议校务问题。这使得那批由原来的东北行政学院转到东北人民大学的"地方干部"感到很不舒服,甚至有对立情绪。徐利治那次在市委宣传工作会议上的发言所批评的宗派主义、排外性应该说是切中要害。

比徐利治遭遇更惨的是丁则良。那时,丁则良任东北人民大学历史系主任,他已是很有影响力的历史学家,其专长是宋史。由于丁则良的博学多才,在东北人民大学发挥了很大的作用,历史系的学术基础主要由他奠定。匡亚明对丁则良很欣赏,还请他兼任学校的图书馆馆长,他为图书馆的建设出谋划策,做出了重要贡献。

1957年5月,丁则良去莫斯科出席"东方学国际学术研讨会",并做了大会发言,当时的苏联政府很有影响力的机关报《真理报》,还对此做了报道。此次莫斯科之行对丁则良来说是圆满成功的,但当他一踏进北京城,一切都发生了翻天覆地的变化。1957年6月,丁则良暂住北京,参编一部合作的书。他看到自己十分熟悉的师长、朋友都纷纷成了运动的对象,十分不理解。来自东北人民大学的消息更使丁则良震惊。他十分了解、极其信任的余瑞璜、徐利治等人与他一起成了"余、丁、徐"三人集团,他成了该集团的"参谋"。丁则良感到很恐慌,他作为一位史学家,报有"士可杀,不可辱""宁为玉碎,不为瓦全"的信念,又苦于没有其他任何抗争的办法。一天夜里,感到悲愤绝望的丁则良在北京大学未名湖投湖自尽。后来,匡亚明在一次会议上说,如果当年丁则良能及时回到吉林大学的话,那种悲惨的结果就不会发生。还说,丁则良这样的人才是不应该死的。

丁则良遭到不测之后,有一位年轻的助教陈家正天天来到徐利治的家中,在书房里陪徐利治聊天。陈家正是徐利治的学生,是1955年毕业留校的。徐利治在政治上受不公正的批判,停止了党内外一切职务,他没有了繁忙的政务工作,每天待在家里,除了这位年轻的助教,难得有人来访。徐利治并没有感到与陈家正的同事和师生关系有什么变化,出于对客人礼貌,他和陈家正很随和地聊了起来。可是,一两天倒也没什么,连着好几天陈家正总是如期而至,这引起了徐利治的疑惑,便问:"你找我不会有什么事情吧?"陈家正说:"没什么事,正好最近也是闲着,跟您谈天很有趣。"徐利治看问不出实情,也就索性打开话匣子,天南地北、古今中外地神侃了好几天。事后才知道,原来匡亚明校长与有关领导怕徐利治想不开,特地安排陈家正来"保护"他。事实上,徐利治与陈家正仍谈笑风生,对"白浪滔天"的运动并没有恐惧之感。不过,这个事使得徐利治对匡亚明校长的感激之情增添了许多。

徐利治对当时的形势毫无紧张恐惧之感,首先来自他的自信心。他有在旧中国艰难环境下做"地下党"的经历,不可能反党,头脑冷静的人也很难相信他会是反党分子。他经常扪心自问,越想越感到自己不但没有做过对不起党的事,而且对党有过贡献,所以心里很踏实。其次,他有精神寄托,无空虚感。数学研究可以占用他主要的精力与时间。另外,他认为党对他是理解的。匡亚明校长当时还兼党委书记,与徐利治有密切的工作交往和深厚的友谊,他相信匡亚明校长心里总会有数的。

事隔30年后,1988年徐利治与匡亚明校长在山东曲阜重逢。他们到那里共同参加一次学术会议。会议的主题与孔子的儒家学说有关。与会者讨论了儒学、中国传统文化及其在中国现代化过程中的地位。两位学者在这样的年纪、这样一个特定的历史时代、这样一个特殊的地方相逢,真是不胜唏嘘,感慨万千。

匡亚明是中国孔子研究会的理事长,在孔府纪念馆里有他撰写的碑文,每每引来来访者的驻足。匡亚明曾在最关键的时候出任我国两所著名重点大学的校长,在吉林大学与南京大学的发展史上做出了不可替代的贡献。匡亚明以其非凡的履历、深邃的思想和独到的体验得到与会者的极大尊重。因此,他在纪念孔子的碑文中悠意纵横,思绪万千,写出博大深邃的哲理,就成了顺理成章的事。会后,匡亚明夫妇曾设家宴款待徐利治,之后又与其彻夜长谈。匡亚明对徐利治说,他在1957年有个人主义倾向,未能对徐利治保护到底……

1957年的这段历史已经得到纠正,但是,这段历史值得深思,它说明在那个年代,我们的民族、我们的文化、我们的管理体制,乃至我们的意识形态都存在的着这样或那样的缺陷。

历史在不断发展,我国人民在经历了太多的苦难之后变得成熟了。这样的历史恐怕再也不会重演了。

3. 在数学王国里"自由翱翔"

从1957年起,徐利治开始了长达20年的艰难历程。

1957年以后,徐利治被免去了党内外一切职务,从三级教授降为五级教授,工资也连降两级。他的家庭陷入了经济拮据的困境。政治上与经济上的双重打击,导致了徐利治婚姻家庭的破裂,他的生活陷入了困境。

不仅如此,在这20年中,徐利治失去了学术交流的自由,他之前每年都要去北京一次或几次进行科学调研。1957年以后,这项惯例被迫取消,1957—1977年期间他竟未去过北京一次,甚至也极少离开长春。1958年后,国内一般的数学刊物也拒绝发表他的论文。不能公开发表研究成果对徐利治来说是莫大的打击。

此外,徐利治在行动上处处受到监视,稍有不慎就会遭到批判。比如,他每周六能与同病相怜的余瑞璜见面,他们在一起谈谈话,也会招致严厉的批判。当时,有的人就在批判徐利治时说他和余瑞璜谈笑风生,"真是恬不知耻""脸皮之厚,可与地皮相媲美"。

徐利治难道真是恬不知耻吗?完全不是!风云变幻打破了他的美好理想,他由一名令人羡慕的红色专家一下子变成了运动对象,在政治舞台上、在学术地位上均一落千丈,他怎能不苦闷、孤独?他像一只离群之雁,心情怎能不痛苦?但是,他一向开朗豁达,是个乐天派。因此,他并没有陷入痛苦之中不能自拔,而是寻求自我解脱的方法,寻求在逆境中生存的方式。这样一来,他的心情就平静多了。

按照当时的政策,徐利治仍然留在学校从事教学和科研工作。徐利治每学期要担任两门数学课——数学分析和泛函分析的教学。时间充裕了,他对教学更加用心,他认真上好每一堂课。徐利治的教学很有特点,效果是极好的。比如上数学分析课时,对于艰深的分析理论,他总是先从简单易懂的例子入手,逐步引导学生理解理论的实质。他这种深入浅出的教学方法深受学生欢迎。他的板书清秀工整,教态自然洒脱,语言风趣幽默。当时他不到40岁,时值壮年,正是风度翩翩时。再加上他的专著《数学分析的方法及例题选讲》(1955)一书已成为学习分析课程的极好的参考书,获得广泛影响,所以不少青年教师和学生都悄悄地崇拜他。匡亚明校长当时提倡"尊师重道",他对学生讲,不要歧视徐利治这样的教师,他们有些是很有专长的。过年过节时,学生们还给徐利治送去贺年片,使他很受感动。

教学之余,徐利治努力钻研学问,但是困难重重。在漫长的岁月里,他失去了与国内外同行的直接联系,他的论文和著作也失去了在国内外发表的权利(匡亚明校长的保护只能在吉林大学起作用)。在这样困难的情形下,徐利治并没有放弃数学研究,反而更加努力,他不断得到新的成果。

1958年之后,徐利治经历了一个退稿时期,他的论文投到国内杂志后,总是被退稿。徐利治曾一度陷入苦闷,可他并不灰心,他不能就此放弃数学研究。他想,国内不能发表,那就往国外投稿。他首先试着往苏联、波兰这两个社会主义国家的数学杂志投,两篇文章居然都被发表了。徐利治甚感欣慰。他马上把这个情况告诉匡亚明校长,匡亚明校长非常高兴,对他说"目前的状况只是一个过程而已",并鼓励他继续努力。徐利治牢牢记住了匡亚明校长的话,在令他深感落魄的年代里,他一直默默地感恩于匡亚明校长。

从此之后,在东欧一些社会主义国家的数学杂志上,不断有徐利治的研究论文发表出来。徐利治后来自称这一时期是他"数学研究的黄金时代",就是这个原因。在当时,能发表论文已成为他的一种精神寄托,也是他数学研究的重要动力。徐利治的生命力是旺盛的,他就像从石头缝里钻出来的小草,寻找并适应着自己的生存之地。

徐利治是1961年10月第一批被纠正的人员,不久他找到匡亚明校长说,匈牙利科学院的杜朗(Turan)院士推荐他担任美国《数学评论》杂志的特约评论员,问匡亚明校长怎么办。匡亚明校长看到徐利治的研究工作已经取得了国际数学界的广泛认可十分欣慰,但他也怕刚刚"摘帽"仍会对他有些影响,所以他告诉徐利治这件事不必公开,就这样在匡亚明校长的默许下,徐利治悄悄接受了作为美国数学会评论员的邀请,开始为美国《数学评论》杂志撰写文摘和短评。

现在能够被邀请担任美国《数学评论》杂志的特约评论员是非常光荣的,不需要领导批准,更不必"悄悄地"进行。但在当时能够"悄悄地"进行,徐利治已经很满足了,只要能够不受干扰地从事所喜爱的数学研究就行了,他没有更多的要求。

1961年之后,徐利治发现人们在政治上对他的态度没有什么改变。人们还是对他另眼相看。但他倒也不在意,仍一如既往地认真从事教学工作,努力钻研业务。

转眼到了1964年,一场"社会主义教育运动"开始了。许多单位按照要求向农村派出了"四清"工作队。

当时的吉林大学为了顺利度过"四清"运动,将对党委可能造成不利影响的人送出校园,让他们去参加农业劳动,徐利治必然成了这次活动的成员,他们一行人于这一年的10月,来到了前郭旗首字井国营农场劳动。这次活动的带队人是王永贵和温希凡,全队共70多人。其中很多人受到运动的冲击,以刘丹岩和温希凡的经历最为典型。

尽管刘丹岩是延安时代有老资格的革命干部,是党内的哲学专家,多年任大学党委常委,在学术研究与行政工作中都多有建树,但是因言获罪的厄运仍然落到了他的头上。当时,中国的政治运动仍有民主革命时期的鲜明印记,"批评与自我批评""思想斗争"都因时、因地、因人而异,带有很大的偶然性,政治斗争的需要时常会左右一切。作为一位有良心的学者,在学术问题上总要有一点实事求是的精神。刘丹岩根据自己的研究心得,曾提出这样一个观点,他认为辩证唯物主义是哲学,而历史唯物主义不是一种典型的哲学。作为学术观点,这本来是可以提出来加以研究的,但吉林大学党委的负责人为避免被动,就安排刘丹岩参加了这次农业劳动。

温希凡是物理系总支书记,蒙古族人,他的父亲从前是一位"牧主",在20世纪50年代初受不了当地一些人的批判斗争,便跑到儿子家中暂住。这在当时被认为是一种对抗革命的反动行为。温希凡见到父亲的这种状况自然也很是无奈,开始几天也只好让他在家里住下,好吃好喝地侍候着他。同时,温希凡做了父亲的思想工作,动员他到当地的公安机关自首。老人家这时也意识到自己的举动不合时宜,也怕给儿子一家带来更大的麻烦,几天后终于向政府自首。但是,这件事还是成了温希凡与"反动家庭"划不清界限、包庇"反革命"父亲的证据,导致他多次受到严厉的批判。派他参加农业劳动是很自然的。

徐利治则是自己向吉林大学党委写了一份报告,主动申请参加农业劳动。当时,徐利治的处境变得非常困难(匡亚明校长已经调走),他的学术论文在国内一概不能发表,一旦投到邮局总是被退回或被扣留。那时徐利治的主要罪名是与党争夺青年人。

在农场劳动改造,帮助有问题的人改造思想、认识错误是重要内容。可是无论大家怎样帮助,徐利治始终没有承认自己犯了与党争夺青年人的错误。他也不知道吸取教训,他在政治上的幼稚与思想上的率直在这期间又有表现。有一次,在学习毛主席的《为人民服务》这篇文章时,徐利治发言说,文章的题目最好改为《悼念张思德同志》;还有一次学习讨论时,针对一些人对领袖的盲目崇拜,徐利治曾表达了一个观点,即"党的主席与教授只是分工不同而已"。他的这些说法在那个时代都是"大逆不道"的言论,敢于如此表达思想的人,常常会被视作另类。好在那时徐利治已远离政治中心,成了所谓的"死老虎",不再有什么人跟他较真;又因为这里聚集着的都是所谓"有问题"的人,大家善意地叫他"徐天真",悄悄议论几句,或当作笑话也就作罢了。

徐利治在这种艰苦的环境中始终保持着乐观向上的精神状态。在他看来,与其形单影只地被关在学院的家中,让心爱的数学研究处处受阻,还不如像这样在农场和大家一起劳动生活来得痛快。虽然在将近一年的劳作中,身体十分疲劳,但精神是昂扬的。

当时的一项劳动任务是"扒拉苗",就是在趟地之后要把青苗上的浮土扒拉到垄沟里。对新参加这项劳动的人,徐利治主动承担"讲课"的任务。在讲怎样"扒拉苗"时,他归结出"八大姿势",逐个讲解并做示范,令他的"学生们"又一次领教了教授的风范。

下雨时,人们都只穿着裤衩在田里劳动,徐利治便率领大家唱革命歌曲:"走了九十九呀,还有一里就到头……"休息时,他给大家讲西南联大的学生运动,有的年轻人好奇地问道:"龙云是国民党政府云南当局的首脑,为什么进步学生还要支持他?"他为大家说明了当时在昆明的地下党怎样利用蒋介石与龙云之间的矛盾,打出"反对孔祥熙,拥护龙主席"的口号。对于大家提出的各方面的问题,他总是乐于回答。

然而,徐利治的这些行为,在当时被认为是与党争夺青年一代。这次下农场的带队人之一王某某亲自到徐利治所在的数学组"灭火"。王某某曾是与徐利治一同在党委工作的成员,见到他,徐利治主动上前寒暄,却不料遭到他的斥责。王某某让徐利治主动承认自己的错误,说"徐利治的历史是不能教育人的"。

对于这种被当众训斥的场面,徐利治是很难过的,心里也是不服气的,但他只能老老实实,不能有任何表示。

在那样艰难的环境下,徐利治只有从数学研究中寻找安慰。乡下没有电灯,他便买了一盏马灯。晚上不开会的时候,就在灯下读书,做数学研究。他下农场时带了两本书,一本是恩格斯的《自然辩证法》,另一本是《唐诗三百首》。他对这两本书十分钟爱,一有空就手不释卷,沉入哲学与艺术的天地。在马灯下,他没有中断对数学的思考,常常推导公式,抄写卡片,直至深夜。

1965年8月,农场劳动结束了。返校前农场举行了欢送晚宴,一开始每人喝两大碗酒,由于在场的人都长期从事繁重的体力劳动,这两碗酒很快就被喝完了。然后,农场的农工每人端着一大碗酒,开始轮流敬酒。徐利治对农工很有感情,十分尊重,每次敬酒每次都喝,结果很快就酩酊大醉。在一年的农场生涯中,徐利治始终保持着清醒的头脑,面对着各种压力,他可以说是"世人皆醉我独醒"。而这个天涯沦落人在返乡时却不能抵御农工的真挚情谊,终于大醉而归。个中的滋味,只有他自己知道。

1966年夏,一场史无前例的、波及全社会的政治运动开始了。徐利治历史上的问题又一次给他带来了灾难。在"横扫一切牛鬼蛇神"的年代,徐利治是最基本的"牛鬼蛇神",他成了各处批判、斗争会的基本目标。他当时的态度是"争取主动",以免受或少受皮肉之苦。试想,他从1957年之后,就一直是革命对象,在大家的眼里他只不过是一只"死老虎",没有什么"现行活动"。人们的兴趣在于不断揪出新的"走资本主义道路的当权派",对于徐利治,只要想着不断地触及他的灵魂就行了。

当徐利治看到从共和国主席到开国元勋,从中央到地方各级的领导人,再到成千上万各行各业的专家、教授、作家、学者等文化精英和知识分子中的优秀人物,大都在劫难逃、经历了一场炼狱时,他感到这是国家的悲剧。

每天要参加大小批斗会数次,听得多、见得多了,他就麻木了,反而觉得有些可笑。时间一长,心境反倒慢慢平静起来。所以,无论怎样的揪斗,他的心理防线都没有被攻破。每次批斗会结束后,他回到自己的住所,总能很快静下心来考虑他正在研究的数学问题。他试图用这种方式尽快解脱自己。就这样,即使在运动最白热化的阶段,徐利治也没有完全中断他对数学问题的思考。

运动初期,正常的教学和科研完全陷于瘫痪,徐利治只能躲在家里钻研学问。当时全国的形势一样,学术刊物大都停刊。发表论文不仅在国内,而且在国外也是完全不可能的事。但是徐利治还是不甘心,他自己刻钢板,自己油印。当别人都在当"逍遥派"时,徐利治却悄悄地散发着他的论文。按说,这要是叫造反派知道了,该是不得了的"罪行",可是居然没有人注意他。一方面,造反派正忙着夺权,无暇顾及他;另一方面,自1957年以来,徐利治从来就没有停止过数学研究,好像他生来就是为搞学问的,他已经成为那个时代里的特殊人物。不过,当时他在中国的大地上传播自己的研究成果已经很难引起反响了,他的举动不过是荒野中的一声呼喊——没有回声。从此以后差不多有十年时间,徐利治失去了和国内外数学界朋友的学术联系,也无法获得国外数学发展的信息。

随着运动的发展,中共中央又做出"知识分子到工农群众中去,接受工农群众的再教育"的决定。

1970年，徐利治被送到吉林省长岭县腰坨子公社插队落户。他还像往常一样，心情十分平静，并能见缝插针地从事数学研究。刚去的第一年工作队频繁活动，没有多少时间从事研究。第二年他便有一些时间思考数学问题了，那时他只能看自己带的书和从上海寄来的过期外文杂志。在草屋里昏暗的煤油灯下，他专心地研究自反函数和相应的级数变换及积分变换的反演问题，思考数学哲学问题。

1972年春夏之交，徐利治突然收到由学校转来的一封来自大西洋彼岸的信函。原来是美国数学家亨利·高尔德的来信，信中主要谈到1965年他们合作的课题，说受徐利治工作的启发，他已得到了更一般的结果，但一直等待时机与徐利治联系，他提出两人合作发表论文，并表示在没有得到徐利治允许的情形下，他是不会发表的。

这封来信使徐利治又惊又喜。惊的是，他这位已经适应了日出而作、日落而归的"农民"，居然收到了中断七年联系的学术伙伴的来信；喜的是，亨利·高尔德还在研究着他们合作的课题，并取得新的进展。徐利治想起了七年前的往事。

那是在20世纪60年代中期，他开始研究组合数学中的互逆反演问题，他在反复研究高尔德的多篇论文之后，在1965年发现可以用一个公式来概括高尔德的一系列公式，从而使高尔德的每个公式都成为他所得到的新公式的特例。于是，徐利治与高尔德通信联系，把他的发现和想法告诉了高尔德。高尔德反应很快，马上回信提出与徐利治合作研究。后来由于国内形势的发展，不允许他再与国外联系，两人便中断了合作。

惊喜之后，徐利治又不免十分惆怅。他目前的处境——没有资料，怎能做实质性的研究，继续合作谈何容易！他当即给高尔德回信,对来信表示非常高兴和感激,关于发表论文的事,他委托高尔德全权处理,他没有任何异议。

1973年12月,美国《杜克数学杂志》上发表了一篇署名为"高尔德、徐利治"的论文,文中称徐利治1965年发现的公式为"徐氏公式",高尔德与徐利治共同发现的结果为"高尔德-徐利治公式"。这是中美建交以后的第一篇两国学者合作的数学论文。一位正在接受改造的教师居然能在1973年在美国的数学杂志上发表论文!这真是一件不可思议的事,可仔细想来却又在情理之中。

1973年起,徐利治又陆续在《美国数学会通报》等杂志上发表研究成果文摘四篇,其中《关于一个迭代过程的无条件收敛性》中首次发表在他1964年发现的求超越方程实根的"大范围收敛迭代法",这项成果他当年曾在吉林大学计算数学讨论班上报告过,并油印散发至一些高等学校,但文章未及发表国内形势就发生了变化。巧合的是,瑞士数学家奥斯特洛夫斯基(A. M. Ostrowski)在同一年出版的著作中也首次提到了同样的方法,后来人们称之为"奥斯特洛夫斯基方法"。其实,徐利治的方法出现得更早,所示公式更有效,证法也更精巧些。

"高尔德-徐利治公式"和徐利治的"大范围收敛迭代法"分别延迟了八年和九年的发表时间,这是他的遗憾。

1975年9月,在农村插队落户五年的漫长时光终于结束了,徐利治回到了阔别近十年的大学讲台,从此以后有了较好的学术环境。

20年艰难的历程并没有压垮徐利治,相反,他的意志更坚强,信念更坚定。当时有人粗略统计了一下,在1957年以后的20年的政治高压下,在极端困难的条件下,徐利治在匈牙利、波兰、东德、捷克斯洛伐克、罗马尼亚、苏联等国,以及我国(只有极少数)的数学杂志上共发表学术论文50余篇!徐利治在此期间发表的论文,其数量之多、涉及面之广在国内数学家中也是名列前茅的。当许多人从噩梦中醒来,重新登上起跑线时,这位"老运动员"已经遥遥领先,处于数学研究的前沿了。

几十年后,当人们重提往事时,问徐利治是什么力量使他在20年的人生低谷中取得丰硕的科研成果的,徐利治说出三点原因。

首先,他始终抱着必胜的信念。徐利治自1957年以后,犹如一个在精神上被关进了监狱的人。但是,沉重的打击并没有压垮徐利治,他坚信自己并没有错。艰难的处境使他意志弥坚,他始终相信自己的遭遇一定会得到历史公正的评价,困境只是暂时的。因此,面对极其艰苦的生活环境,徐利治仍然有乐观的心情(还能谈笑风生)、积极向上的生活态度。他树立了必胜的信念,从而渡过了难关。

第二,徐利治作为数学家,得以在数学的王国中避难。徐利治从少年时代起就热爱数学,几十年如一日,孜孜不倦地探索数学的奥秘。用他自己的话来说,他有一个精神上自给自足的王国。在精神上受到外界压抑、心理极度苦闷的时候,他使自己专注于数学研究,有所寄托。徐利治在数学王国中避难,在那里他得到了巨大的欢乐与安慰。

第三,徐利治乐观、开朗、豁达的性格,决定了他独特的思维,这成为他自强自立、具有坚定生活信念的重要原因。他常想自己的遭遇虽然是很不幸的,但比起惨死的丁则良,他还是幸运的——有匡亚明校长暗地里保护着他,从事教学和科研,在自己喜爱的数学王国中驰骋。

他被免去了一切职务,当然不是好事,但徐利治反而感到一身轻松,他自称这个时期(20年)是自己"学术研究的黄金时代",他可以在数学王国里自由翱翔。事实上,他的确有更多的时间和精力去阅读大量图书文献,静心思考数学问题。他利用一切可以利用的时间和空间深入探索、潜心研究他感兴趣的问题,并不断取得新的成果。1958—1964年,他以平均每年五篇以上的速度发表论文,还出版了《渐近积分和积分逼近》《高维的数值分析》两部专著。

徐利治开朗乐观的性格在被强迫劳动时也有表现,如上文已经提到的在"四清"劳动中给后来者大讲"扒拉苗"的"八大姿势",十分有趣;在1966年夏季,数学系几个"反动学术权威"被安排打扫教学楼里的天井,大家都不知怎样干,徐利治——这位研究逼近论的专家则主动站出来,指着一墙角说:"我看,咱们还是从这里开始,向那边逐步逼近吧!"一句话说得监督劳动的"红卫兵"忍俊不禁,一时竟传为笑谈。

徐利治这种健康乐观的心理因素和遇事退一步想的思维,使他能安然度过漫长而艰苦的岁月。

4. 恢复名誉

党的十一届三中全会以后,实事求是,为历史上的冤假错案平反成了政府的重要工作。1980年,吉林省委批准对徐利治平反改正,彻底恢复名誉,改正以往的一切污蔑不实之词。

在给徐利治落实政策的时候,他坦诚宽宏的态度给人留下了深刻的印象。徐利治对在20年历次政治运动中,公开伤害过他的人一概不计前嫌,表现出他宽宏大量的品格。他认为在那个时代,实事求是的传统已经被严重破坏。他一再表示,在"以阶级斗争为纲"的口号下,人人自危,别人对他说些过头的话,做一点过头的事,是可以理解的。儿子革老子命、夫妻反目的事情,已司空见惯。很多人也都是为了生存,被运动所裹挟,是不得已而为之。

但是,他只对一位同事有些不能释怀。1967年的某一天,这位同志见到徐利治走过来,便把他叫到路旁,声色俱厉地申斥他,说了一番"徐利治你只准老老实实改造,不准乱说乱动"的话。令徐利治不可理解的是,当时旁边空无一人,该同志这样做完全不是形势所迫,不是为了做给他人看的,也不是为了让人知道他的革命性如何坚定,更不是被逼无奈,他完全是有意地、主动地伤害徐利治。徐利治对这样的人性难以理解。

其实,像这样蓄意伤人的人自古以来就存在,更何况是在那个扭曲人性的年代。关键在于一个优化的、合理的社会不能让这样的人肆意横行;一个进步的、文明的体制,应当发展文化教育,使这种人产生得更少些。

1981年,吉林省委批准恢复徐利治的党籍。徐利治把补发给自己的1 000元工资全部交给了党组织,1981—1982年他又曾两次将国外资助他出国开会所结余的一半以上的外汇上缴国家,表现了一位爱国知识分子的高风亮节。

平反后,徐利治的有求必应,也是感人至深的。十一届三中全会的政治路线确定以后,钻研业务蔚然成风。由于徐利治学识渊博,功底厚实,在极端困难的条件下坚持做学问,当"科学的春天"到来之际,在中国这块土地上,徐利治已经处于数学研究的前沿。

这时徐利治自然成了大家瞩目与求教的对象。人们遇到数学上的问题,常常请教他,他不管自己多忙,总是放下手头上的工作,回答来人的问题。有时需要做些公式推导,他便从头到尾一步步地讲解,像对待自己的学生一样耐心。他帮助别人时常要达一二小时之久。20世纪五六十年代论文摘要用俄文,改革开放后又用英文写论文,同事们在译文中只要求到他,他从来都是乐于提供帮助的。

他对未来充满了希望,他更加孜孜不倦地钻研数学,一个真正的数学研究的黄金时代即将到来。

徐利治不论是处于顺境还是逆境,总是乐观向上,抓紧一切时间来钻研业务,在同事的眼中常常成为不解之谜,本书的读者对这个谜是不是有了自己的答案呢?

第六章
科学的春天

1. 到大连理工大学去

在"科学的春天"到来之际,一位治学有方、研究成就卓著的数学家,获得了更多展示他的价值的机会。在徐利治政治上所受到的不公正待遇被彻底推倒之后,人们马上就发现,他是在这20年中没有中断研究工作的少数几位数学家之一,他在学术上的长期积累已十分引人注目。从1979年到1983年,徐利治获得了许多调整工作环境的机遇。

1979年,徐利治应邀给辽宁省数学学会与东北运筹学会做完大会讲演后,由大连工学院(大连理工大学前身)派来的专人把他接到学校,会见了学校的几位主要领导:屈伯川院长、钱令希教授和雷天岳副院长。几位领导盛情相邀,希望徐利治来大连工学院帮助建设应用数学专业。他们准备请徐利治担任刚刚成立不久的应用数学系系主任,当时的系主任是肖义旬教授,徐利治对主任一职坚辞不受。

1981年，徐利治调入大连工学院升为一级教授，并兼任应用数学研究所所长。

20世纪80年代初，徐利治先生刚到大连工学院时与同事于大连工学院主楼前合影（中间为徐利治先生）

从1980年起，徐利治同时兼任华中工学院（华中理工大学前身，1988年更名）的教授。当时，华中理工大学的校长是朱九思，如同匡亚明校长一样，他也是一位成就卓著的教育家。徐利治的入党介绍人洪继凯是华中理工大学的教务长，这一次又介绍认识了朱九思，他们很快成了非常好的朋友。

不久，徐利治得到了一次去辽宁兴城温泉疗养的机会。时任吉林大学校长的唐敖庆一得到这个消息便携同吉林大学数学系主任与党委副书记，来温泉看望徐利治，表达学校挽留徐利治，请他不要调离吉林大学的心意。后来，他们看徐利治去意已决，便与徐利治订下"君子协定"——徐利治五年之内不要完全离开吉林大学，吉林大学为他保留教学与研究的职位,请他每年在吉林大学工作一个学期。

因此,在20世纪80年代的头几年里,徐利治不停地在大连、武汉与长春三地之间来回奔波。数学家苏步青曾戏称徐利治"狡兔有三窟"。他在这三处都有研究生。他所钟爱的数学方法论,其研究与教学的鼎盛阶段就是在这个时期。后来,因唐敖庆离开吉林大学到北京另有新的任用,那个"君子协定"就自然解除了。徐利治终于在1983年将档案与工资关系转至大连工学院。

2. 数学系、所的发展

徐利治来到大连工学院任教授,使大连工学院的数学研究与数学教育得到了长足的发展。

徐利治到大连工学院后的第一件事就是组建数学研究机构。学校的领导想建立一个数学研究所,只是条件不成熟。徐利治到来后,校领导马上商议请他筹建研究所,并担任所长。徐利治欣然接受了这一职务,并建议将研究所命名为"应用数学研究所"(后改名为"数学科学研究所")。在学校领导的大力支持下,很快就落实了组织机构,配备了副所长和工作人员。徐利治考虑更多的则是研究方向问题。就这样,一个崭新的"大连工学院应用数学研究所"诞生了。

徐利治开始大展宏图,他学术研究的黄金时代来到了。他以自己学术上的洞察和远见指导了一批批中青年教师从事数学研究工作。在他的感召和吸引下,一些数学人才陆续来到大连工学院。例如,从东北师范大学来的陈秀东,他主要研究微分方程定性理论,取得显著成果,他调入后担任应用数学研究所副所长;从吉林大学来的郑斯宁硕士、潘世忠硕士,都是早年从北京大学数学系毕业的高才生,他们很快成为教学、科研骨干。郑斯宁后来又获得博士学位,并担任了应用数学系的系主任。

1988年3月,大连工学院更名为大连理工大学。徐利治早年的学术助手王仁宏也于20世纪80年代末调入大连理工大学工作。王仁宏调入后,即担任应用数学研究所副所长。他培养了许多有才干的学生,其中施希泉博士、罗钟铉博士、苏志勋博士等,很快都成了大连理工大学应用数学系、所的骨干力量。

除了引进新人之外,徐利治在大连理工大学原有教师中培养了一批数学人才。他到大连理工大学后,学校给他安排了两位学术助手——杨家新和王天明,前者跟徐利治研究逼近论,后者则研究组合数学。经徐利治的悉心指导,二人进步非常快,很快就取得可喜的研究成果,发表出有水平的研究论文,在学术界崭露头角。杨家新很快评为正教授,王天明还出国留学两年,回国后担任研究所副所长,后又成为博士生导师。

徐利治到大连理工大学后,还直接培养了一大批硕士生和博士生(见附录1)。这些学生有的留校工作,成为他的学术助手;有的分配到其他单位,成为业务骨干。他培养的学生中很多人破格提升为副教授或教授,成为学科带头人。

20世纪80年代初,我国开始建立学位制度。1982年,在北京的京西宾馆,国家教委系统与科学院系统举行了第一次联席会议,数学学科的评议组成员有十余人。其中有苏步青、段学复等著名数学家,徐利治也是其成员之一。由于大连理工大学数学学科的实力有了强劲的发展,再加上徐利治学术成就的影响力,大连理工大学在1982年第一批获得了应用数学专业硕士学位授予权。不仅如此,大连理工大学在 1984 年还建立了计算数学的博士点,徐利治成为最早的博士生导师。

需要指出的是,在数学学科博士点的建立上,大连理工大学比华中理工大学早了 13 年。13 年,这是一个很大的差距。而且,大连理工大学的数学博士后科研流动站也建立得比较早,是理工科大学里的第一批,甚至早于清华大学。毫无疑问,所有这一切都与徐利治的工作分不开,有人说,如果当年徐利治先调入华中理工大学,结果会完全不一样。

事实上,一个科研单位的学术带头人是至关重要的。可见,大连理工大学当年的领导是很有远见的。

1983 年 7 月徐利治先生主持全国首届组合数学学术会议期间与组合数学专家曼德尔逊(Eric Mendelsohn)和图论专家邦迪(John Adrian Bondy)合影(左一为邦迪,左二为曼德尔逊,左三为徐利治先生)

徐利治在大连理工大学陆续举办了关于数学方法论和数学思想

发展史等方面的多种地区或全国性的讲习班、讨论班和学术会议，扩大了大连理工大学数学系、所在国内数学界的影响，为一些优秀人才脱颖而出创造了条件。

之后几十年大连理工大学数学系、所的产生发展都与徐利治的工作及影响分不开。

3. 创办《数学研究与评论》

徐利治来到大连理工大学的另一项重要贡献是在1980年创办了《数学研究与评论》杂志，他担任杂志的主编。

《数学研究与评论》的名称是由徐利治和他早年在西南联大的师友、著名数学家钟开莱共同商议选定的。钟开莱还为这份刊物邀请了爱尔特希（P. Erdös，1913—1996）和考夫曼（A. Kaufmann）为学术顾问，他们都是国际数学界有影响力的数学家。这对推动刊物走向世界起到了积极的作用。杂志的英文名初定为 Journal of Mathematical Research and Review，后经钟开莱提议，将 review 更改为 exposition，从而更加强调和突出不同意见的争鸣。它的简名 J. Math. Res. and Exposition（JMRE）是国际性大型评论杂志——美国《数学评论》（Mathematical Reviews）固定采用的刊名。

徐利治是怎样想到要创办《数学研究与评论》的呢？这还要归结于他的成长过程。早在20世纪40年代初他在西南联大数学系求学时，常常羡慕老师华罗庚、许宝騄、钟开莱等有论文寄往国外发表。大学毕业前，他自己也成功地在美国发表了早期的作品。就这样，"争取发表论文"成了他学术生涯中的重要动力。由于有论文在国外发表，1949年徐利治特别顺利地在清华大学数学系晋升为教员（比助教高了一级),这就更加调动了他要努力多发表论文的积极性。

20世纪50年代中期,徐利治与北京大学的许宝騄先生接触较多,曾听许先生谈到应在国内创办数学刊物,以便能让富于创造性的年轻数学工作者有发表创新成果的园地。后来,许先生还和他北京大学的弟子张尧庭说到要办《统计数学杂志》的愿望。遗憾的是,在许宝騄生前根本就不存在办这类数学刊物的条件。

正是从与许宝騄的谈话中得到启发,徐利治从中年时代起就抱有创建数学刊物的理想。但一直到20世纪80年代初,在"科学的春天"开始降临中国大地之际,在徐利治转到大连理工大学与华中理工大学期间,才真正实现了创建一份数学杂志的美好愿望。

从20世纪80年代起,徐利治接受了华中理工大学朱九思校长和大连理工大学曲伯川、钱令希校长的热情邀请,分别担任了华中理工大学数学系主任和大连理工大学数学研究所所长。这时他在征求数学界的一些朋友(如关肇直、周伯壎、沈燮昌、谢庭藩、张鸣铺、李文清、陈文忠、谢邦杰、郑维行、张尧庭、王兴华、王仁宏等)及大连理工大学、华中理工大学两校同事的意见后,提出了创办《数学研究与评论》的倡议。没有想到,这个倡议很快便得到了华中理工大学、大连理工大学两校领导的一致赞同和积极支持,并立即解决了办刊的经费问题和编辑人员的配置问题。又因为朱九思校长当时担任着湖北省委宣传部部长,因而又很快办好了刊物的登记、发行等一切手续。

《数学研究与评论》的出现,是中国民间创办数学学术刊物的创举。又因为是两所大学联合主办的,这样就有了两个为同一刊物工作的编辑部。这两个相距数千里的编辑部合作多年,居然以高质量、高效率的水准,使刊物成功地走向世界,成为美国《数学评论》摘评率甚高的我国全国性核心期刊之一。《中国大百科全书·数学》还把《数学研究与评论》列为国内八种主要数学杂志之一。

后来华中理工大学又创办了《应用数学杂志》,这才由大连理工大学的编辑部负责处理《数学研究与评论》的全部学术编辑事务。

为了纪念在统计数学上有卓越贡献的中国数学家许宝𫘧鼓励青年数学工作者为推动统计数学的研究和发展做出贡献,1984年,钟开莱、郑清水和徐利治发起创立"许宝𫘧统计数学奖",他们在《数学研究与评论》上联合发布公告,并责成该刊物成为接受处理评奖论文有关事务的据点。

钟开莱这位世界概率论名家,他作为中国数理统计学大师许宝𫘧的杰出大弟子,曾通过德国的著名出版机构 Springer Verlag 编辑出版了《许宝𫘧文集》(英文版)。许先生的一些以中文发表的论文是由美籍华裔学者郑清水无偿地帮助译成英文的。许宝𫘧又是徐利治早年十分敬仰的老师。当钟开莱提出创立"许宝𫘧统计数学奖"的最初想法时,三人一拍即合。

首届"许宝𫘧统计数学奖"于1985年授予上海华东师范大学数学系郑伟安。后来因为经费有限,评奖工作就没有力量再搞了。每当提起此事,徐利治就觉得十分遗憾,他说:"按照许先生对统计数学的重要贡献,理应有一个经济基础雄厚的统计数学奖的,而《数学研究与评论》作为此项奖的'挂靠单位'也是一项'特色',可惜的是未能将此'特色'继续保持下去!"

《数学研究与评论》是国内大力提倡青年数学工作者积极投稿的园地。20世纪80年代初,国内最早的数学专业博士论文与硕士论文成果就是在《数学研究与评论》首先发表出来的。

为适应数学科研的发展趋势,《数学研究与评论》还是国内最频繁地更迭编委的刊物之一。1999 年第一期,我们可以看到,有十多位卓有成就的青年数学家进入了该刊物的编委行列。在创刊 20 周年到来之际,徐利治回忆这份与自己同呼吸、共命运的数学杂志,心潮澎湃,激动不已。他向编辑部的同志提出,《数学研究与评论》必须以新的姿态迎接新世纪,并从十个方面提出具体要求。

1998 年 11 月底,我国著名数学家、教育家,中国科学院院士、北京大学数学系教授程民德谢世。1999 年初,原来由程民德担任主编、徐利治担任副主编的《逼近论及其应用》(简称 ATA)决定请徐利治担任新任主编。这是一份主要在国外发行、但在国内外都很有影响力的杂志。年近八旬的徐利治走马上任,毫不懈怠,为继续办好这份国际性数学杂志做了很多工作。

4. 哥本哈根精神

《数学研究与评论》是国内第一个由两所大学合作创办的具有"民间办刊性质"的学术刊物。除了这一特点外,还有几个特色。首先,在国内众多的数学学术刊物中,《数学研究与评论》是最早明确地提倡科学上的"哥本哈根精神"的刊物。请看《数学研究与评论》的发刊词:

我们的园地提倡哥本哈根精神

(发刊词)

所谓"哥本哈根精神",指的是丹麦著名物理学家 N. 玻尔(Niels Bohr)同他的合作者们在科学研究活动中所形成的一种风格和气氛。它的特点是,在学术讨论中充分发扬科学、民主精神,在那里没有权威与无名小辈之分,充满着平等、自由的讨论;在那里没有盲目的随声附和或为私利而互贬互捧;更不存在强词夺理、相互攻击的现象,处处都是在追求真理的征途上互相争辩而又互相合作。这是一种在学术研究中最有利于产生新思想、获得新成果的科学精神。

中国地大物博且历史悠久,中国人民勤劳而有智慧。但是,漫长的封建统治、软弱的辛亥革命、解放三十年间又几经极"左"路线之害,这些影响无不渗透到社会生活的各个领域。当然,学术领域也不例外。

1978年,全国科学大会的召开标志着科学的春天到来了。但是,封建意识的残余依然存在,极"左"路线的幽灵还在回荡。因此,就我们这片新开拓的学术园地来说,为了践行哥本哈根精神,还必须解放思想,坚决扫除封建意识与极"左"思想的残余。

《数学研究与评论》杂志的宗旨是:推进数学研究,评论数学研究,及时报道理论成果与应用数学成果,并指导青年数学工作者进行数学研究。编辑部认为,要使上述宗旨圆满地实现,就需要在编辑工作中具体体现哥本哈根精神。为此,我们将努力做到以下三点:

1. 本刊坚决贯彻"百家争鸣"方针。表达各种观点的文章均可刊登。凡刊登的评论性文章,并不代表编辑部的观点。时评文章也可再评论以便追求真理。再者,关于同一争论主题,编辑部将在《学术评论》一栏中摘登各种不同论点，以供读者评论分析。

2. 鼓励青年数学工作者来稿，只要确有创见，包含新的成果，即使表述不够完善，也将代为修改后尽量采用发表。本刊设有"青年数学奖金"。凡是对获得奖金的作品的评审意见，事后将公开发表。

3. 为了有利于探索真理，获取成果，编辑部将代为收转一些信件或稿件，以便促使作者之间的相互讨论和相互合作。

要办好我们这份杂志，需要广大读者的支持。欢迎同行们多提改进意见。

《数学研究与评论》编辑部

在这种精神的指导下，《数学研究与评论》真正成为数学研究与评论的阵地。徐利治作为主编，曾亲自撰文《关于导师作用的管见》，发表于《数学研究与评论》的1981年的第2期上，颇有独到见解，引起了不小的共鸣。

在这块阵地上，展开过多次学术上的、真正的公开争议和评论。

创刊不久，第一件引人注目的事是美国斯坦福大学钟开莱与中国数学家侯先生的讨论。两位先生的第一次争论发表在《数学研究与评论》1982年的第4期上。争论的缘起是钟开莱寄给编辑部的一篇评论，评论认为侯先生在科学通报1981年第18期和19期上所发表的研究通讯没有实质性的意义。

钟开莱的评论篇幅很短小，但涉及对数学史的看法，是相当有见地的。钟开莱提到："有些问题在某种看法下貌似困难，而用另一新目光观之即迎刃而解。数学历史中有很多这种例子,这就是发展新理论、新方法来开拓新领域的一大推动力。例如,在微积分未发明之前,求一个简单函数的极大值都需要技巧,大数学家费马(P. de Fermat,1601—1665)就做这种问题。今日如高中学生懂得初步微分的也做得出来,这是科学的一大进步。概率论的发展把许多古老的解析问题化为一目了然。用布朗运动来看狄利克雷边界值问题,就常被引为佳例。至于马尔可夫链,若其时空均为离散,基础更为简易。"钟开莱接着评论道:"这些普通的基础,乃是学习的必经阶段,好像牛顿以后几代数学家学习微积分原理一样。"钟开莱接着对中国有志好学的青年劝诫道:"不要听信那种开倒车、放空炮的言论,不要误以为基础理论高深莫测,不去用功学习,否则就会停顿在肤浅无聊的阶段,决非现代化发奋图强的正途。"钟开莱认为,侯先生的结论在国际上有水准的刊物上是不能发表的,在国内的主要学术期刊上也不应登载。在钟开莱的文章之后,紧跟着发表了侯先生的《答〈评二则科学通讯〉》一文,侯先生在文中叙述了有关过程,为自己做了一定的解释。

在《数学研究与评论》1983年第2期上,又刊登了钟开莱的短文《一点声明》,基本内容如下:

一点声明

《数学研究与评论》编辑部同人:

贵刊1982年第4期所载对我评文的答复中,避免了关键重点,即:他的工作是否解决了Kendall提出的难题(文中黑体为原作者所加)。侯文早已发表,读者有兴趣,可与

Kingman 原证对照比较，自做评价，不必再论。但最近得知国内有些同志尚不明真相，因此为促进科学评论，不得不再做下述声明。

侯的英文稿早于 1981 年 9 月前寄去 Zeitschrift für Wahrscheinlichkeitstheotrie 编辑员 Kendall 处，经过英国专家审查后，认为不是新的证明，而是将原证改换成代数形式，因此决定退回，并告知不能发表的原因。有关此项文件已请徐主编过目备查，以彰实情。侯君如认为本人无理苛评，则对于提出问题的 Kendall 评价退稿，又做何解？本人早已函询侯君，迄未得复，故此请贵刊刊登此函，以告读者。此请

编安！

钟开莱谨启
1983 年 1 月 27 日

这次"钟、侯之争"，双方都表示赞成实事求是，自由探讨。这次争论表现出这样几个特色：一是"大人物"可以做有价值的"小事情"，二是"小人物"也可以为自己做有根据的辩护，三是那些越是经过长期思考、越是有心得的人，越是有权发表自己的信念和观点，因而对人们就越是有启发。

到发生这次争论的时候，侯先生已经很有名气了，而他之所以扬名，也借助了钟开莱的鼎力相助。20 世纪 80 年代初钟开莱回国访问时，发现侯先生的一篇关于马尔可夫链的数学研究文章做得很出色，便帮他争取到了英国剑桥的 Davis 奖金，这一奖项金额不多，却是很

高的荣誉。但是,到了1983年,直率的钟开莱发现侯先生有关文章的结论不够新颖,便出来写了以上那样的评论。

第二篇钟开莱的评论发表前,编辑部照例要让当事人过目。等到钟开莱的第二篇评论决定发表以后,徐利治以主编的身份与侯先生商讨:"钟开莱发了两篇评论,你也可以发两篇。"这充分体现了徐利治的办刊风格。

数学界的不少人士都知道,《数学研究与评论》编辑部组织的这次讨论对处于"社会主义初级阶段"的中国学术界很是有一些震撼的。这种作者与评家可以坦率地互相批评,发表自己的观点,不但繁荣了学术园地,而且在中国共产党的十一届三中全会后实行改革开放的中国,实在是倡导了一种有深远意义的风气。《数学研究与评论》编辑部提倡哥本哈根精神,并且身体力行,受益最大的是杂志的读者和科学事业。

《数学研究与评论》上的另一次引人注目的讨论,则是由朱梧槚的一篇评论引起的。事情的起因是在南京大学建校八十周年的庆典上,美籍著名数学家、美国纽约洛克菲勒大学教授王浩以《逻辑与数理逻辑》为题,向南京大学校内外逻辑学工作者和爱好者一百多人做了学术报告,报告会是1982年5月21日下午在南京大学图书馆报告厅举行的,历时三小时。

朱梧槚所写的评论刊登在《数学研究与评论》1983年第2期上,主要内容如下:

评王浩教授否定Fuzzy逻辑的讲话

王浩教授指出:"我对Fuzzy逻辑的看法是完全否定。

到现在为止,我没有看到 Fuzzy 逻辑有什么有趣的结果,不大相信。我问过创立 Fuzzy 逻辑的扎德(L. A. Zadeh,1921—2017)没问出什么确切的东西。然后他们就大做广告,然后就热闹起来了。美国社会专业化太厉害,有各种各样的小圈子。在客观上没有什么用处,只要在小圈子热闹就行。我认为外国世界太各种各样了,看不到有趣的结果,我不大相信。"

实际上,按照王浩教授的确切标准,他在这里没有说出什么道理。想当年,18 世纪英国大主教贝克莱(G. Berkeley,1685—1753)反对微积分时,尚能针对其基础的含糊性提出一个人们称之为贝克莱悖论的东西,从而确有成效地迫使人们认真对付无穷小理论中的逻辑困难,直接导致了微积分柯西-外尔斯特拉斯时代。但王浩教授上述完全否定 Fuzzy 逻辑的唯一根据是"没有看到有趣的结果""问不出什么确切的东西"。然而根据王浩教授所从事的二值逻辑的确切要求来说,"有趣"这个概念乃是一个很不确切的 Fuzzy 概念,所以王浩教授没有按照确切性要求给出否定 Fuzzy 逻辑的任何确切理由。至于"客观上没有什么用处",则就更与 Fuzzy 逻辑的广泛应用的事实不相符合。

事实上,数学被定义为"从量的侧面去研究客观世界的学科",那么,世界就只能有尚未被数学地考察与研究的量性对象,却不能有也不应有不允许数学地加以考察的量性对象。而"界线不分明集"不仅是一个客观存在的量性对象,而且模糊概念与模糊集合处处皆是,人们亿万次地接触和运用着它。只是长期以来，囿于历史的局限，人们没有或者无法对这做出数学的研究和考察。直到1965年，从扎德有关的第一篇论文——Fuzzy Set——的问世及其往后十多年来的蓬勃发展，才正是标志着数学地分析研究模糊数学概念已经是数学历史发展的时代要求。因而立足于数学的定义，应当认识到模糊数学的诞生和发展乃是数学历史发展规律的一个具体表现。

另一方面，当今人们对于新理论的可接受性看法是：要么它有坚实的理论基础，即使它还没有显示出有多大用处；要么它有广泛的应用，即使它一时还没有一个牢固的理论基础。Waisman曾指出："在整个18世纪，对于微积分运算的研究具有一种特殊的痛苦。因为，一方面是纯粹分析领域及其应用领域内的一个接一个的光辉发现，但与这些奇妙发现相对照的却是由其基础的含糊性所导致的矛盾愈来愈尖锐。在其极其广泛的应用中看到它的生命力，虽然它一时还没有一个坚实的理论基础。"所以，18世纪时期微积分理论的生命力正是在其应用上的成就中体现出来。那么，对于20世纪80年代的模糊数学，也应当在其极其广泛的应用中看到它的生命力，虽然这一时还没有一个坚实的理论基础。

王浩的观点想必有其"逻辑"发展的线索与历史的成因，发表出来自有它的价值与启发意义。但数学发展的事实表明，完全否定Fuzzy逻辑肯定是不对的。但在20世纪80年代初期，对在学术界极有影响力的王浩提出不同的观点是需要一些勇气的。而编辑部能发表中年学者这样的一篇评论则是很需要一点魄力的。

中国历来有"为尊者讳、为长者讳"的传统与习惯,这样在公开出版物上直截了当地发表与国际上著名的教授不同的意见,是极容易引起中国人质疑的。更何况王浩学缘深厚,学术成果甚丰,又是极为爱国的学者,对国内的学术与政治都有相当的影响。但是,只有允许中青年学者们大胆发表观点,让《数学研究与评论》这样的杂志放手去积极地引导和组织讨论,才能形成一种有利于研究的学术气氛,去促进新思想、新成果的产生。

这样的学术评论后来又有许多次,如来自南京大学的"莫、朱之争"、来自吉林大学的"二梁之争"等,都引起了数学界的高度重视。那时《数学研究与评论》的发行量达到了近四千份,是国内发行量最大的数学杂志之一。在1983至1987年之间,这份杂志相当火爆,一些数学的教学与科研单位争相传阅。到了这份杂志发行的时候,人们则关心是否又有什么新的争论。可见,在主编徐利治的倡导和编辑部同人的共同努力下,《数学研究与评论》形成了鲜明的风格,宣扬哥本哈根精神的办刊宗旨取得了明显的成效。

《数学研究与评论》大力提倡在学术界不讲辈分、不讲面子的科学民主精神的做法与国内学术界的以往传统习惯是不相一致的,所以刊物的主编徐利治和编辑部在当年不可避免地承受了一定阻力和"风险"。因此后来也出现了一个相对沉寂的时期。

人所共知,我国由于特定的历史条件,学术界和教育界不受年资辈分限制的自由争辩、民主评论的风气是向来缺乏的。究其原因,不外乎是封建思想意识和近亲繁殖习惯体制的影响。即使时至今日,学术界"双百"方针之所以未能广泛地推行，也是源于上述影响。因此，只有长期大力提倡"哥本哈根精神"，才能为学术界实践"双百"方针培育出必要的精神条件。

不知从何时起，各种大大小小或明或隐的"近亲繁殖体系"滋生起来，并广泛存在于文教界、科技界和学术界。每一个"体系"的成员都团结在他们的"带头人"周围，大家利益一致，一荣俱荣，一损俱损，并且在本部门内大争"小体系"的利益。在这种"近亲繁殖体系"比较盛行的部门，如果一个人不在任何"体系"，那么无论他的业绩多么好，评职称、评各级各类奖励、涨工资等都将与他无缘。正如所流传的：有关系——"说你行你就行，不行也行"；没关系——"说不行就不行，行也不行"。近年来，这种现象大有愈演愈烈之势，甚至连评学位授权点、评选院士这类重大事项都在拉关系。一个人如果只知专心钻研业务，而不知搞关系，设法进入某个"体系"，那么他的工作成绩在这个单位很难得到承认，因此就有了"墙内开花墙外香"的现象。

哥本哈根精神的发扬，对于洗涤人们头脑中的封建意识和破除封建帮派性的"近亲繁殖体系"必将产生深刻的影响。久而久之，此种积极影响也就能帮助实施"双百"方针，最终有利于人才辈出和科教兴国。

5. 对外交流

为把大连理工大学应用数学研究所办成国内一流的研究所，1981年以后，徐利治积极开展国际的科学交流与合作活动，陆续邀请和接待不少国内外的来访者。他本人多次参加各种国际性学术会议，并作为高级访问学者经常出国进行学术访问和考察。

1981年8月,徐利治参加了西德汉堡举行的第九届国际运筹学会议。

1982年7月,他参加了在波恩举办的国际数学规划会议,他和中国科学院应用数学研究所越民义获得西德科技促进会为国际知名数学家提供的资助。在大会上,徐利治做了关于中国东北运筹学发展情况的报告。会后,西德阿亨(Aachen)大学数学系的主任布策尔(Butzer)教授邀请他到该校访问,访问中他做了关于如何将非标准分析方法用于组合数学研究的学术报告。

1983年1月,徐利治作为中国逼近论代表团团长,带队参加在美国得克萨斯举办的国际逼近论会议(大会单独为他提供了经费)。大会请他做了一小时的全会报告,介绍了我国在逼近论方面近年的发展概况。会后徐利治应邀到西弗吉尼亚大学、匹斯堡大学和斯坦福大学短期访问,并做了学术报告。徐利治在西弗吉尼亚大学特地看望了通信18年,却才第一次见面的亨利·高尔德。两位合作多年的学者兼朋友见面分外高兴。西弗吉尼亚大学校长对徐利治的学术造诣十分赞赏,恳请他做该校的客座教授。在斯坦福大学他又见到了20世纪40年代在西南联大学习时期的师友钟开莱,他们倾心畅谈,彻夜难眠。

1985年6月,徐利治又开始了为时一年零八个月的出国科研合作和访问讲学。头一年,他获得了美国国家科学基金的资助,可以自由研究及访学。其间他参加了在加拿大埃德蒙顿举行的国际逼近论会议和在哈利法克斯举行的数值积分高级研究会。

1986年暑假到1987年初,他又受聘为美国得克萨斯州A&M大学客座教授,兼逼近论研究中心成员。徐利治为70名学生讲授微分方程课。他每推导新公式时,总要在黑板的右下角写好预备的公式,使学生做到温故知新。美国学生称道徐利治的讲课水平时说:"从您的课中比从美国教师那里得益要多得多。""您指导学生是最耐心的。"这次出国的最后一个月,徐利治应邀再赴加拿大曼尼托巴(Manitoba)大学和里贾纳(Regina)大学访问讲学。整个出国期间,他主要从事多元函数逼近方法和应用的研究。

徐利治在国外合作研究、讲学、开会所需费用全是国外资助和自己兼职挣来的,他不仅没花国家一分钱,还主动上缴了外汇。这种做法实在是难能可贵的。

随着徐利治在国内外数学界影响力的不断扩大,他又分别被聘为辽宁大学、苏州大学、吉林大学、东北大学(原东北工学院)等院校的学术顾问和兼职教授,又被聘为中国科学院数学研究所学术顾问,南开大学南开数学研究所学术委员和中国数学会组合数学与图论委员会主任;并担任国际英文刊物《逼近论及其应用》杂志副主编(后任主编),《高等学校计算数学学报》名誉主编,以及德国《数学文摘》杂志评论员。1988年英国剑桥国际传记中心将他列入《国际知识界名人录》和《太平洋与大洋洲地区名人录》。1989年,美国传记研究所又将他列入《世界杰出领导者名录》。

第七章
路漫漫其修远兮

1. 数学宝藏的采掘者

数学王国有无数奇珍异宝，但只有那些意志坚强、百折不挠的人才可能得到。徐利治就是这样的人。70多年来，无论政治风云如何变幻，自身处境顺逆更迭，他都始终不停采掘的钎镐，成为数学宝藏的顽强采掘者。

徐利治对数学宝藏的采掘自有特点，他不但在别人已取得累累硕果的基础上，继续开采，使之升华，取得国际数学界公认的成就；而且敢于在许多人望而却步的矿点上采掘，或在别人劳而无获的矿点上深挖、深采，终于撷取了丰硕的成果，成为在国内外知名的数学家。

据不完全统计，到本书交稿时，徐利治已在中、美、苏、英、德、意、日、印、波、匈、罗、捷等国刊物上发表了近250篇专业研究论文，其中以英文发表的论文近190篇，中文发表的论文近60篇（见附录4），出版十余种学术专著。

徐利治主要致力于分析数学研究,他的工作涉及渐近分析、逼近论、数值积分、互逆变换、组合分析方法、计算方法、非标准分析、数学基础、数论等广泛领域。

开拓多维渐近积分研究 早在20世纪40年代中期,徐利治就开始了渐近分析学的研究。当时的经典(一维的)拉普拉斯(Laplace)渐近积分方法是古典概率统计的重要方法。但到20世纪中期,数学研究已从一元向多元发展,在应用技术中出现的问题也往往是多元的。徐利治为了解决多元问题,将拉普拉斯渐进积分方法拓广到高维情形,建立了边界型(极值点出现在边界上)与隐参数型两类多维渐近积分公式。1948—1951年期间他在美国、英国发表的关于渐近积分和渐近展开的成果,经常被国外学者(包括物理学家)引用。

著名数学家阿斯柯利(G. Ascoli)、贝尔格(L. Berg)、里克司廷斯(E. Riekstens)等人的论文与专著中,专门介绍了徐利治的渐近积分定理和展开定理。东德数学家黎德尔(R. Riedel)当年的博士论文就是专门推广徐利治的这两条积分渐近定理的。在英国和美国数学家大卫(David)、巴顿(Barton)、莫瑟(Moser)和外曼(Wyman)等人的著作中,把徐利治的高次零差的渐近展开公式称为"徐氏逼近公式",与之有关的一类数被命名为"凯莱-徐氏数"(Cayley-Hsu numbers),对此,大卫和巴顿还造了数值表以供统计学家参考之用。直到1990年国外数学家仍在推广徐利治这方面的工作成果。

徐利治在渐近分析方面的论文约有数十篇。他还将多年的研究成果汇成专著《渐近积分和积分逼近》,由科学出版社于1958年出版,这是我国第一部有关多维渐近积分研究的专题著作,出版后受到欢迎,1960年修订再版,成为该专业研究与教学的主要参考书,也常为国外同行引用。

建立一般无界函数逼近的"扩展乘数法" 徐利治从20世纪50年代开始从事数值逼近和函数逼近论的研究,一直持续到现在。19世纪后期,俄国数学大师、圣彼得堡数学学派创始人切比雪夫(P. Chebyshev,1821—1894),用简单函数逐步逼近的方法求复杂函数的近似值,创造了函数逼近论。徐利治受此启发,于1961年在《利用正线性算子或多项式对无界连续函数的逼近》(发表于波兰《数学研究》)一文中,使用一种含有扩展因子的多项式的新方法去逼近,终于有了较大突破。在此基础上,他不断扩大战果,完成了无界函数逼近的一整套方法,对无界函数逼近研究做出新的推进。他建立了"扩展乘数法",为从根本上解决无界域上的无界函数的多项式算子逼近问题开辟了道路,被国外学者称为"徐氏技巧"。后来,他又与王仁宏合作,系统地发展了这一方法,达到了较为完善的程度,得到国内外同行的公认。徐利治与合作者在数值积分和数值逼近方面(包括函数逼近论方面)的成果于1982年获中国国家自然科学奖。

美国数值分析专家托德(Todd)和斯乔德(Stroud)等人在综合性报告中多次提到徐利治用线积分逼近多重积分的工作。徐利治的工作中被国外引用次数最多的首推他提出的解决无界函数逼近的"扩展乘数法",许多人引用他的方法解决逼近论中的具体问题。直到20世纪90年代,国外还有人在博士论文中改进徐利治在该方法中提出的一条基本定理,足见其影响之深远。

徐利治最先给出了关于线性算子半群理论中著名的Hille第一指数公式的定理形式,该公式对于逼近论具有应用价值,由此导致迪虔(Ditzian)、布策尔、法埃佛(Pfeifer)的许多工作；徐利治给出的广义兰道(Landau)多项式算子被国外称为"兰道-徐氏多项式"，德国数学家赫劳卡(Hlawka)还把这类多项式用作随机逼近的漂亮工具。徐利治在这方面发表了几十篇论文，并与合作者出版了两本专著《函数逼近的理论和方法》(上海科技出版社，1983)、《逼近论方法》(国防工业出版社，1986)。

开创某些新的计算方法　在数值积分方面，徐利治的工作也是从20世纪50年代开始的。他注意到数值积分中激烈振荡函数积分法，概括了前人的许多成果，引起国内外同行的重视。后来他与助手一起在振荡积分近似计算方面做了一系列工作，得到许多新的计算方法。

1963年，徐利治首先提出了"降维展开法"，用以解决一大类高维边界型求积公式的构造问题，开创了高维数值积分研究的新方向。这一研究课题在冶金、采矿等领域有广泛的应用背景，比如可以通过对固体表面信息的分析了解其内部的结构，从而导致积分区域边界研究。在此之前，对一般高维边界积分并无普通方法，徐利治提出的"降维展开法"不仅有普通适应性，还可以达到任意指定的精度，现已成为数值积分理论中的主要方法之一。徐利治在这一领域撰写研究论文几十篇，出版著作两本：《高维数值积分》(科学出版社，1963年第1版，1980年再版)、《高维数值积分选讲》(安徽教育出版社，1985)。

在其他计算方法方面，徐利治的主要工作是对插值法和求根迭代法的研究。1964年，徐利治进行方程求根方法研究时，首先发现了平方根迭代法，那是具有大范围收敛性的求超越方程实根的方法，或称"大范围收敛迭代法"(后来国际上称之为"平方根迭代法")。这项成果他曾在吉林大学计算数学讨论班上报告过,并油印散发至一些高等院校。但文章未能及时发表,直到1973年,这一方法才以《关于一个迭代过程的无条件收敛性》为题在《美国数学会通告》上发表。此时距他刚发现该方法已过去九年。巧合的是,瑞士数学家奥斯特洛夫斯基(A. M. Ostrovski)在同一年出版的著作中也首次提到了同样的方法,后来人们称之为"奥斯特洛夫斯基方法"。其实,徐利治的方法中应用了"阿达玛因子分解定理",所得到的结论更广泛,手法也更精巧。由于延误了发表时间,这成为一件憾事。

"大范围收敛迭代法"是数值分析中最早的无条件迭代法,也是计算超越整函数一切零点的有力工具,已成为欧美国家和国内不少数值分析学家研究的出发点,并引出一系列结果。徐利治与其合作者在这方面又发表了研究论文20余篇。1986年,他与助手及合作者因数值逼近与计算方法方面的工作获中国国家教育委员会颁发的科技进步奖。

开展组合分析方法的研究　组合数学也是徐利治最早开始研究并一直很感兴趣的领域。早在大学时期,徐利治在美国数学杂志上发表的两篇处女作就是这方面的工作。后来徐利治对麦比乌斯(A. F. Mobius)反演做了大量研究,例如,他以非标准分析方法为研究工具,建立了广义的麦比乌斯反演理论,把离散数学中的广义麦比乌斯-罗塔(Rota)反演公式和微积分基本定理等都作为特例包括进去了。该项研究于1983年发表后,引起葡萄牙里斯本数学中心学者高尔多维尔(Gordovil)等人的注目。徐利治在这方面也发表了多篇论文,还用组合分析研究概率论,用组合分析研究高次零差的渐近展开,取得有用成果。

互逆变换也是徐利治做出重要贡献的领域。他提出了一套独特的应用自反函数的方法,这一普遍方法能用来解决 L 可积函数的自反积分变换问题,而华生(Watson)变换不能处理这种问题。美国数学家亨利·高尔德在反演公式方面有许多成就。徐利治反复研究他写的一篇篇论文,1965 年,他发现可以用一个公式把高尔德的一切公式都概括进去,而高尔德的每一个公式都成为徐利治公式的特殊例子。徐利治的级数反演公式还可以应用于算法分析和插值方法中。徐利治与高尔德通信联系,把他的发现和想法告诉了高尔德,高尔德反应很快,提出与徐利治合作研究。后来由于政治上的原因两人中断了联系。

1972 年中美恢复邦交,高尔德马上给徐利治来信,提出恢复合作,联合发表论文。1973 年 12 月,《杜克数学杂志》发表了高尔德与徐利治合写的论文《若干新的反演级数关系》,这是中美恢复邦交以后的第一篇两国学者合作的数学论文,已成为组合数学领域的著名论文。美国数学家克努特(D. E. Knuth,1938—)等人合编的《用于算法分析的数学》的第一章就专门介绍了徐利治在 1965 年发现的反演公式(又称"高尔德-徐利治互逆公式"),这表明徐利治在国际组合数学界已具有相当的知名度。

徐利治在组合分析方法方面的研究论文发表有近 40 篇。著作有《计算组合数学》(上海科技出版社,1983)、《组合数学入门》(辽宁教育出版社,1985)等。

对数学基础的研究　徐利治首先研究了"数学真理性"数量上的把握程度问题,首次提出了"数学抽象度"问题,他(与其合作者)建立的"抽象度分析法"不仅对数学理论分析,而且对教材、教法的分析探讨也有某些应用。他还研究超穷数论和悖论等问题,他在1980年提出的"双相无限"的原则,刻画了数学无限过程的矛盾本性,从而在西方数学哲学界"潜无穷"与"实无穷"两大派别的传统争论之外,提出了解决问题的新方案。徐利治在这方面与他的合作者共发表了近20篇论文。

对非标准分析的研究 20世纪60年代后期,非标准分析问世。1975年,由他倡议在吉林大学数学系办起了非标准分析讨论班,并亲自担任主讲。

1960年,美国数理逻辑学家鲁宾逊(A. Robinson,1918—1974)创始了一种新的数学方法——非标准分析。这样,人们就把古典的分析学称为标准分析。标准分析建立在否认无限小存在的数域上,而非标准分析则是在确立了包含有无限小元素的某种数域的前提下进行严谨论述的。它已成功地解决了300年前涉及无穷小的古老悖论。但是,三十余年的历史表明,非标准分析的价值已远远超出重建微积分的意义。非标准分析以其直观而又简洁的特点和创造技巧,成为强有力的数学研究的新工具。非标准分析之所以如此富有生命力,并激起许多数学家的研究热情,主要在于它所具有和谐、朴素而又简捷的美,在于其丰富的表现力及广泛的应用。

然而,由于鲁宾逊在其著作中使用了大量的数理逻辑知识,这在当时是多数数学家所不熟悉的,因此国外有些学者认为非标准分析的意义不大。徐利治却敏锐地看到它的应用前景,为了进一步普及和应用非标准分析的方法,他做了很大的努力。他首先在吉林大学(1975年)创办有关的讨论班,不久吉林工业大学也办起了相应的讲座。在他的带动下,国内局部开始了学习和研究非标准分析的热潮。经过二十余年的讲习和研讨,徐利治与合作者孙广润、董加礼于1989年出版了国内第一本有关专著《现代无穷小分析导引》。他还把非标准分析的方法用于组合数学的研究,为这一新兴学科找到新的应用领域。

此外,在数论方面,徐利治也做了大量研究。例如,他举出反例,解决了匈牙利数学家爱尔特希于1956年提出的等差数偶问题(见附录4),给出一个与费马大定理等价的组合恒等式,等等。

徐利治对分析数学教学的贡献也是重大的。20世纪50年代以来,在大学专攻数学的人,有谁没读过他的专著《数学分析的方法及例题选讲》(商务印书馆,1955)?有人说这本著作培养了一代数学工作者,这话一点也不过分。它对于数学系的青年学生来说,的确是亲密的伙伴,为他们解答疑难、指点迷津,陪伴他们走入数学王国。而对于从事分析数学教学的人来说,它又是一本极好的教学参考书。这本书出版后,很快便由高等教育出版社于1958年重新印刷发行。20世纪80年代以后,这本书已很难见到。在广大读者的一致要求下,徐利治与杭州大学博士生导师王兴华合作,将《数学分析的方法及例题选讲》修订再版,由高等教育出版社于1984年出版,一次就印了 50 000 册,再度受到广泛欢迎。此书还获得了1988年国家优秀教材奖。此外,徐利治还写了《应用解析数学选讲》和《微积分大意》等深入浅出的数学论著,深受当代青年学生所喜爱。台湾还翻印了后一著作。

2. 开拓新学科

1978年秋,徐利治应邀为旅大市(现大连市)部分中学骨干教师

做了题为《学习和研究数学方法论》的报告。开场白是:

"各位老师,同志们! 大家知道,关于数学的发现、发明等方法的研究由来已久。17 世纪伟大的哲学家和数学家莱布尼茨[1]就曾写过《论发明的技巧》一书,解析几何的创始人笛卡儿[2]也出版过《方法论》专著,他们都特别强调怎样从数学解题过程中总结出一般的思想方法和法则。近代著名数学家中,像庞加莱[3]、克莱因[4]、希尔伯特[5]和阿达马[6]等人都分别发表了关于数学方法论的精辟见解和论著。

"特别值得一提的是一位美籍匈牙利数学家波利亚[7],他曾花数十年时间,致力于'数学发现'和'解题思想方法'的研究。他的一些著作正在被译成中文。还有一位美国数学家 M. 克莱因[8]在 1972 年出版了一本厚达 1 238 页的巨著《古今数学思想》,系统地总结了古今数学思想发展史。该书包藏着大量的题材,是研究数学方法论的极宝贵的参考资料。

"我们中学的数学教师应该重视数学方法论的研究。原因很简单:数学教师们总是希望多教出一些有出息、有作

---

[1] G. W. Leibniz, 1646—1716.
[2] R. Descartes, 1596—1650.
[3] J. H. Poincaré, 1854—1912.
[4] C. F. Klein, 1849—1925.
[5] D. Hilbert, 1862—1943.
[6] J. Hadamard, 1865—1963.
[7] G. Polya, 1887—1985.
[8] M. Kline, 1908—1994.

为、有创造发明才能的学生来。因此,怎样去研究解决数学问题,怎样才能发现数学原理和创造数学方法,必须引起足够的注意和认真的对待。"

会场内鸦雀无声。所有到会者都聚精会神地听徐利治的讲演。对于在场的中学教师来说,徐利治讲的内容是何等新鲜、何等吸引人啊!经过十年浩劫,中国人刚走出文化沙漠,这样的学术报告真像久旱的大地迎来了一场及时雨,大家都如饥似渴,认真听,尽力记。

"今天我想讲四个问题。即归纳法、类比法、分析法、尝试法,以及一般解题方法。这些方法都属于微观的数学方法论。

"现在中学代数里都讲'数学归纳法',它是用来证明与自然有关的命题的一种方法。我今天讲的归纳法不是数学归纳法,通常称为'经验归纳法'或'实验归纳法'。提到'实验'二字,大家或许会奇怪:数学又不是物理学、化学,怎么也需要实验呢?的确,数学定理和公式的证明,一般用演绎法。但是,发现真理往往比事后论证更重要。又由于数学的真理往往反映客观存在的数量关系和空间形式,所以,有时确实需要通过实验和观察才能发现它们。

"我国古代名著《周髀算经》中记载的勾股定理的特殊形式及应用,以及后来贾宪、杨辉关于'杨辉三角形'的发现等,都来源于经验归纳法,而不是靠演绎法得来的,近代大数学家欧拉①、高斯②等人根据他们的研究工作曾发表过一些'经验之谈'。欧拉说过,数学这门科学需要观察,也需要实验。高斯也说过,他的许多定理都是靠归纳法发现的。"

为了进一步说明经验归纳法是发现数学真理的有效手法,徐利治又举出直线分割平面、凸多面体的面数、项数与棱数之间关系的欧拉公式、高斯分圆问题等例子,启发学习从简单特殊的具体例子出发,利用归纳法预见带有一般性的结论。

"我们知道,在近代科技发明中,类比推理原则运用得非常成功。'近代仿生学'就是建立在类比推理的原则上。仿生学是用'生物机制'做类比。例如,人们见到燕子的飞翔联想到设计滑翔机和飞机;看到鱼的沉浮联想到设计潜水艇;看到蝼蚁钻洞联想到制造挖土机;观察蚕的吐丝使人们发明了人造丝工程。

"至于在数学中根据类比联想方式去发现问题和解决问题,更是随处可见、不足为奇。

"一般说来,这种思想方法包括'类比—联想—预见'三个步骤。"

关于联想类比法,徐利治讲了两个十分典型、有趣,并富有启发性的例子。一个是"n 个非负实数的算术平均值不小于其几何平均

---

① L. Euler, 1707—1783.
② C. F. Gauss, 1777—1855.

值"的基本不等式。这个重要不等式并不显然,但它却可以从一个极简单、极平凡的事实 $(x-y)^2 \geq 0$ 出发,通过联想、类比、推广和预见等步骤逐渐被发现。另一个例子则是在数学史上很著名的欧拉解决的一个"级数求和问题",欧拉巧妙的联想引起听者的极大兴趣,会场一时议论纷纷,大家交头接耳,仿佛看见了欧拉发现数学真理的具体过程,十分兴奋。

"同志们!下面我们讲分析法。分析法主要包括'抽象分析法'和'倒推分析法'。什么是'抽象分析法'? 18 世纪在东普鲁士哥尼斯堡城区有一条河,这条河有两个支流,在城中心汇成大河,中间是岛区。河上共有七座桥把岛区与城市连起来。该市的大学生傍晚散步时总想一次走过七座桥,而每座桥只走一遍。可是他们试来试去总不成功。于是他们写信给著名数学家欧拉。欧拉考虑了几天,他把这个问题抽象为数学上的'一笔画问题'给出了一般的解法,并得到一个有趣的定理。'哥尼斯堡七桥问题'后来成了现代数学分支拓扑学的起源之一。"

接着徐利治又举了一个与图论有关的有趣例子——六人集会问题。也是首先抽象为一个纯粹数学问题,并证明了一条简单的图论定理。之后,徐利治讲了中学数学中也常用的"倒推分析法",他借用波利亚的著作《数学发现》里的一个简单的典型的尺规作图问题来说明这种分析方法。

徐利治讲课的一大特点就是深入浅出。不管多么复杂或抽象的问题,他都善于从较简单、较通俗的例子出发,或从一个人人都知道的常识性问题讲起,使听者对问题首先有一个直观的认识,然后逐步深入。

关于"尝试法",他说:"在中学几何证明中,常常需要作辅助线,辅助线作对了,问题即可迎刃而解。但正确的辅助线并不是立刻就能找到的,需要试来试去,这就叫尝试法。"

接着,徐利治列举了历史上一些著名数学家通过尝试法发现数学真理的典型例子,用来说明掌握这种数学方法的重要性。最后,他又讲了"一般解题方法",介绍了波利亚的《怎样解题》中所概括的几个步骤。

徐利治的报告在热烈的掌声中结束。许多人围拢过来,提出他们感兴趣的问题。

不久,关于数学方法论的报告,徐利治又在吉林省教育学院和吉林大学数学系做过多场。他喜欢因时间、地点的改变,特别是针对不同的听众,自由发挥。在给教师做报告时,往往着重结合教学方法及如何培养有创造性人才来讲;而对大学生听众,则强调数学发现、科学探索的方法。

到了1979年9月,徐利治关于数学方法论的通俗讲演已在辽宁、吉林两省报告了多场,在广大教师、青年学生中引起强烈反响。许多人或向他索取讲稿,或来信请教问题。一时间徐利治忙得不可开交。当辽宁教育出版社的编辑同志得知这一情形后,建议徐利治在报告提纲的基础上编写一本小册子,徐利治欣然应允。

1980年9月,一本通俗的关于数学方法论的读物《浅谈数学方法论》问世,第一版就印了近两万册。这项工作揭开了徐利治在我国开创数学方法论研究的序幕。

数学方法论是研究数学本身研究方法的科学,也可叫作数学学或数学方法学,是哲学与数学的结合。徐利治提出的数学方法论,在宏观方面,就是要用辩证唯物论的观点进行数学发展规律的研究,从而使数学工作者对数学研究方向有更高的预见性;在微观方面,就是用唯物辩证法的观点去探讨数学发现与创造的各种特殊法则,使人们学会数学研究方法。

徐利治想,自古以来,许多数学家就对数学方法、研究技巧有过许多论述,但数学方法论却至今没有形成一个单独的学科。他要和志同道合者一起,建立起这个新的数学分支,为中国数学研究之崛起铺路奠基。从此以后,徐利治在函数逼近、计算方法等专业研究的同时,开始潜心研究数学方法论,并在20世纪80年代初建议曲阜师范大学等院校招收这个方面的研究生,努力为我国培养这方面的研究人才。

徐利治在培养数学方法论的研究队伍上下了很大功夫,可分为"点"与"面"两部分。

从"点"上看,首先当推他与王前之间的师生合作,他们在数学与思维的研究方面写出了很有趣的著作。另一个例子是徐利治与郑毓信之间的合作。郑毓信是徐利治指导的硕士研究生,获得学位后到南京大学哲学系任教,在数学哲学方面取得了很多成果。郑毓信与徐利治共同发表了很多关于数学方法论的论文,还合作出版了数学方法论方面的专著。再者,在徐利治的启发鼓舞下,徐本顺、卢愕等人还分别写出了有关数学美学方法等专题著作,引人入胜。

在"面"上,徐利治于1980年在大连理工大学数学系和数学研究所举办数学方法论的研讨班,以波利亚的《数学的发现》和《数学与猜想》两部数学方法论的专著为参考书,让大家轮流报告。这项活动使中青年教师获益匪浅,提高了教学质量,促进了科研工作。1981至1982年徐利治在大连、长春、武汉三地高校开了数学方法论的课。不少数学专业和自然辩证法专业的高年级学生及青年教师听了这门课后认为,无论在数学还是哲学的思考中都能受到启发和得到提高。接着,徐利治又在大连理工大学举办了数学教师进修班,他亲自讲授美国克莱因的《古今数学思想》,使许多人都受到数学方法论的熏陶。

这门课程在国内外尚未正式形成讲授科目,所以并无现成教材可以借鉴。1983年,徐利治把他讲课的提纲和讲义整理并充实,出版了《数学方法论选讲》。他在书中把数学方法上升到数学方法论的高度。《数学方法论选讲》第一版就印了14 000册。这本书马上成为畅销书,很快售空。徐利治曾不断收到各地读者来信,或托购此书,或咨询有关题材。

国内关于数学方法论的研究从此掀起热潮:有关探讨数学方法论的文章迅速增多;数学方法论方面的著作陆续出现,仅在1986年,就出版了朱梧槚、肖奚安的《数学方法论ABC》,郑毓信的《数学方法论入门》和李翼忠的《中学数学方法论》三本书。1988年,徐利治的《数学方法论选讲》再版,印到19 000册,它已成为广大数学教育者必读的经典著作。为适应国内数学教育与教学改革的发展需要,江苏教育出版社还出版了一套《数学方法论丛书》,请徐利治担任主编,该丛书获1992年江苏省优秀图书一等奖,同年被中国数学会推荐为在全国传播的丛书。特别是曲阜师范大学在任治平、徐本顺的热心带动下,不仅建立了方法论研究中心,还主办了全国性方法论讨论会,请徐利治担任顾问和主讲。数学方法论这一学科在徐利治的倡导下,就这样在我国茁壮地成长起来。

徐利治对于数学方法论本身的学术贡献表现在三个方面。第一方面,他首次提出并比较系统地表述了"关系映射反演原则"(RMI原则)及其在数学领域中的众多应用。

什么是"关系映射反演原则"?这是一种分析处理问题的普遍方法和准则。据此,对所要研究的问题中的关系结构,采取映射和反演两个步骤去解决问题。通俗地说,比如,在日常生活中,一个人对着镜子剃胡子,镜子里照出他脸颊上胡子的映象,从胡子到映象的关系就叫作影射。所以,影射就是联系着原象与映象的一种对应关系。他用剃刀修剪胡子时,作为原象的胡子和剃刀两者的关系可以叫作原象关系。这种原象关系在镜里表现为映象关系。他从镜子里看到这种映象关系后,便能调整剃刀的映象与胡子的映象的关系。于是,他就真正修剪了胡子。这里显然用到了反演原则,因为他已经根据镜子里的映象能对应地反演为原象的这一原理,使剪刀准确地修剪了胡子。

徐利治精确地表述了数学 RMI 原则,并对若干较简单的例子和一些较难的例子进行了专门讨论,建立了用 RMI 原则解决问题过程的框图。他还用 RMI 原则分析了数学上的"不可能性命题"。

就这样,徐利治针对数学中比比皆是的通过映射变换求解反演的现象,将人们自觉不自觉运用的原则上升到方法论的高度,而且还进一步提出了设计"RMI 解题机"的某些具体计划。

第二方面,徐利治与其合作者在深入研究数学抽象方法的基础上,于 1984 年首先提出"数学抽象度"的概念,并系统论述了"抽象度分析方法"。

科学中的一切概念都是抽象过程的产物,而且都有不同程度的抽象性。数学中的许多概念的抽象性更是明显地经过一系列阶段而产生的。徐利治等人引进的"抽象度概念"(如弱抽象、强抽象、广义抽象)可用以刻画一个数学概念的抽象度层次;他们建立抽象难度向量,以其描述一系列抽象过程的难易性程度;还提出一种分析抽象度的方法,揭示了三元指标,用以表明一个抽象物的更全面的信息,可用于数学领域的各个分支和各门课程。

徐利治所开创的抽象度分析方法不仅对开展数学研究很有意义,而且对数学教学设计(如教材、教法的分析)也很有参考价值,同时对丰富思维科学内容也起到了积极作用。

第三方面的贡献涉及数学基础问题。徐利治与郑毓信等人首先研究了"数学真理性"数量上的把握程度问题,深入研究了超穷数论和悖论等问题。他们在1980年提出的"双相无限"的原则,刻画了数学无限过程的矛盾本性,从而在西方数学哲学界"潜无穷"与"实无穷"两大派别的传统争论之外,提出了解决问题的新方案。

此外,徐利治还发展了模式论的数学哲学。英国著名数学家、哲学家怀特海(A. Whitehead,1861—1947)曾指出:"数学的本质特征就是,在模式化的个体抽象化的过程中对模式进行研究。"徐利治正是受这种"数学模式观"的启发,深入、系统地发展了数学本体论、数学真理的层次理论、模式语言观的研究。

所谓数学"模式"(Patterns),是泛指理想化的关系形式结构。怀特海曾提出:数学是研究模式的科学。这个观点可以溯源到柏拉图(Plato),他认为:数学是研究"理想化客体"的科学。举例来说,圆是绝对的、纯粹的,即理想化的圆,作为几何对象,是一种抽象了的"理想化客体"。自然界中的具体对象,由抽象达到理想化,形成"理想化客体",这与英国哲学家、物理学家 K. 波普尔所说的"世界 3"(World 3)是一致的。徐利治认为数学的定义应该是"以理想化事物的量化关系的形式结构为研究对象的科学",发展了数学"模式论"的观点,他与郑毓信合作的专著《数学模式论》于 1991 年出版。

3. 对数学美的追求

1994 年,徐利治应邀去华中理工大学做过三次讲演,其中有一次是大学生举办的"周末文科讲座",讲座负责人给他出了一个题目,叫作《数学教授谈文学的作用》。徐利治对文学向来是喜欢的,这样一来,就更使他有机会认真思考数学与文学的关系问题。

在讲演会上,教室里挤满了学生,大家都很好奇,想看一看数学家怎样谈文学。徐利治在黑板上写了李白《黄鹤楼送孟浩然之广陵》:

故人西辞黄鹤楼,烟花三月下扬州。

孤帆远影碧空尽,唯见长江天际流。

然后他问学生们:"李白的诗中哪句话隐含了极限思想?"会场上当即热闹起来,不少学生举手说:"第三句有极限思想!"

的确,如果把人眼所能看到的帆影大小看成是随时间增加而逐渐变小的变量,则当达到一定时刻时,帆影也就消失了。"由此可见,李白是有变量极限观念的。""如果他学习极限论和微积分,相信也会有很好的悟性。"徐利治的这些话使学生们感到十分新鲜,他们已从中觉察到:文学的"形象思维"与数学的"理性思维"是可以对应联系起来的。

事实上,徐利治早就在思考数学与美育的关系问题。20世纪90年代以后,国内高校开始重视学生的素质教育,许多学校举办美育系列讲座,不少学校请徐利治来讲演。徐利治把他多年来关于"审美意识"的思考总结为《科学文化人与审美意识》,给大学生做了多场报告,受到广泛热烈的欢迎。这里摘录一些主要内容:

一、科学文化人的一般含义

人类社会已经处在由工业社会快速地转变为信息社会的历史时期。怎样培养具有较高文化素质的科学工作者便成为各国高等教育界普遍关注的问题。所谓"科学文化人"就是泛指具有较高文化素质的科技工作者。显然,大学生应该作为较高层次科学文化人来培养,因此在文学素质的塑造上就有更高的要求,特别是关于"审美意识"的素质要求更具有重要意义。

二、审美意识的重要性

所谓"审美意识",就是人们感受并鉴赏各种美好事物的一种自觉心理状态。它是美学专家和心理学家都十分关心的问题,也是教育家和一般科学家都必须重视的问题。

显然,人的"审美能力"是各不相同的。对象领域不同,审美意识和能力也大相径庭。但是,数学美和文学艺术美却有不少相通之处,但凡具有创造精神和发明能力的科学家,都在不同程度上具有数学和文学方面的审美意识和审美能力。正因为如此,就培养有创造性的科学文化人而言,上述审美意识的培育就有其特殊的重要性。

什么是客观上的"美的标准"和主观上的"审美准则"呢？例如，人们常会惊叹一个困难问题的简易解答，或一个极复杂问题的极简单答案，而把它称为"漂亮的解法或优美的结论"。所以在人们的审美意识中，"简单性"与"简洁性"是公认的审美准则。

人们往往喜欢种种具有对称性的图形、建筑物、衣服样式、家具及装饰等。这表明"对称性"也是一条符合审美意识的重要标准。

作为人的一种自然本性，人们总是喜爱那些具有和谐性的、有规律性的事物。这说明"和谐性、规律性、统一性、秩序性"等，都是人们心目中的审美标准。

有时，人们去野外山地游览时，偶尔会发现一堆奇花异草，或在海滩捡到几块光泽色彩极美的贝壳或石块，而会感到美不胜收。这说明"奇异美"也会给人们带来美的感受。

综上所述，可见凡是事物所呈现的某种简单性、对称性、和谐性（秩序性）、统一性和奇异性等特征，在人们的审美意识中都是符合美感的属性，也往往是人们在生活与工作中乐于去追求或是去创造的东西。事实上，作为反映客观事物关系与规律的人脑思维（包括形象思维、概念思维、逻辑演绎思维等），其本性也总是自觉或半自觉地力求按照上述美的标准（或审美准则）去完成所希冀的"思维产品"的。因此，我们就不难理解为什么——

古希腊的欧几里得（Euclid）会自然地想到采用公理化方法写出他的不朽作品《几何原本》；

17世纪的牛顿会想到引入8条定义和3条力学定律（公理）去完成他的划时代巨著《自然哲学的数学原理》；

现代的大物理学家爱因斯坦（A. Einstein）会成功地想到引入"光

行距度量时间"这一极简单而自然的物理学公理,去建立他那符合真、善、美标准的狭义相对论;

当代的宇宙物理学家史蒂芬·霍金(Stephen Hawking)竟会想到通过某些简单而自然的假设,力图利用统一性的观点,去阐明从大爆炸到黑洞的宇宙演化的物理结构规律,还写出了驰名全球的读物《时间简史》。

可见,欧几里得、牛顿、爱因斯坦、霍金无疑都是具有极高水平的审美意识的人物。他们的贡献和成就反过来又足以证明审美意识对寻求科学真理的重要作用。

三、创造能力与审美意识

事实上,正因为客观世界本身是处在有规律、有秩序的普遍联系之中,其本身才具有种种优美的、和谐的、统一性的或奇异性的结构规律和演化规律。因而科学家们要去探索、发现并通过思维去表现其规律时,也就必然要遵循"美的准则"。这样就从根本上说明了科学家的发现、发明与创造力和审美意识直接相关的必然性。

无数事实表明,一个人的审美意识越强,其审美能力就越高,从而其创造发明的才能也越高。我们认为它们之间存在着正比关系。这样一来,我和隋允康教授所讨论过的"创造力公式"

$$创造力 = 有效知识量 \times 发散思维能力 \times 透视本质能力(抽象分析能力)$$

就可精化为下列形式

$$创造力 = 有效知识量 \times 发散思维能力 \times 透视本质能力 \times 审美能力$$

我想,如果把"发散思维能力"简单地归结为"联想能力",把"抽象思维能力"代之以"概括能力",那么,上述创造力公式右边的第二、第三个因子便可通过某些智力测验表,对特定条件下特定对象(个人)测量其数值。其中只有"审美能力"这个因子很难测算,有待进一步深入研究。

四、培育审美意识的途径之一——发挥数学的美育功能

由于数学是一门十分抽象的纯理性科学,尤其是高等数学,有它特定的符号形式及抽象术语,这使许多人都误以为数学是一门枯燥无味而严酷的学科,似乎与美育无关。实际上,数学是一门最美的科学,大数学家高斯就说过"数学是科学的皇后"。数学对于塑造优美的人性来说,有着意想不到的作用与功效。

在16世纪末担任过伦敦市市长的著名数学家兼教育家比林斯利(S. H. Billingsley)就发现了数学具有美化人性的功能。他说:"许多艺术都能美化人们的心灵,但却没有哪一门艺术比数学更有效地修饰人们的心灵。"19世纪一些著名教育家和哲学家还发现"数学具有制怒的作用""数学教育能使粗心的青少年变得细心;能使性格粗暴的人们变得温顺起来""数学还教会人们客观地、公正地对待事物和处理问题""数学能杜绝人们的主观偏见,还能激发人们对真理的热爱,并能增长人们追求真理的勇气"。

人们早已发现,数学的美的标准和一般美好事物的美的标准是完全一致的,它们都表现、归结为简单性、统一性、和谐性、对称性、奇异性等。譬如,几何学从很少几条不证自明的简单公理出发,经由演绎法井井有条地导出一系列推论和定理,使得整个理论结构表现得十分统一和谐,这不正好像是座构造高雅的建筑物那样优美吗?又如,二项式系数组成的杨辉三角形具有一种对称美,圆周角定理在变

化中隐含着不变性的美。而立体几何中的著名定理"球面面积正好等于它的大圆面积的四倍",你学懂它的时候或许会产生某种惊叹,这是因为它的确显示了几何学中的奇异美,即一种出乎意料的美。其实,数学里的数学美是到处可见的:基本概念的简单性、定理与公式的普遍性与统一性、方法的精巧性等也都是数学美的特征。

有些人把数学看成枯燥无味的科学,甚至望而却步,视为畏途。那真是一种误解或偏见!但正如欣赏中国的字画或西方的交响乐那样,感受数学美也需要一个学习和领会的过程。对数学题材理解得越深刻,才能越发体验到其中的数学美,才能使学习成为一种享受。这样就能更加喜爱数学,从而越钻越深,而决不会产生任何困倦。因此,人们学习和研究数学能最有效地增长审美意识和审美能力。欧美的传记作家有时喜欢将数学家与诗人、艺术大师相提并论,无疑也是考虑到他们都有高度的审美意识。可见,数学具有重要的"美育功能",因此数学教育理所当然地成为培养高素质科学文化人的最重要的手段。

五、培育审美意识的最佳途径——文理结合与文理渗透

现代人们都很清楚,人的大脑两半球有着不同的思维功能。左脑主管收敛思维,即逻辑分析、抽象概括、推理演绎等理性思维;右脑主管发散思维,包括想象、直觉、猜想、审美等形象思维。收敛思维与发散思维又常常称为"左脑思维"与"右脑思维"。

一般认为,理科教育能开发和提升左脑思维的能力,而文科教育和艺术教育能开发和增长右脑思维能力。一个人的大脑思维功能要全面地开发和提升,显然只有通过文理科结合与文理科互相渗透的教育、学习途径才能达到目的。可惜的是,现在大学理工科教育与文

科教育的全面分离，使大批青年人都在相当程度上失去了全方位开发和增进大脑功能的机会。

事实上，文科教育，尤其是文学、艺术、音乐的爱好和熏陶，将直接影响着审美意识的深层次发展，而有助于科学创造发明才能的增长。从科学史上到处可以看到，凡是做出重大贡献的科学家、哲学家，以及数学家，大都是文理兼通的人物。如笛卡儿、帕斯卡、牛顿、柯西、高斯、庞加莱、希尔伯特、爱因斯坦等，都是能写出一手漂亮文章的人物。他们都喜爱文学，有的人甚至对诗歌音乐还有很高的造诣。这些人物的一个共同特征就是具有极高水平的审美意识和审美能力，他们的创造性成果都闪烁着美的光辉。

为什么文理结合与文理渗透特别能促进人们创造才能的提升和发展呢？除了可以联系大脑功能的全面开发说明其理由外，另一个重要理由是文学艺术的审美和数学的审美都需要相应的直觉、想象和形象思维，因此两者具有相互间的比拟和暗示作用，其审美能力是可以互相转化的。

不妨将数学创造与文学创作略做比较：数学构造事物关系的"量化模式"或"模型"，文学塑造从生活中提炼出典型故事或"文学典型"；前者采用符号术语及逻辑演绎形式，后者采用语言文字及形象化的描述形式。两者都离不开关系直觉和形象思维。数学模型和文学典型都是经过从具体到抽象过程的某种抽象思维的产物，它们都遵循相似的审美准则。

文学创作中还需要美好的意境，数学创造中同样需要优美的意境和理想的图景。这就说明为什么数学中的重要成果也常常显示出艺术美，因而使数学家能享有艺术家的乐趣。关于这一点，庞加莱曾经说过:"一个名副其实的科学家,尤其是数学家,他在他的工作中体验到艺术家一样的印象,他的乐趣和艺术家的乐趣具有相同的性质,是同样伟大的东西。"

通过以上的对比,我们更加确信,受过良好的文科教育的科学家,或者是爱好文艺的科学文化人,将比一般科技工作者有更多的机会去为人类社会做出美好的贡献。

徐利治认为美不是文学家、艺术家的专利品,美也是数学探索的极佳境界。他指出,"真是美的,而美未必真",还把这一原则用来作为必要条件,辅助检验教学成果的真伪。他提出

数学直觉＝美的直觉+关系直觉+真的直觉

实际上,对于数学美的追求,归根结底还是对数学真理的追求。数学乃是真与美的完整统一。一种数学理论,就其反映了客观事物的本质与规律而言就是真,就其表现了人的能动的创造力而言则是美。

徐利治认为,审美意识与审美能力有助于人们去寻求真、善、美的事物,而且会在感情上很自然地去热爱并珍视美好的事物。因此,一个人的审美意识的水平越高,其德行与悟性就越高。很难想象有严重道德缺损的人能有真正健康的审美意识。

徐利治还提出了"审美意识不仅支配着人们的精神素质,同时还支配着人们的健康素质"的观点。他认为,这是因为审美意识联系着右脑思维活动,它和人们惯用的左脑思维活动构成了交互为用的平衡互动关系,这就极大促进了全方位的大脑机制的健康运动。如果这种脑神经系统的均衡运动能长期维持,就可以延缓整个大脑的衰老过程。这就是许多大科学家、大文学家健康长寿的原因所在。

徐利治的观点不无道理,人们要是有兴趣,还可以研究一下我国

历代皇帝的寿命。他们大都是短命的,因为他们大都过着骄横纵欲、奢侈无度的生活。但是也有例外,清代皇帝康熙、乾隆寿命就很长,何故?这也是一个很有意思的课题。

4. 青年之友

随着徐利治的知名度不断提高,请他做报告的单位、向他约稿的报纸杂志日渐增多。他特别愿意向年轻人介绍学习和研究数学的体会。

比如,关于学习数学的方法问题,徐利治有以下一些见解。他认为学习数学的方法可以概括为六个字:懂、化、猜、析、赏、做。

什么叫"懂"?懂的含义是有不同层次的。比如一道难题,老师一步步把它解出来了,你每步都看明白了,以为懂了,其实这样的懂只是一种"浅懂"或"表面的懂",未必是真正彻底懂了。这叫"见树不见林"。学数学要做到真懂,一定要有整体性的理解,就是说要弄明白整个思路的来龙去脉,还要彻底理解它之所以如此的道理。

1996年徐利治先生访问南开大学数学研究所摄于姜立夫铜像前

1996年6月28日徐利治先生与美国数学学会主席格雷厄姆（Ronald L. Graham）摄于南开大学数学研究所

数学的对象是空间形式和数量关系。数学的解题过程或推理过程，就是要去寻找或证明某种客观存在的形式和关系，所以全部过程也有其客观必然性。因此，只有把它理解得非常自然、非常直观，直到成为你心目中一目了然的东西，那才真正变成你自己的知识财富。这时候，你就能使用自己的语言很自然地而不是背诵式地去表述你所理解的一切。当然，"强记"就不必要了。

真正懂离不开数学直观，因此，数学直观力的培养非常重要。在学习过程中，处处多问几个为什么，尽量通过几何图形的直观比拟或是若干具体例子的观察比较，来想清楚种种数量关系或空间形式的必然性，这就有利于培育你的直观力。数学直观力是导致发明创造的一种能力。杰出数学家欧拉的许多发现都是凭借明快的数学直观力获得的。欧拉一生勤于计算，因而熟能生巧，常能从算例中归纳出一般公式来，他还喜欢做类比、联想、试算（实验）和观察，而这种工作方法正是使他不断产生数学直观力的重要条件。

那么,"化"的含义是什么呢?徐利治打了个比方:当朋友不明白你的意思时,你会来一个"换句话说"。这就是保留原意而改变表述形式的意思。在处理数学问题时,往往需要若干"换句话说",才能把原来的问题化难为易、化繁为简或化生为熟。所以数学中的"化"就是指化简、化归和等价变形,以及映射和变换的意思。国内外有不少数学竞赛题实际就是要考人们"化"的本事。

例如,学习几何与代数时,你会遇到"必要条件""充分条件"和"充要条件"等重要概念。当你试着去化简或者变换一个数学问题及其条件的表述形式时,就得做些演算或者按照充要条件这一概念去进行演绎推理。又如果采用的是反证法,那么只需否定推理结论中所蕴含的必要条件就够了。

不管怎样,要学好"化"的本事,必须养成计算的精确性与推理的严谨精神。这种基本功是要靠早年培养的,要是错过了青年时代,那就好比让中年人再去练少林寺那一套高超的武功,势必会感到事倍功半了。

徐利治所说的"猜""析""赏"是指猜想、分析和鉴赏。他认为这是学好数学必须要注意训练的。在数学家欧拉的传记中,或者在波利亚的名著《数学猜想》里面,可以知道数学中许多漂亮公式和定理不是靠"天才的灵机一动"想出来的,而是通过不厌其烦的归纳、类比、细心观察等过程猜想出来的。当然,猜想只是帮助发现真理,最后还须补上一丝不苟的证明,才能把猜到的真理变成数学的定理或公式。

其实,一切科学领域的重大发现,大多是依靠合理猜想得出来的,牛顿就曾有过经验之谈:"没有大胆的猜想,就做不出伟大的发现。"所以在数学上要有所作为的话,就非得学会"猜"的本事不可。要增长"猜想"的本领,就得注意培养三种品质,即勤奋、勇敢和细心。这就是说,要不怕麻烦,勤于计算,勤于观察,且能大胆设想,细心求证,如同欧拉经常做的那样。

关于"析",徐利治是这样思考的。可以说数学是解决问题的工具,要是想掌握好这种工具,一定要喜欢去求解各种数学应用题。在解决问题的过程中,总要使用数学中的语言、概念和符号,把问题中涉及的全部条件表述成数学形式。所谓"数学形式"可以是关系式、方程式、几何图形及算法程序等,正是利用数学形式才便于求得问题的解答。但是,数学形式是需要通过抽象分析思考才能得出的。因此多做应用题就能磨炼自己的抽象思考能力和分析能力。

他认为,最常用的一种分析法是"逆推法",就是倒转过来研究问题的方法。当你猜到一个问题的结论但不知如何着手证明时,你不妨把"结论"当作已知"条件",一步步倒推探索,这样就会摸清楚通向"结论"的道路和起点。然后再一步步返回结论。事实上,数学上的许多定理和公式都是可以采用这种逆推法去重新发现它们的证明方法和推导过程的。他认为,教师一定要教会学生逆推法。

徐利治还认为,学好数学极为关键的一步是"做"。所谓做,包括从最初的"做作业习题"直到后来的"做数学研究"。因为数学是一门对智能和技能要求都很高的学科,同其他技艺性很强的工作一样,是绝不能纸上谈兵的。关于搞数学研究和写作数学论文,他认为要注意下面几个环节:选题、读文和写作。选题要由易开始,层次逐步提高。读文就是了解有关信息资料,特别是要注意阅读名家名著。写作要力求精确、简明,引文要适当、实事求是。

徐利治在和大学生座谈时，除了讲学习方法外，还常常谈到专业思想问题。

记得在20世纪五六十年代，"学好数理化，走遍天下都不怕"是青年学生选择专业的一句口头禅，大批优秀青年报考数理化专业。然而，到了20世纪八九十年代，人们的观念发生了很大的变化，青年人都挤着要进"三国"专业（国际贸易、国际金融、国际税收）。随着经济的发展，国家的确需要一大批具有财经理论和实际工作能力的专业人才。然而，国家经济建设的发展是建立在现代化的科学技术基础之上的。理、工、农、医、军事、财经各类专业必须均衡发展。

一次，徐利治与大连理工大学应用数学系的一年级学生座谈，发现不少学生专业思想不稳定，认为学数学很累，工作又不好分配。徐利治则抓住这个机会，给学生大讲特讲数学科学的重要性，数学对开发人脑智能、培养创造性思维能力的作用，讲学好数学使人终生受用的道理。还通过国内大学校长中数学家比例偏高的事实，讲数学的教育功能。徐利治还特别给大家讲他自己是怎样用这种思想影响子女的。原来，他的长孙这一年刚刚考上大学。孩子的父亲——徐利治的长子曾征求徐利治的意见。徐利治以非常明朗的态度建议孩子读数学系，就这样，他的孙子以理科最高分进入了一所重点大学数学系学习。徐利治认为，打好了数学基础，今后改学什么专业都不费劲。

徐利治的观点是很有道理的。大家都知道，目前财经类专业的研究生中许多是学数学出身的，这是从低处看。若从高处看，1969年设立诺贝尔经济学奖以来，有相当比例的获奖者是数学家，或者是用数学方法解决经济问题而取得成功的经济学家。

徐利治的观点对学生有很大影响,许多同学转忧为喜,增加了学习动力。他们还写成文字投到校报,分享徐利治与他们座谈的情景及他们思想转变的过程。

徐利治非常喜欢与青年学生在一起谈话,他总是兴致勃勃、侃侃而谈,仿佛自己又回到了青年时代。话题有时是很广泛的,不仅谈学习方法,谈数学美,还谈理想和国家的发展,特别在谈到21世纪中国将是世界数学大国时,他对学生充满了希望,此情此景让人感动。徐利治真不愧为青年人的朋友。

5. 投身教学改革

徐利治一直很关心数学教学改革。1983年他的《数学方法论选讲》一出版就引起广大数学教师的兴趣,不少人给他来信提到方法论对培养师资和改革教学方法的重要性,其实这也正是他多年来思考的问题。从此以后,他陆续给《中学数学》《高等工程教育》《高等教育研究》等刊物撰文,从数学方法论的角度来探讨数学教学改革的问题。

作为科学方法论的重要分支的数学方法论,主要是研究数学发展的规律、数学结构的思想方法及数学的发展、发明与创新等法则的一门学问,显然它与数学教育及教学法研究有着不可分割的联系。

多少年来,无论是中学数学教材还是大学数学各门课程的教材,都毫无例外地把数学知识力求组织成演绎结构系统来进行教学。这种做法有着历史的必然性。徐利治认为,如果要培养具有数学想象力和创造力的青年一代,要使他们不仅灵活地运用数学工具,而且还能日后在科技上有所创新和发明,那么在教材、教法中只注重传授演绎性数学知识、过分强调逻辑演绎推理的训练,将是不利于达到上述目标的。

从方法论的角度看,数学真理的发现、挖掘和推陈出新,离不开对特殊事例的观察分析、归纳概括和运用推理等过程。徐利治提出,数学教学的重要任务是要教会学生运用科学归纳法从特殊例子中去发现出一般性的东西来。

他还指出,归纳法和类比法是发现数学真理的重要方法,而归纳和类比离不开观察、分析和联想。因此数学教学中如果能适当加入这方面的有趣题材,对培养学生的观察力、分析能力和联想能力是极有帮助的。

为了培养既有创造发明能力,又有逻辑论证能力的数学人才,徐利治指出,在中学和大专院校的数学教材中,应该采用"归纳与演绎交互为用"的原则。按照这条原则,不仅要教会学生运用科学归纳法试着去猜结论、猜条件、猜定理、猜证法,而且还要让他们学会从探索性演绎法过渡到纯形式的演绎法,能够把预见到的合理命题或定理的证明一丝不苟地建立在逻辑演绎基础上。总而言之,在数学教学过程中,既要发展学生的发散思维能力,又要培养他们的收敛思维能力。

在谈到培养学生创造性能力时,徐利治提出,表现"知识发生过程"的教学十分重要。他还特别介绍了大数学家希尔伯特的老师福克斯的教学逸事:大概是由于缺乏备课习惯,福克斯在课堂上总是现想现推,时常使自己处于被动困难的境地。然而,希尔伯特和他的同学们却因此看到了高明的数学思维是怎样在艰巨的探索中进行的,看到数学发明、发现的原始过程。试想,我们今天的数学教师敢这样做,必然受到"备课不认真"的谴责。然而,把课备得再充分,搞一套毫无生机的逻辑推演,学生还是看不到生动的创造过程。如果有意识地在学生面前表现探索真理的曲折,加上认真的备课,那么就把传统的认真备课的优点与福克斯无意中表现出来的有欠缺的创造性讲授完美地结合了起来。这样就可以闯出一条崭新的培养创造性的探索表现数学之路。这种做法更具有方法论上的启迪意义,可以使学生学到活生生的创造方法,有利于解决他们将来遇到的新问题。

如果我们真的这样做了,我们就会体会到莱布尼茨说的"没有什么比看到发明的源泉更重要了,它比发明本身更重要",也会理解高斯认为"发现比论证更重要"的意义。

当然,为了实施这种表现"知识发生过程"的教学方法,有一个相应的教材问题。因此,应该写出具有双重性的教材来。为此,徐利治提出编写"发现法教材"的建议。这种教材基于这样的思想:学生们要掌握演绎推理的基本技巧,但是光靠逻辑上的演绎不可能发现新事物;实验归纳加上探索性的演绎才能产生新发现;因此要加强归纳方法的内容。他还提出与"发现法教材"相联系、相配合的另三种教材:数学方法论、数学思想史和各分支的高级科普教材。徐利治和他的合作者隋允康教授曾著文深入地讨论了上述问题(参见《高等工程教育研究》1987年第3期上的文章《关于数学创造规律的断想暨对教改方向的建议》)。

徐利治除了探讨数学教学改革的理论问题之外,还亲自参加了一些教学改革的实践活动。1993年以来,他积极支持、指导并亲自参加了大连理工大学"高等数学教学手段现代化改革探索"项目的工作。

近年来,国内各高校对数学课程的设置、教学内容和教学的改革,以及计算机辅助教学等方面都取得了可喜的成绩。但是,在普通高校的数学课程中实行电化教育,尚未见到较大的进展和突破。

电化教育作为一种新兴的开放式的教育模式,是深入进行教育改革有效途径。把电化教学和传统的教学方式有机地结合起来,对加速教学信息的传递与反馈,拓宽课堂教学的领域,激发学生的学习热情,迅速提高教学质量有重要意义。我国的电化教育早已蓬勃开展,在许多学科领域硕果累累。但是,在某些理论性较强的学科,其现状还不尽如人意。如数学学科,电化教育主要限于各类电视大学,并且大都是电视讲座的形式,普通高校数学课程的电化教育基本上还是空白。如果用形象生动的画面语言,把抽象的数学内容形象化、直观化,并通过视听手段在教学中实施,从而达到教学过程的最优化,是数学教育手段现代化改革面临的一项重要而艰巨的课题。

1993年以来,在中国数学会传播工作委员会和国家教委工科数学课程指导委员会等部门的支持和委托下,由当时在大连理工大学应用数学系工作的杜瑞芝教授组织编制了三部数学题材的电视教学片:《微积分的创立》《偶然中的必然》和《高等数学绪论》。

几部片子采取专题片的形式,通过大量图文资料、图像资料和电脑动画等形式生动地展现了枯燥的数学内容,较好地发挥了电视教学的功能。这些片子制成后立即投入教学,学生反响强烈,取得了其他教学手段难以实现的教学效果。三部片子中已有两部由高等教育出版社出版发行,已有许多院校使用,并得到广泛的好评。

杜瑞芝于1968年毕业于吉林大学数学系,在工厂做工十年后又攻读研究生,获硕士学位。开始曾研究常微分方程边值问题,后转向世界数学史的研究,在数学通史、阿拉伯数学史、数学家传记研究等方面均有较系统的工作。她于1991年调入大连理工大学,曾积极参加徐利治主持的"数学思想发展史讨论班"。在数学系和电教中心有关领导及同事的支持与配合下,她将数学史教育应用于数学教学改革之中。

徐利治对电视教学片的编制,始终给以热情鼓励和大力支持。他说这件事情很有意义,能让数学系的学生看到有声有色的电视片,通过大量生动的图文、图像和影视资料,学生可以了解数学发展的历史概貌,了解数学是怎样一门科学,了解自古至今应用数学最成功的典型事例,以及怎样才能学好数学,等等,他相信这是对教学手段的重要改革。

电视教材的制作比一般文字教材的编写要复杂得多、困难得多,涉及教育水平、科学水平、技术水平乃至艺术水平,是一件综合性的创造工作。为了提高电视教材的可视性,避开数学内容的抽象性,主创人员将几部教学片设计成专题片的形式——不设主讲教师或主讲教师仅在关键时刻出场,主要通过大量的图文资料、影视资料、视频特技和电脑动画,将高度抽象、枯燥的内容以丰富多彩的画面展示出来,通过画面语言去说明问题和揭示更深层的含义,给学生留下思考的余地和想象的空间。

徐利治不仅对文字脚本提出一些指导性意见,而且当几位主创人员找到他,请他给出几组镜头时,他十分愉快地接受了这项任务。

编导安排徐利治在《微积分的创立》和《高等数学绪论》两部片子中的几个关键时刻出镜头,通过他的教学与科研活动等串联全片。徐利治虽然也接受过几次电视采访,但那主要是在他的书房完成的。

当编导把他请到演播室,安排好布景、灯光,试过镜头后,他一再强调"我没演过戏,也不会演戏"。尽管他很配合,也挺上镜,但要想达到预期的效果很不容易。每组镜头少则拍七八遍,多则要拍上十几遍才能成功。无论拍多少遍,徐利治都非常耐心、认真,甚至他还常常亲自把关,直到满意为止。

特别让人感动的是,在拍《高等数学绪论》的第一组镜头时,正赶上他75岁生日,他把家里为他过生日的活动安排好后,便及时来到拍摄现场。

1995年9月23日下午,在大连理工大学电教大楼的三楼阶梯教室里,240多名学生上新学期的第一节高等数学课。上课前,杜瑞芝做了简短的说明:"今天,我们请著名数学家徐利治教授为大家上第一堂高等数学课。"简要介绍了徐利治的学术成就后,杜瑞芝说:"今天正好是徐教授75岁大寿,他本应该与家人及弟子们共庆生日,可他却来到这里,为我们大家讲为什么要学高等数学……"话还没有说完,教室里就响起了热烈的掌声。

当徐利治教授神采奕奕地走上讲台时,教室里响起了更热烈的掌声。徐利治说:"我很高兴来为大家上这第一堂课。我想讲三个问题,第一个问题是为什么要学高等数学,高等数学对你们学习后继课程及今后的发展有哪些作用;第二个问题是高等数学包括哪些内容;第三个问题讲一讲怎样才能学好高等数学,也就是学习高等数学的方法问题。"教室里非常安静,学生们都屏息静听。

接下来,徐利治着重给学生们讲"为什么要学高等数学",他从"数学是一门积累的学科""数学是打开科学大门的钥匙""数学是一种潜在的资源"等三个方面做了精彩的讲演。讲演在学生们长时间的热烈掌声中结束。

摄制组在做好充分准备的情况下,录像一次成功。这次拍摄是徐利治参与拍摄最成功的一次。摄制组人员都被徐利治这种忘我的工作精神所感染,工作更加精益求精。

在教学片的录制过程中,徐利治的教学活动大都是即兴讲演(当然是做了准备的),他不愿为拍片而去"表演"。根据他的意见,制片组几次安排他和学生座谈,摄制组抢拍镜头。这样一来,不仅完成了教学片的拍摄,而且使学生真正学到了知识,取得了事半功倍的效果。当然,若需要在演播室或其他场地拍镜头,难度就大得多,但徐利治从不畏难,他认真地、反复地做,直到达到要求为止。这里有许多感人的故事。

几部片子完成后,在大连理工大学、辽宁师范大学和华东师范大学等院校立即用于教学,大受欢迎。学生们争相观看,反响十分热烈,取得了在数学课堂上其他教学手段难以达到的教学效果。不少学生还写了观后感:

"神圣的乐曲,缓缓的解说,丰富的画面,使我们了解了微积分的来龙去脉——它来源于科学实践,并不是深不可测。"

"原来在迷雾中徘徊的我,顿时眼前一片光明。"

"看了《高等数学绪论》片,我顿时兴趣大增,从内心对数学这门科学十分向往。当电教片放完时,我还觉得有些不过瘾!真希望多看一些这样的电教片。"

"《高等数学绪论》片给我极大的启迪,无穷的力量。

趁我们还年轻,还是大学生活的开始,必须树立学好数学的坚定信念,不为各种诱惑所动,努力学习,使自己在多年之后真正学有所成,报效祖国。"

《微积分的创立》和《高等数学绪论》分别于1995年及1998年由高等教育出版社出版发行,《偶然中的必然》也与少数院校交流。《微积分的创立》先后获省、市及原国家教委的多项奖励。据不完全统计,到20世纪末,已有百余所院校使用这两部片子,反映普遍很好,的确增加了学生的学习兴趣,提高了教学质量。一些院校的老师,有的甚至是著名的数学家来信称赞:

"对数学教学改革起到很好的作用。""为贵校对数学知识的传播所做出的贡献极为钦佩。"(武汉大学来信)

"《微积分的创立》的确很好。录像带很好。我省几个地方办中学教师硕士课程班,在课后播放,反映颇佳。"(浙江师范大学来信)

"贵校发行的《微积分的创立》受到数学爱好者的好评。"(河南省教育委员会来信)

有的院校来函说"对几部教学片特别欣赏",并专门安排时间先组织教师观看,之后再组织学生集体观看,反映很好。"教师们认为录像片水平很高,对学生学习很有启发。"(沈阳黄金学院来信)

几部教学片取得这样的实践效果,除了课题组的努力和电教中心的支持外,与徐利治的辛劳奉献是分不开的。

6. 环球之旅

1992年，徐利治时年72周岁，经他自己主动要求，正式从大连理工大学离休。他的身体状况、工作资历和学术地位都可以使他继续工作，因而可以和大家一起涨工资，享受过去所拥有的一切待遇。但是，按徐利治处理问题的风格，他认准的事情，不管是领导还是自己的学生，谁来劝说也没用，他按照自己意愿，如期离休。他相信"长江后浪推前浪""江山代有才人出"，看到自己的学术助手与弟子们都成长起来，他感到很欣慰。徐利治希望光荣引退，为自己的学术生涯画上一个完满的句号。在他正式离休手续下来的前夕，他就开始了环球学术之旅。

1992年7月下旬，徐利治从北京飞往英国伦敦，转道圣安德鲁斯（St Andrews）古城，参加了在那里举行的"第五届国际斐波那契数及其应用学术讨论会"，并在会上做了精彩的专题学术报告。会后他专程去了阔别40余年的剑桥大学，拜访了他青年时代的导师、白发苍苍的老人斯米吉斯（Smithies）。师生重聚真不知从何谈起！

1992年8月上旬，徐利治又应邀前往美国访问。从伦敦飞赴美国佛罗里达州的奥兰多，转坦帕，在南佛罗里达大学做客五天，做了两次学术报告，由美国著名数学家伊斯梅尔（M. E. Ismail）负责接待与陪同。

1992年8月到11月，徐利治又相继应邀访问了下列美国大学数学系，并做了学术讲演：

俄亥俄州立大学，接待者有米尔恩（Milne）等知名学者；

威斯康星大学，接待者是著名数学家阿斯基（Askey）；

维恩大学,路易斯维尔大学,接待者是数学系主任及中国旅美学者;

匹兹堡大学,接待者是该校数学与统计系主任和华裔数学家赵中云教授。

西点军校,数学系主任及阿金(J. Arkin)教授负责接待。

1992年冬,徐利治还应邀访问了拉斯维加斯的内华达大学,做了两次学术讲演,由系主任薛昭雄教授接待。

1993年徐利治与加拿大皇家学会会员王世全教授(Roderick Wang)共同获得加拿大国家科技研究委员会(NSERC-Canada)评选授予的"国际科学交流奖"。同年4至11月,到加拿大温尼伯格的门尼托巴大学访问讲学半年。

1993年冬,徐利治访问台湾,在那里逗留50天之久。他是应台湾"中央研究院"数学研究所所长李国伟教授的邀请到台湾访问讲学的。徐利治访问了那里的许多大学和研究机构。他在数学所、台湾"师范大学"、台湾"清华大学"、台湾"交通大学(新竹)"、台湾"高雄师范大学"、台湾"成功大学"、台湾"彰化大学"、台湾"中原大学"、台湾"中央大学"、台湾"淡江大学"、台湾"中正大学"等学校做了17场学术讲演,受到当地数学家的热烈欢迎。徐利治在那里认识了一大批台湾的数学家和数学教育家,与他们进行了愉快的交流,建立了联系。

1994年初,从中国台湾再飞到美国,访问了内华达大学的老友及斯坦福大学的荣誉教授钟开莱先生。最后,于1994年1月中旬返回北京,从而完成了环球学术旅行:

北京——英国——美国——加拿大——中国台湾——美国——北京

这次长途旅行从1992年7月至1994年1月,历时正好一年半,徐利治真是感慨颇多。他在小学读书时,就知道了地球是圆的,但从未想到今生能有机会绕地球一周。他居然在72岁至74岁,完成了环球的学术旅行,很是感快慰。1994年初返回北京时,徐利治见到迎接他的亲友,第一个感叹就是地球村如此之小,靠着飞机航行,来往于国际大都市之间不过是一小憩而已。

在国外访问期间,除了与对方研讨共同感兴趣的专业数学问题,进行学术交流和讲演外,徐利治还广泛地宣传他所热衷研究的数学方法论、数学美学、数学教育方面及更广泛的一些问题。

比如,他曾于1992年10月在美国西点军校做名为《RMI原则及其应用》的报告,引起听众的广泛兴趣。

回国后,徐利治曾经深情地回忆在西点军校讲学的情形。他对这所著名军校的数学教师团队充满了敬意,他们术业有专攻,对数学研究、数学教育及数学方法论都有着痴迷般的热爱,提出了广泛而深入的讨论话题。他还对当时一场意外的问答和讨论印象极为深刻:当听者中有人对西南联大的数学教育感兴趣,提及陈省身、华罗庚和钟开莱等人的广泛影响时,徐利治动情地回忆了那段往事,在提到杨振宁的名字时,话题便出人意料地转移了方向。现场的那些资深数学家无不对杨振宁的成才之路充满好奇。

杨振宁于1957年获诺贝尔物理学奖,他还获得1994年美国鲍尔奖,这个奖项由历史悠久、声名卓著的美国富兰克林研究所宣布,颁奖词主要内容如下:"杨振宁-米尔斯理论是20世纪解释亚原子粒子相互作用概念的杰作之一。在过去40年间,这一理论深刻地重塑了物理学和几何学的发展。该理论同牛顿、麦克斯韦和爱因斯坦的学说一样,必定会对未来几代人产生同样深远的影响。"

假想你今天遇见一位爱因斯坦的故交,不但是一所著名大学的同期校友,还与他的家庭来往密切,对他成长的秘籍多有耳闻和见证,会有多少学人纠缠于此,喋喋不休地问个没完没了!徐利治在读大学时,就曾兼职做过杨振宁父亲杨武之的"助教",某时段常到杨家送交批改好的学生作业。杨武之时任西南联大数学系主任,而徐利治正是数学系的高才生,并且有着师范教育的学历,先后曾当过一两年中学数学教员,自然杨武之、华罗庚等先生会请他参与部分教学工作。对杨武之先生的教育思想和教学方法,徐利治并不陌生,正如杨振宁后来回忆时所讲[①]:

"我九、十岁的时候,父亲已经知道我学数学的能力很强。到了十一岁入初中时,我在这方面的能力更充分显示出来。回想起来,他当时如果教我解析几何和微积分,我一定学得很快,会使他十分高兴。可是他没有这样做。父亲书架上有许多英文和德文的数学书籍,我常常翻看。印象最深的是 G. H. Hardy 和 E. M. Wright 的《数论》中的一些定理,以及 A. Speiser 的《有限群论》中的许多空间群的图。

[①] 高策,《走在时代前面的科学家——杨振宁》,山西科学技术出版社,1999年3月第1版,P54。

因为当时我的外文基础不够，所以不能看懂细节。我曾多次去问父亲，他总是说："慢慢来，不要着急"，只偶然给我解释一两个基本概念。

"1938年到1939年这一年，父亲介绍我接触了近代数学的精神。他借了G. H. Hardy的《纯数学(Pure Mathematics)》与E. T. Bell的《数学精英(又译数学大师Men of Mathematics)》给我看。他和我讨论集合论、不同的无限大、连续统假设等观念，这些都给了我不可磨灭的印象。"

传记作家高策在《走在时代前面的科学家——杨振宁》中写道：

杨武之的观念是，假如一个孩子在数学方面很有天分的话，你为什么一定要在他十岁的时候教他微积分呢？这是他将来很容易学到的。然而，中国语文和古文一定要从小就学，从小就背一些精彩的白话文、古文及诗、词、歌、赋等，这将会终身受益。于是，在1934年杨振宁念完初一的暑假，杨武之去找清华的历史教授雷宗海，请他找一位学历史的学生教杨振宁《孟子》。结果，雷宗海找来了他的得意门生丁则良。丁则良每个星期在清华的科技馆里教杨振宁五次，每次一两个小时。这样持续了一个暑假，到第二年的半个暑假，也就是一个半暑假，杨振宁把近35 000字的《孟子》从头到尾背了出来。……杨振宁年过古稀之时曾回忆道："《孟子》里有很多关于儒家的哲学，你可以了解整个中国的思想方式。现在回想起来,这对于我整个的思路,有非常重大的影响,远比我父亲那个时候找一个人教我微积分要有用得多。"他还指出,望子成龙的父母,对自己的子女,尤其是颇具天分的子女,一定不能揠苗助长。"你把苗插下去,把它拔、拔、拔,最后是要一塌糊涂的。"

这位丁则良就是本书第五章中提到的历史学家,他一度曾是西南联大的风云人物,中共抗战初期的地下党员,也是徐利治后来的挚友和同事。徐利治有机会向西点军校的同人介绍杨振宁的不少传说,部分地满足了他们由来已久一探究竟的夙愿。

在回国后的讲座中、授课时、闲谈里,徐利治不止一次地提及西点军校,提到那些数学同人,他们对学术宗师的发自内心、油然而生的崇敬之情,令人久久挂怀,没齿难忘。人们由此达成的共识是:中国当下需要政治家、改革者和经济学家,同样也需要科学家。需要对陈省身、杨振宁、华罗庚这样一代宗师的由衷崇拜,需要对徐利治这样大师的深深敬仰。

徐利治还在南京、长春、广州和大连等多地做过关于"数学科学与现代文明"的科普性讲演。他基于历史事实的分析,讲述了数学与文明,不仅自古并存,而且一直同步发展;通俗地讲解"数学科学"的真实含义;他从近现代科技发展、文化素质教育、宇宙观的演变、头脑编程的研究和美学原则等多个方面生动活泼地向听众介绍数学科学在现代物质文明与精神文明的建设和发展中所起到的重要作用。虽然是同一个题目,但时间和地点不同,徐利治喜欢根据不同听众、不同场合自由发挥,所以实际上每次讲演的内容都不完全相同,可谓常讲常新。

后来,应时任上海大学校长钱伟长先生之邀,徐利治和朱梧槚、朱剑英合作,把他的讲演稿整理补充成《数学科学与现代文明》,在《自然杂志》上连载发表(1997,1-2期)。

第八章
在回忆中升华

1. 口述历史

《20世纪中国科学口述史 徐利治访谈录》一书于2009年出版，受访者为徐利治，访问整理者为袁向东与郭金海。《20世纪中国科学口述史》丛书的启动，涉及2002年全国政协的提案，科技部等政府部门的协同支持，而湖南教育出版社于2006年的主动请缨，终于使这一"功在当代，利在千秋"的伟业尘埃落定！在这套丛书中，《徐利治访谈录》是最早出版的三本书之一，也是截至2015年所出版的31本书中，涉及数学家的两部著作之一，另一本是《有话可说：丁石孙访谈录》，于2013年出版。

徐利治在本书的序言中说：

> 袁向东、郭金海两位和我合作的《徐利治访谈录》即将出版了，我很高兴。趁我脑子还很灵敏，记忆力迄未衰退之

前,通过问答方式,让我追忆往年种种经历,以便给后学者留一份参考资料,这是一件十分愉快的事……我的人生旅程与学术生涯里有挫折、失误、困难、教训和收获,但总的来说,我是一个乐观主义者,因为我天生就有"一切顺其自然"的性格。……读者看了关于我的《访谈录》,就会知道我经历过怎样的困难和挫折,以及如何闯过那些难关的。

这本《访谈录》中有许多问题尚未讲透、讲全,这只能等到将来有机会再版时加以修订和补充了。

笔者行文至此,不禁扼腕叹息,第一版中是见不到那些未讲全、讲透的内容了。只是在内心里留存了一个小希冀——但愿访谈者手里有那些难得一见的录音及资料,使得某些宝贵的内容能够有得见天光的时日。好在担任访谈整理工作的两位作者——袁向东、郭金海在这本《访谈录》的后记有生动的记叙,让人感兴趣与心安:

> 三年前(指2004年),我们开始和徐利治教授访谈,那时,他已是84岁高龄的老数学家了。访谈地点选定在中国科学院自然科学史研究所的大院内,那里是清代孚王府旧址,院落古色古香,幽静宜人,正是一老、一中(60多岁)、一青(30多岁)三人促膝谈心,回忆往事的好去处。借悠古一席之地,忆当代学者求数学之路。中午休息,在院内走两步便到了"九爷府酒店"的后门,进去找个小桌,吃一顿清淡的午餐。餐厅喧闹,徐先生这时会提高嗓门,不时告诉我们一些"秘闻"。饭后如谈兴正浓,徐先生会跟我们返回王府续

谈。徐先生精力之充沛，让我们两个中青年自叹不如。

……徐先生的坦诚让我们敬佩。他毫不回避走过的弯路，公开自己的"天真"行为。他对他的师长充满感激，但又不去掩饰自己所了解的情况。他的叙述像是未经特意裁减的原始记录，其价值不言而喻。所谓恢复历史的真实，应该是尽可能完整地重现发生过的事，这是我们追求的理想。关心历史的人大概都不喜欢掐头去尾，舍去中段，拔毛剔骨，披红挂彩式的玩意儿。

访谈者袁向东是中国科学院系统与数学科学研究院研究员，1964年毕业于北京大学数学力学系数学专业，主要从事中国近现代数学史研究，长期担任《数学译林》主编。另一位访谈者郭金海时任中国科学院自然科学史研究所副研究员，2003年在自然科学史研究所获理学博士学位。他们的访谈精心策划，准备充分，每次都会提前给徐先生一份访谈提纲，而徐先生又极其认真，或列出谈话要点，或密密麻麻写满相关的回忆内容。如此超量投入，业务精湛，配合默契，相谈甚欢，历时逾千日的一本访谈录终于面世，为数学史研究做出了重大贡献！参考价值不可低估！

樊洪业先生在主编的话中提及："口述历史并不是一个人讲一个人记的历史，而是口述史料。口述史的核心是被提取和保存的记忆。"

"这些留存在记忆中的历史，对文字记载史料而言，不仅可以大大填补其缺失，增加其佐证，纠正其讹误，还可以展示出当年文字所不能记述或难以记述的时代忌讳、人际隐秘关系和个人心路历程。

科学研究过程中的失败挫折和灵感顿悟,学术交流中的辩争和启迪,社会环境中非科学因素的激励和干扰等,许多为论文报告所难以言道者,当事人的记忆却有助于我们还原历史的全景。"从主编到受访者再到访谈者,无不苦心孤诣。他们意气风发,克勤克俭,极为重视这份工作,为我们留下了一部好看的史料。这是数学从业者、科技史爱好者的极大幸事。下面,请让我们到这部书中惊鸿一瞥吧。

2. 珍贵的史料

* 乡村小学教师的待遇

(以下访谈者简称"访",徐利治简称"徐")

访:那时乡村小学教师的待遇怎么样?

徐:有一位比我高两班的洛社乡村师范学校的同学,毕业后分配到我的母校寿兴小学当校长,每月工资22块大洋。这些钱足够四五口之家一个月的开销了。那时在乡村每个人每月吃饭要三四块大洋就够了。工作两三年之后,每月的工资还会涨几块大洋。一个高级小学的校长每月基本能够拿到30块大洋的工资。一般教师的工资会低一些,但在乡村中也属待遇好的阶层,并且极受尊敬。在我们老家,富人家的女儿一般都愿意嫁给小学教师,这大概和现在的情况大不一样了。据我所知,20世纪30年代,中学教师的待遇更高。洛社乡村师范学校的教师一般每月起码能拿到80块大洋,有些老教师还能拿到100多块大洋呢!

作为参考,我们来看一下访谈者给出的史料佐证:

> 与城市小学教师的工资相比,当时乡村小学教师的工资是相对偏低的。20 世纪 30 年代,古楳对栖霞、吴江、滋阳三所乡村师范学校毕业生的待遇做过调查,他们的月平均工资为 15 块大洋。而城市小学如松江小学教师的月工资平均约有 28 块大洋。所以,当时曾出现乡村小学教师"向城里跑"的现象。

这里引用的数字,可能在读者的印象中不能形成有用的概念。举几个例子以做参考:北大教授季羡林抗战后回国任教,而不留在德国哥廷根大学继承恩师的事业,一个原因是当时北大教授的月工资可达 300 多块大洋,比哥廷根大学教授的工资还高。20 世纪 30 年代,梁思成与林徽因夫妇到当时的东北大学组建建筑系,其月工资可达 350 块大洋,超过在北京著名学府任教的工资。政府基层公务员、初级警察、邮差一般月工资在 10 块大洋左右。再举一个例子:在乡镇小学工作的教师月工资 6 块大洋,除了维持自己在乡镇的日常生活,还可供住在农村的四五口之家过上温饱生活。如果积攒十年,还可以在农村盖上新房子。对于这里月薪 6 块大洋的小学教师,笔者估计是没有乡村师范学历的教师,因而工资会少些。

在贸易战的背景下,风云人物任正非的言论时常在各种网络平台上流传。他认为贸易战的本质是科技竞争,而科技竞争的本质是教育竞争。任正非的父亲是一位农村的小学教师,在一个不短的时期内,小学教师的孩子一般不想当小学教师。他提及这样一个普遍现象时,曾忧心忡忡地警示道:如果基础教育这一问题得不到解决,面对国家间激烈的竞争时,将会力不从心,甚至会陷入困境!

* 抗战时期大后方关于教师和教育的政策一瞥

访:你们能在武汉做些什么呢?

徐:就在难民所。我们得知江苏教育厅有一项通告,凡江苏省流亡出来的小学教师都可以得到30块大洋的补贴。由于我们五个人在洛社乡村师范读书时已进入教学实习阶段,可以按小学教师对待,所以我们都领到了这30块大洋。真是雪中送炭!

访:贵州铜仁国立第三中学是所什么样的学校?学习与生活条件怎么样?

徐:贵州铜仁国立第三中学规模很大,分初中部、高中部、师范部等,它们分布在铜仁境内的不同地方。这所中学的教师基本上都是大学毕业生。在抗战时期,它算是一所比较好的学校。

铜仁国立第三中学的学习与生活条件都比较好,尽管赶不上洛社乡村师范学校的条件。学校坐落在依山傍水的山城里,校园环境很安静,而且风景很美。学校图书也比较多,可供学生借阅,但是校舍比较简陋,没有电灯。我们当时的生活补贴虽然很微薄,但是学校吃穿都管,学生衣食无忧。

访:到了昆明,那时您家里的经济条件是比较困难的,但西南联大又不像洛社乡村师范学校一样完全公费,您是靠什么在西南联大生活和学习的？

徐：我当时是穷学生，主要靠教育部发放的贷金生活。贷金是国民政府教育部借贷给学生解决吃饭问题的钱。西南联大有三分之二的学生是来自沿海各省的流亡学生……我属于那三分之二的流亡学生的集合。流亡学生在大后方举目无亲，只能依靠贷金生活。不过，当时不是所有的流亡学生都能申请到贷金的。申请贷金的相关手续，都是由学生推选的学生自治会的人帮助办理的。申请到贷金的学生并不能领到钱，而是每天可以直接到学校食堂吃饭。

访：贷金能够完全解决吃饭问题吗？

徐：基本能够解决。我们用贷金每天能吃到两顿饭：上午11点至12点一顿，下午4点一顿。那时学校安排的课程不多，学习并不紧张。虽然每天少吃一顿饭，但也不觉得怎么饿。那时贷金解决了大部分流亡学生的吃饭问题，对我来说太重要了。

访：学生毕业后是否需要偿还贷金？

徐：按照规定，是要偿还的。当时规定：学生在大学毕业参加工作后偿还。具体方法是从工资里扣，要求三年还清。

在这里，访谈者又一次找到了文献依据。

根据教育部的规定，西南联大在1943年以前实行贷金制，1943年起改为公费制。当时的贷金制或公费制，都规定了一定的名额或比例，初期一般只及当时学生总数的五分之一，以后历年有所增加。

1938年有500名,占学生总数的四分之一。1939年8月增至600名,占学生总数的五分之一。

怎么样?读出一些味道没有?您可能会说:"嗯,虽然国运被日本陆军的侵略所打断,但在教育思路上并没有乱了阵脚。对在读的青年学生,管理层及民众还是悉心照顾,尽力给予经费与资源上的支持。"没错!在"十万青年十万军"的悲壮口号下,在一切外援几近切断的危难关头,在国库财物几乎消耗殆尽的窘境之中,我们的文化精英还能摆放下一张书桌,这是多么难能可贵。

没有比较,就没有鉴别。让我们来窥探一下美国在"第二次世界大战"前后的兵役制度。信息来自美国著名物理学家、诺贝尔物理学奖得主R. 费曼。他在自传(R. 费曼,别闹了 费曼先生,生活 读书 新知 三联书店,1997年,P196)里写道:

> "第二次世界大战"结束以后,军方千方百计地想征召大家充当驻德国的军队。之前,他们容许某些人可因体格以外的理由延缓服役(我因参与原子弹的制造而得以延缓服役),但现在他们的政策大改,每个人都得接受体检了。

注意,这个暑假他还隶属于美国洛斯阿拉莫斯原子弹基地,只是暂时到通用电气公司工作。因为物理学家与心理学家的思维方式有职业性的差别,而费曼又不太想此时去驻军德国,而他又看过一些以心理医生为题材的电影,如《意乱情迷》(Spellbound)之类。费曼只是稍稍开了些小玩笑,就连续导致兵役处体检站的两位专业心理医师给出了错误判断——评语:有心理缺陷。

第一位医生写道:觉得别人在谈论他,有人盯着他,跟去世妻子对话,姨母在精神疗养院……第二位医师满头白发,更加权威,而字迹也更潦草:证实有听觉催眠幻象。而那位负责决定大家是否服役的军官,一看到"心理检验"旁边的"D",便立刻在体检表上盖了"拒收"的印章。故事演绎下去,显得更为有趣:

慢慢地我却担心起来。他们会说,这个人在战争期间获得延缓服役资格,因为他在造原子弹;负责兵役的委员会一直收到信说这是个重要人物,现在他的"心理检验"却得了个"D"——原来他是个神经病!但是显然他不是真的神经病,他只是想骗我们相信他是个神经病而已,我们要把他逮回来!

看来情况对我很不利,我必须想个办法。几天后我想到了。我给兵役委员会写了封信:

各位亲爱的委员先生:

由于本人目前正参与教授科学、培育英才的工作,而我们国家的福祉在一定程度上系于未来科学人才是否鼎盛,因此我认为我不应被征召服兵役。不过,各位可能根据我的体检报告——换句话说,由于我的精神状况不佳——而决定我应缓役,但我觉得这份报告不应被重视,因为报告内容错误百出。

而我之所以会写这封信请各位注意该错误,却是由于本人实在疯了,以致不愿意借此机会投机取巧。

理查德·费曼　谨上

结果:"缓役,健康原因。"

由此,我们清晰地看出,按美国当时的兵役制,任何一位适龄青年,只有身体上的病患导致的兵役免除,一切其他原因全部免开尊口!你是教授,你是博士,你的原子弹制造工作尚未完全结束,你是精英中的精英,你有学术权威或大领导为你疏通,原则上你都不能免除兵役。

抗战中,伤亡的中国军民数以千万计,而以笕桥中央航空学校为例,在总数1 700多的毕业生中,据统计有半数以上战死长空。而在大后方的各类大学、师院、工程学院和专科学校的学生们,与航校的学员都是同龄人。大后方的青年人,你们的学习和生活受到了尽心的照料和最大限度的补贴,奔赴战场的同龄人不和你们攀比,烈士的父老和亲属也不与你们计较得失短长。这是何等的胸怀与气魄,与美国当时的兵役制相比,中华民族显示出了精神层面的大气和远见。

3. 智者的格言

让我们在《徐利治访谈录》以及本书《传奇数学家徐利治》中撷取部分名言警句加以对比分析,以飨读者。

中国有句流传已久的谚语:"家有一老,犹如一宝。"经历岁月的磨砺,在徐利治这样高寿并且睿智的长者心目中留下的警句,那一定是字字珠玑。有句老话说:"真传一句话,假传万卷书。"愿下面的格言对各位有所助益。

访:抗战时期,中国数学界在讨论把 mathematics 翻译成"数学"还是"算学"时,许宝騄先生就主张翻译成"算学"。他认为搞 mathematics 绝对离不开算。

徐:在这点上,华罗庚、许宝騄、陈省身等先生是一致的,钟开莱先生也是赞成的。……华罗庚在强调计算的同时,也强调"思想"对于学习和研究数学的重要性。……陈省身跟我们几个助教讲过一句话" Mathematics is for simplicity",它的意思是"数学为的是简单性"。我当时并没有深刻理解这句话的意思。后来,随着工作的深入与年龄的增长,才逐渐体会到它的深意。……许宝騄与钟开莱对我的影响,最重要的一点是他们让我认识到,在教学中使学生直观地理解命题非常重要。……如果直观上想通了,那就可以心安理得了,否则总觉得那个东西还没有被自己所占有。

我们再来看看陈省身提供的佐证(丘成桐等,陈省身与几何学的发展,高等教育出版社,2011年,P32):

根据陈省身所说,布拉施克的见解"坚信数学是一门生气勃勃和明白易懂的学科",对陈省身决定到汉堡大学去学习数学起了重要的作用。陈省身于1934年来到汉堡,在布拉施克的指导下,于1936年获得博士学位。随后,布拉施克安排陈省身到巴黎的享利·嘉当那里继续学习一年。

陈省身能够运用外微分形式,十分有效地把布拉施克关于微分几何和积分几何的思想推广到更抽象的框架中去。类似的计算导致了陈省身求管子体积的工作,并最终使他发现了示性类。

让我们把一部分重要的见解、警句或格言罗列如下:

数学为的是简单性——陈省身;
数学是一门生气勃勃和明白易懂的学科——布拉施克;
在教学中使学生直观地理解命题——许宝騄,钟开莱;
规范场正是纤维丛上的联络——杨振宁;
纤维丛上的联络是自然而真实的——陈省身;
对称性决定相互作用——杨振宁;
研究数学的三原则:乐趣原则,欣慰原则,赞赏原则——徐利治;
讲课即讲学——徐利治。

好啦,让我们暂停吧,因为名言警句的采撷永远也不会出现一个令所有人都感到满意的集合。

涉及数学与物理的重大课题,杨振宁有一首诗《赞陈氏级》(即 Chern Class,现称之为陈示性类或陈类)颇有影响:天衣岂无缝,匠心剪接成。浑然归一体,广邃妙绝伦。造化爱几何,四力纤维能。千古寸心事,欧高黎嘉陈。最后两句点明在几何学两千多年的历史上做出重要贡献的人物——欧几里得、高斯、黎曼、嘉当和陈省身。

我们来对比一下,几何学有欧高黎嘉陈,物理学有牛顿、麦克斯韦、爱因斯坦、杨振宁,这些宗师级的人物,都做出了有持续影响、不可磨灭的重要贡献。他们构建的完整理论,可能内涵丰富,精妙绝伦。但是,他们的出发点、初心、灵感或者说原始思想却可能非常直观,相当简单。

4. 灵感来自直观与简单

让我们费些笔墨,以著名的规范场论为例来说明科学发现来源于简单而直观的灵感,这些内容对年轻的科学工作者一定是极有启发的。

名气或建树都略逊于欧几里得、高斯、黎曼、嘉当、陈省身和牛顿、麦克斯韦、爱因斯坦、杨振宁的那位 H·外尔(Hermann Weyl,1885—1955),主动来帮助爱因斯坦完成引力与电磁力的统一。大家公认外尔是20世纪最伟大的几个数学家之一,他与导师希尔伯特关系深厚。他先期的工作是纯数学,工作领域比较抽象。外尔于1919年前后,开始做电磁学的几何化问题。当时,引力的几何化确认:即使中间在每一小步都尽量保持平行,一个米尺(或向量)在有引力的空间绕行一周回到原来的位置,也可能发生方向的改变。于是,外尔的基本思想是(Warum nicht auch seine Länge?):"为什么长度不能有类似的改变?"爱因斯坦的审稿意见是:如果长度改变,就不会有标准尺,就不能做任何物理实验,整个物理学大厦就可能垮塌。幸运的是,德国普鲁士科学院依然发表了外尔的文章,后面加了爱因斯坦的后记,提出他对外尔的批评。编辑又请外尔写几句话作答爱因斯坦,不过他好像没有响应爱因斯坦的意见,并且仍然热衷于自己的想法。

新的机会来了,1925—1926 年,量子力学建立起来。一两年后,苏联的弗拉基米尔·福克(Vladimir Fock),和德国的弗里茨·伦敦(Fritz London),分别指出外尔当初那个因子中,应当加上一个虚数单位 i,即

$$\exp\int eA_\mu \mathrm{d}x^\mu \to \exp\int ieA_\mu \mathrm{d}x^\mu$$

式中,A_μ 是电磁势,与电场强度、磁感应强度一样,可以等价地描述电磁场。

加 i 以后,本来是尺的长短变化,就成为较为抽象的相位变化。由于加了 i,外尔的想法完全符合电磁学,1929 年以后,对此就不存在争议了。长短变化改为相位因子变化之后,爱因斯坦的反对理由就不成立了。1929 年以后,以规范理论的观点来看电磁现象,大家一般认为这是一种漂亮的数学观点,但并没有引出新的物理结果。

1946 年至 1948 年,在芝加哥大学做研究生的杨振宁,对美妙的外尔规范不变理论十分欣赏。他尝试着把它推广,把 4 维矢量电磁势 A_μ 推广为 2×2 的方矩阵 B_μ。这个想法引出头几步的计算,很成功,可是把电磁场张量 $F_{\mu\nu}$ 进行推广时,却导出了冗长而丑陋的公式,杨振宁不得不将这一尝试搁置下来。

1953 年,杨振宁在美国布鲁克黑文国家实验室(Brookhaven National Laboratory)访问一年,和一位年轻博士罗伯特·米尔斯(Robert Mills)共用一间办公室,也一同讨论这一问题。他们遇到同样的困难,在尝试将电磁场 $F_{\mu\nu}$ 的公式推广时没有停滞,而是进一步做了修改,几天后得到下面的公式,所有计算都化简了,竟得到了一个美妙又简单的理论!这就是现在被称为"非阿贝尔规范理论"的原形

$$F_{\mu\nu} = \frac{\partial B_\mu}{\partial x_\nu} - \frac{\partial B_\nu}{\partial x_\mu} + \mathrm{i}e(B_\mu B_\nu - B_\nu B_\mu)$$

1969年,杨振宁在美国纽约州立大学石溪分校教书时,上了一学期广义相对论。有一天,他在黑板上写下了广义相对论中著名的黎曼张量公式

$$R^l_{ijk} = \frac{\partial}{\partial x^j}\begin{Bmatrix} l \\ i \ k \end{Bmatrix} - \frac{\partial}{\partial x^k}\begin{Bmatrix} l \\ i \ j \end{Bmatrix} + \begin{Bmatrix} m \\ i \ k \end{Bmatrix}\begin{Bmatrix} l \\ m \ j \end{Bmatrix} - \begin{Bmatrix} m \\ i \ j \end{Bmatrix}\begin{Bmatrix} l \\ m \ k \end{Bmatrix}$$

当时杨振宁感到有些像他们的杨–米尔斯方程。下课后经过仔细对比,发现二者不只是像,只要正确地把一些数学符号一一对应起来,两式简直就是完全相同。

这一发现使杨振宁大为震惊:原来规范场理论与广义相对论的数学结构竟然如此相似!他立刻下楼找到数学系主任吉姆·西蒙斯(Jim Simons)。他们是好朋友,可从前不曾讨论过数学。那天西蒙斯说:不稀奇,两者(B_μ与上式中的大括号)都是不同的"纤维丛"上的"联络",那正是20世纪40年代以来,数学界十分热门的新发展。

综上所述,重要的原始思想常常相当直观,特别简单。请看,平行移动,方向改变,长度改变,相位改变;为什么长度不能改变?变成为什么复数的复角不能改变?A_μ是4维矢量的一个分量,是个实数,而B_μ是个2×2的方矩阵,这不过是由数到矩阵的推广,数本来就可以看成1×1的方矩阵。

再来看看杨振宁等科学家的一种行为准则:一个冗长而丑陋的公式,会拖累整个工作不能发表。

若所有计算都化简了,成了一个美妙简单的理论,那就可以积极送去发表,只要这个理论的出发点具有超凡魅力,占据着理论传承的

优势"基因"。尽管,这个理论可能还存在着一系列的重大问题,仍然远没有解决。

我们看到,杨-米尔斯规范场理论在 1954 年发表时,B_μ 场的质量问题没有解决,重整化问题没有解决,真实的物理模型也没有找到。这个理论与当时的粒子实验结果也没什么关系。等到十多年以后,通过希格斯等人的工作,引进了另一个新观念,叫作"对称破缺",把对称破缺与非阿贝尔规范理论结合在一起,才跟实验有可能吻合。后来特·霍夫特(Grard't Hooft,1946—   )等人证明了重整化问题。温伯格(S. Weinberg,1933—   )等人完成了弱电统一理论,其理论原型就是杨-米尔斯方程。以后几十年,上千个实验,证实这个理论跟实验完全符合。它今天被称为标准模型,是基础物理学的一个重要基石。我们知道,杨-米尔斯的工作,没有获得诺贝尔奖。而希格斯(P. Higgs,1929—   )、特·霍夫特、温伯格等 9 人,因有关工作获得 1979,1984,1999 和 2013 年的诺贝尔物理奖!而于 2012 年 7 月宣布发现希格斯粒子的实验家,还在等着诺贝尔奖委员会颁奖呢!

1969 年之后,从杨振宁与西蒙斯的互动开始,数学与物理两个学科对彼此之间的广泛联系,逐渐有了自觉而深刻的认识,逐渐产生了许多重大进展。譬如,物理学家爱德华·威滕(Edward Witten,1951—   )获得 1990 年菲尔兹奖。他在纯数学方面的贡献有:使用琼斯多项式来解释陈-西蒙斯理论。这项研究对于低维拓扑结构有深远影响,并推导出量子不变量。再者,千禧年数学难题的第 5 题,就和杨-米尔斯规范场有关——"杨-米尔斯规范场存在性和质量间隔假设"。

以上我们展示的是有关研究大获成功的一面,作为史学研究的

有趣课题,可能如下:

——为什么是外尔,而不是别人提出以上方向及长度的问题?

——薛定谔方程1926年发表以后,为什么是福克与伦敦率先建议加上一个i?

——为什么只有杨振宁坚持10年,去研究外尔$U(1)$群规范场论的推广?——为什么杨-米尔斯理论发表近10年间,似乎鲜有积极的响应者?

——为什么是希格斯、特·霍夫特、温伯格等人,而不是其他人做出了那些重要的后续研究?

——关于杨-米尔斯方程与广义相对论黎曼张量公式的相似性,为什么要等上15年之久,在极为偶然的情况下,再次由杨振宁本人亲自发掘出来?

是否可以认为:从1915年爱因斯坦建立广义相对论起,直到20世纪80年代初,在科学家群体中,有不可忽视的一个比例,研究着不是很重要的某些问题,而将以上这些极为重要的学术工作,束之高阁?!

杨-米尔斯理论简评至此。我们从以上讨论中看到,数学是一门生气勃勃和明白易懂的学科。当然,物理学也是(杨振宁,20世纪数学与物理的分与合,环球科学,2008年10月)。

第九章
数学之旅

1. "定解条件"

　　套用一句数学上的术语,人生就像一个定解问题。当我们确定一个数学问题的解时,需要知道描述这个数学问题过程的方程和这个问题的边值条件与初值条件。人的天赋极高或极低的现象并不多见,大多数人的天资上的差距并不很大,至少人们事业与生活上的成功与否最主要的因素并不是天资。这就像在定解问题中一样,不同的问题中的方程完全可以是相同的。此时,解的不同主要由定解条件决定。无疑,人们事业上是否辉煌,生活上是否幸福,或者说是否实现了自我的价值,其"初值条件"与"边值条件"是很重要的。当我们了解了徐利治的成就和故事以后,我们自然会问:他的"定解条件"是怎样的呢?他的成功又给予我们什么启示呢?

　　所谓"初值条件"大概应理解为一个人所受的早期教育,而"边值条件"大概就是一个人所处的社会环境吧。

大家知道,诺贝尔奖获得者、华裔物理学家杨振宁和数学大师华罗庚都是事业获得极大成功的典型。杨振宁具有良好的家庭环境,其父杨武之是著名的教育家,当他发现幼年杨振宁具有非凡的数学天赋时,并没有请教师教他数学或物理,而是请丁则良来教他文史知识,这使杨振宁自幼就奠定了均衡的、合理的知识基础,他所接受的早期教育使他终身受益。杨振宁后来所处的社会环境对他发挥个人才能也十分有利。因此可以说,杨振宁的"定解条件"是非常好的。

众所周知,华罗庚出身贫寒,他甚至没受过初中以上的正规教育,他的"初值条件"显然不好。但他坚持刻苦自学,终于遇到"伯乐"熊庆来,从而脱颖而出;在历次运动中,他又有幸得到国家主要领导人的保护,没有遭受很多冲击,因此在这个大环境中,可以说华罗庚的"边值条件"是很好的。

那么,徐利治的"定解条件"怎样呢?

他的少年时代就经历许多艰难困苦:幼年丧父,是伯父资助他读书。在十分艰苦的环境中,只有伯父偶尔鼓励他思考数学问题。在洛社乡师读书的三年为徐利治一生的发展奠定了良好的基础。经过一段流亡生活,在十分困难的条件下读完了高师,后来他在1940年进入了西南联合大学。在这所大学所受的教育,对徐利治一生有着重要的影响。华罗庚、许宝騄、钟开莱等名师的教诲使他受益匪浅(请注意,徐利治只有老师,没有导师)。可见,徐利治的"初值条件"不算好——比不上杨振宁,但也不算坏——比华罗庚要强些。

徐利治的"边值条件"又怎样呢?20年的低谷人生已经做出了最好的回答。1957年,正当他的事业蒸蒸日上时,一顶令人窒息的大帽子压在他的头上,从此一直到1977年,国内的一般刊物都不发表他的论文,他差不多有 10 年时间无法获得国外数学发展的信息,也失去了和国内外数学界朋友的学术联系。当"大地回春"时,徐利治已经 58 岁了。38 岁至 58 岁这个年龄段对人生是何等重要啊,这正是人生结硕果的黄金时期,可徐利治只能蜗居在自己的住所,孤独地、默默地在数学王国里探索(当然自取其乐),然后"悄悄地"向东欧一些国家投稿。

在不算好的"初值条件"加上如此差的"边值条件"下,徐利治居然在许多数学领域都做出了重要贡献,还开创了新的研究方向和分支。作为一名东方数学家,徐利治研究的面是比较宽广的,而且对涉及领域的研究也是相当深入的。我国当代的数学家,像他这样研究领域之宽,学术成果之丰的也为数极少。人们不禁要问:徐利治难道长了三头六臂吗?

如果从"内因"和"外因"的角度来看,人生的"定解条件"主要应归结为"外因",而"外因"必须通过"内因"才起作用。与杨振宁、华罗庚的"定解条件"相近的人可以列举出很多,但世界上只出了一个杨振宁和一个华罗庚!可见,他们成功的关键还在于个人的努力。

那么,徐利治的"内因"又怎样呢?他成功的决定因素又是什么呢?

2. 70% 靠自学

用徐利治自己的话来说,要成为一名有成就的数学家是离不开自学的,在他现有的数学知识中,至少有 70% 以上的知识是通过长年累月的自学方式取得的。这就是说,在学校里按部就班从教师那里学来的知识还不到 30%!

在洛社乡师读书的三年为徐利治一生的发展奠定了良好的基础。从这时期开始,他就养成了良好的自学习惯。徐利治利用课余时间如饥似渴地阅读各种书,欧拉、高斯、拉普拉斯、庞加莱等大数学家的故事使他激动不已,尤其是石匠儿子高斯成为大数学家的故事,极大地激励了这位木匠儿子的上进心。

那一时期徐利治读过的课外书有:章克标著的《算学家的故事》《世界名人传——高斯传》《从牛顿到爱因斯坦》,刘薰宇著的《数学趣味》等。如果说科学家的故事在精神上给徐利治很大激励,那么,像《数学趣味》《微积分大意》这类科普读物则开发了少年徐利治的智力。虽然当时他并不能够完全读懂其中有些内容,但对《微积分大意》还是有些了解。

当时对徐利治影响很大的一本书是《查理斯密大代数学》,原作者是英国数学家查理·斯密(Charles Smith)。对这本书的学习开始了他一生中第一次正式地对数学的自学,他学到了许多日后对他极为有用的知识,像排列组合、或然率论(即称概率论)、无穷级数、行列式论、方程式论及数论等知识,都是从这本书里接触到的。这种少年时代的自学过程实质是培养兴趣、积累知识和提高能力的综合过程。这与我们今天所提倡的素质教育、创新教育在本质上是一致的。

读大学,有名师指教,也还有很多知识要靠自学。"师傅领进门,修行在个人"可能就是这个道理。徐利治在西南联大有华罗庚、许宝騄、钟开莱等名师教诲,再加上他刻苦自学,真是如虎添翼。后来他自学了著名数学家波利亚和舍贵合编的《数学分析中的定理和问题》一书,做了大量的读书笔记,使他的分析技巧提高很快。他之所以能在大学期间就在国外发表论文,与他自学的精神也有很大关系。他不仅肯于自学,还善于自学,正是通过自学不知不觉地学会了独立研究问题的能力。试想,一个人如果总离不开导师,那他还能走多远呢?更何况徐利治并没有导师,只有老师,因此自学对他来说就更重要了。

读完了大学,还要自学。比如一个大学毕业生要做教员,他在老师那里学来的知识是远远不够的。这要读很多相关的参考书,把要讲的内容融会贯通才能上讲台。可以想象,一名优秀教师,他的知识有多大的比例是靠自学而得来的。如果做其他工作,需要自学的东西就更多了,一般说来,读几年大学对每个人来说,最重要的是学会了学习的方法。知识的积累要靠长年累月的刻苦自学。

一个人要想成为数学家,更要靠自学。任何学校教育都不能代替自学的功效,只有刻苦自学才能最有效地获取活的知识,并有效地培养独立工作能力和创造才能。中国历史上的诸葛亮就没进过高等学府(指当时的),英国的电磁学鼻祖法拉第,美国博学多才的发明家富兰克林,中国的华罗庚等,连中学教育都没有完成,他们都是靠自学成为著名科学家的。

徐利治认为,自学主要靠自己,但又不能独学而无友。要找志同道合的朋友相互切磋和互相勉励。此外,不同行业之间的人可以成为学习上的好朋友和好老师,因为不同领域的知识经验的交流,能使自己耳目一新,获得许多新的见识和有用的经验。人们熟悉的一个事实是,我们的大脑具有转移经验的能力,经验一旦转移,就可能使自己的工作事业获得极大的成功。他指出,自学成才者往往不是孤军作战的,如果只凭"个人奋斗",就会有很大的局限性,不可能取得更大的成就。

1984年5月徐利治先生与铜仁"国立三中"师范部同学摄于南京太平公园(倒数第二排左二为徐利治先生)

徐利治在数学研究的生涯中,有过许多的合作者。与他合作发表过数学论文的有:钟开莱、王仁宏、周蕴时、朱梧槚、崔锦泰、杨家新、郑毓信、袁相碗、J. Ravetz、H. Gould、Peter J. S. Shiue(薛昭雄)、G. L. Mullen、R. J. Tomkins、C. L. Wang(王中烈)、徐立本、王在申、朱自强、陈永昌、徐贤议、蒋茂森、吴智泉、张鸿庆、隋允康、郭永康、丁培柱、欧阳植、王天明、孙玉柏、高俊斌、郭顺生、陈文忠、孙广润、董加礼、刘一鸣、徐本顺、何天晓、王前、朱剑英、初文昌、邹春苓、王毅、阴东升、郭锡伯、徐沥泉、袁向东、郭金海、王名扬、王光明、庹克平、胡毓达等60多人。鉴于他一般不在以他人工作为主的文章上挂名,更不在自己学生的毕业论文上署名,他可能是国内拥有论文合作者最多的数学家之一。

1994年初徐利治先生旅美回国前与科研合作者美籍数学家薛昭雄夫妇、龚升合影(左一为龚升,右一和右二为薛昭雄夫妇)

徐利治还非常提倡"博览群书"。因为书本是人类知识经验的载体,能使人很快地从中取得大量间接性的宝贵经验和知识,所以刻苦读书是自学过程中的重要环节。但要真正做到"博览群书"并不容易,因为人生毕竟是有限的。要是能从"群书"中选读一部分对自己工作职业最为有用的书,充实自己的知识库藏,使自己的头脑不单调贫乏,这对数学研究十分有利。事实上,"博览群书"是徐利治毕生不断追求的目标。

徐利治特别注意读哲学书、历史书和文学书。他认为,辩证唯物主义的哲学,是一种发展着的活的哲学,它可以指导一切。历史使人明辨是非,且能培养爱国意识和高尚情操。而优秀的文学作品则往往能陶冶情操,激励人们奋发向上的精神。他年轻时就喜欢读唐宋诗词,能背诵百余首。他 78 岁时到菲律宾指导博士生,忘记带文学书,闲暇时间,他就默背唐诗,竟能完整地背出数十首,工工整整地写在笔记本上。这一方面可以说明他的记忆力没有衰退,另一方面也可以看出他对文学的爱好。

3. 哲学思考

除了自学之外,还应该从其他方面分析寻找徐利治成功的原因。当然,徐利治的功底深、兴趣广、才能强,但只看到这几点,那可能就是流于表面地看问题了,正如陆游谈诗时指出的"功夫在诗外",徐利治数学上的造诣也应在数学之外寻找答案。

在我国当代数学家中,徐利治恐怕是最喜欢哲学的一位了。在他还是西南联大学生时,就阅读了恩格斯的《自然辩证法》,从中受到自然哲学的熏陶。1948 年,在去英国访问进修的前一年,他从一份美国杂志上看到一篇《庞加莱论数学创造》。这位法国数学家、哲学家、物理学家,还是创造心理学的奠基人关于数学哲学对数学创造作用的精辟论述深深地吸引了徐利治。从此以后,徐利治就更加自觉地阅读哲学书籍。

广泛的阅读使他在研究数学时逐渐形成了一种习惯,即把所研究的问题"拔高"以后再思考。一个新思想的提出、一个新概念的定义、一个新定理的证明,在形成之前他总是进行方法上的思考,力图用一种最恰当的思想,提纲挈领地把握它们,巧妙灵活地处理它们。在一项具体研究完成之后,他则试图跳出这一背景,以"会当凌绝顶,一览众山小"的眼光重新审视这一问题,力求从中引出更一般的结论,总结出具有哲学意义的指导思想。

1996年徐利治先生在大连家中

就这样,徐利治在数学研究中逐渐形成了一种"方法引路在先,哲学思索在后"的习惯。

目前,数学发展的广阔与深入迫使大多数当代数学家具有专业化和战略化两个特点。具有专门化特点的数学家毕生在一个专门的领域里从事研究,无暇顾及更广泛的研究范围;而具有战术化特点的数学家只是不断地从具体领域里提出研究成果,很少能从更一般战略高度上升华自己的科研思维。

徐利治的出类拔萃之处,除了在于他成果的丰富,还在于他在学术上对于专门化和战略化的超越。他可以在三四个专门领域都取得足够一个人单独干一辈子的成果——战略性的成果，又可以取得战术性的成果——从数学哲学的高度提纲挈领地把握自己的研究。

事实上，徐利治长期以来形成了一个博大精深的学术思想体系，包括数学哲学观、数学教育思想、数学研究方法及数学美学观等，它们形成了一个完整的数学系统论——介于哲学与数学之间的一般方法论。

不无遗憾的是，数学系统论只是潜藏在为数较少的"战略"兼"战术"型数学家的头脑中。如果能将其抽取出来，系统地整理，奉献于世，其意义将不可估量。

4. "徐氏三原则"

在七十几年的科学生涯中，徐利治形成了自己独特的原则和风格，这些原则又成了他自强自立、具有坚定生活信念的源泉，也是他取得成功的重要因素之一。

徐利治研究数学的原则有三个，不妨称之为"徐氏三原则。"一曰"乐趣原则"，即在数学研究中兴趣与快乐相互促进产生良性循环的原则。徐利治常说他研究数学主要是靠兴趣——兴趣是科研的第一动力。这个观点并非徐利治发明，但他笃信不疑，身体力行，持之以恒，深感切实有效。他认为，对科研本身直接发生浓厚兴趣，比任何"名利之心"形成的"动力"不知要大多少倍！只靠名利作为动力，是不能顺利通过科研道路上的种种艰难险阻的，也是不能对科研长期乐此不疲、不计得失的。

如果一个人对自己所从事的工作没有兴趣，那他是不可能取得任何成就的,有的人由于工作需要或条件所限选择了某项工作,一开始可能没什么兴趣,后来在工作中逐渐培养并产生了兴趣,他最终也能取得一定成果。相反,如果一个人所从事的工作始终符合个人的兴趣,那他就可能取得优异的成果。徐利治正是后一种人。他从小就对数学感兴趣,并立志要成为一个世界知名的数学家。几十年来他所研究的数学题材大都是个人的兴趣所致,正因为如此,他才能钻研得很深,钻研的时间很长,因而才能取得丰硕的成果,进而获得巨大的快乐。快乐更加激发了他的研究兴趣,于是又开始进一步的研究或开创新的课题。就这样,兴趣与快乐相互促进产生良性循环。这就是徐利治的"乐趣原则"。

二曰"欣慰原则"。在徐利治七十几年科学生涯中,除兴趣与快乐相互作用外,另一种经常的感受就是欣慰。欣慰的源泉就是出成果、出人才。他搞数学研究,在乐趣原则指导下,经常能获得科研成果,最后以发表论文形式回报社会,从而获得极大的安慰。特别是,当他的论文和著作在国内不能发表的漫长岁月里,他有不少作品能顺利地在国外发表,他由衷地感到欣慰;当见到一批国外名家重视他的工作,并在著作与论文中反复引用他所发现的公式、定理及方法时,他就更加欣慰。1982年,他的工作获得了"国家自然科学奖三等奖",他意识到国内同行还是承认他的业绩的,因而从中得到很大的鼓励。

另外,就是从教学及培养学生,特别是培养硕士生、博士生中,获得很大的安慰。尽管徐利治本人没有导师,但是他的"嫡传"弟子却有他这样一位和蔼可亲的导师。徐利治平易近人,没有架子,讲究学术民主,学问上从不保守,他最瞧不起知识私有吝啬之气。他深信知识是属于全人类的,对求教者毫无保留。他还要求自己的学生不要只向一位老师学习,要博采众家所长。他真诚地对待自己的学生,很大程度上发乎于天性,因而获得了学生的亲情与感念。在弟子眼里,他是良师益友、忘年之交。从这里我们不难窥见,徐利治的许多弟子待他胜过家人,其原因所在。他所带领的青年人成才率是较高的。他看到弟子们的成长与成就,那种欣慰的心情便油然而生。在此"欣慰原则"的驱使下,他可以长期进行研究工作,乐此不疲。

1998年3月徐利治先生在新加坡Bagiuo风景区与菲律宾籍博士生Corcino夫妇合影

三曰"赞赏原则"。每当看到数学研究的优秀成果,不管是来自一般数学家还是数学名家,他总是赞赏不已,并常常采用审美的眼光欣赏杰出数学家的主要贡献。对于同时代数学家的工作,凡是超过自己的,他都采取赞赏的态度。他对他人的成果乐于肯定,从无忌妒之心。

徐利治体会到,只有采取这种科学态度评价他人的成果,才能有利于自己学术研究的进展,而且自己的科学成果也才能被更多的同行所接受。他深知赞赏他人者易于为他人所赞赏,因而也容易备感欣慰和兴致益然。这不但是一种治学原则,也是一条处世良训。为什么他能坚持数学研究工作数十年而乐此不疲,归根结底,是因为在他心目中存在着对某种永恒价值的追求。在他看来,数学真理,包括数学的定理、公式和理论方法等,都是具有永恒价值的,数学是一种具有永恒性的学科。事实上,凡被人类社会认识到的数学及其应用价值,将永远被人类所确认,并将世代流传与发展下去,具有不朽的性质。因此,对数学真理的追求就是对某种不朽事物及其价值的追求。

5. 教书的感悟

在"徐氏三原则"的指导下,徐利治的教学也极有特色,可以说是"教学有方"。

"讲课即讲学",这是徐利治于1956年在吉林大学工作时提出的观点。当时,匡亚明校长特别赞赏这个提法,并在全校教师会上介绍并提倡这一观点。

在这种观念的指导下,徐利治把每一堂课都当作讲学。无论学生多少,层次高低,他从来不敷衍。他讲课时,表述得既清楚又精练,还特别注意深入浅出,他语言生动,妙语连珠,板书也非常漂亮。许多人都有共同的感受——听徐先生的课是一种享受。

徐利治遨游数学王国,亲身的实践使他深深地体会到,教师就像是一片叶子,尽其一生,衬托着、护卫着花蕾。他漫长的从教生涯自始至终都浸透着这种绿叶精神。从西南联大时期开始,他就深刻体会到了教师工作的神圣。他自己能在数学知识的海洋里尽情地遨游,是与许多老一代数学家的引领分不开的。早年做华罗庚助手时,华罗庚的治学态度、荐才风格、育人精神,就潜移默化地影响着徐利治。后来,去英国阿伯丁大学、剑桥大学进修,又接受了一些数学大师的熏陶。他深知,没有前辈传授知识和热情的帮助,没有前辈对科学道路和科学方法的指引,他不能出校后就打开科研成果的闸门,取得丰硕的成果。因此,他下定决心,效法老师,恪守天职,做一名数学王国后来者的引航员。

1995年铜仁"国立三中"复兴级同学聚会于南京(站者为徐利治)

华罗庚诲人不倦,连家中饭厅的墙上都挂着小黑板,以便随时解答学生的问题。徐利治效法教师的榜样,特制了一块黑板立在客厅,常在家里指导研究生和讨论问题。他还把韩愈的"弟子不必不如师,师不必贤于弟子"作为座右铭。他在学生面前从不摆架子,向学生传授知识毫无保留,热切地希望青出于蓝而胜于蓝。因此,他培养的学生和助手成长很快,其中有的人担任了大学校长,有些人提任了系主任,10多人成为博士生导师。国务院学位委员会数学学科评议组中就有两名成员是他的早年弟子和助手。

下面就是他的(主要的)弟子的名单:

林龙威,1956年研究生,原中山大学教授、博士生导师,澳门大学数学系主任;

朱梧槚,东北人民大学时期的学术助手,南京航空航天大学教授、博士生导师;

冯果忱,1956年至1957年的第一任助手,吉林大学教授、博士生导师;

王仁宏,1962年至1964年的第二任助手,大连理工大学教授、博士生导师;

周蕴时、梁学章,20世纪60年代的研究生,吉林大学教授、博士生导师;

何天晓博士,任美国伊利诺伊卫斯理大学数学教授;

初文昌博士,意大利罗马大学教授;

王军博士,大连理工大学、上海师范大学教授、博士生导师;

周才军博士,上海师范大学教授、博士生导师;

高俊斌博士,澳大利亚查尔斯特大学教授、华中科技大学教授;

李中凯博士,首都师范大学、上海师范大学教授、博士生导师;

宋文华博士,河北经贸大学教授;

邱继征博士,山西师范大学、浙江工业大学教授;

丁克诠博士,美国精算学院教授;

王毅博士,大连理工大学教授、博士生导师。

6. 健康长寿的秘诀

徐利治一生屡经坎坷,年近六旬才得以施展宏图。几十年来,他每天的工作时间都在十几个小时以上,但他始终保持旺盛的精力和健康的体魄。年逾古稀的徐利治"不知老之已至矣";72 岁时开始环球学术之旅;75 岁时参加电视教学片的拍摄,并担任主讲;77 岁时还能从事艰深的数学研究;78 岁时还到国外指导博士生;79 岁时担任英文杂志主编;年近九旬时思维仍十分敏捷,还能到处做讲演,主持博士论文答辩会;九旬之后仍能进行数学研究,发表论文;95 岁时亲笔为学生主编的大型工具书作序提词。他经常对朋友说:"数学使我快乐,数学使我健康,数学使我长寿。"

2010 年春徐利治先生摄于北京玉渊潭公园

具体说来,徐利治一是有良好的精神寄托,二是有豁达的生活态度。

徐利治坚持"徐氏三原则",所以一直精神充实。他对学问有一个持之以恒的追求,而且兴趣广泛。他很善于用脑,既用左脑,也用右脑。他爱好哲学,又爱好文学艺术,这既利于大脑的健康,也有利于数学研究的深入,因为数学真理与数学结构之美是不可分割的。

在生活的态度上,徐利治常常记取诸葛亮的名言"淡泊以明志,宁静以致远"。他对名誉地位看得较淡,不计较个人得失,做到了荣辱不惊。在1957年前他在吉林大学时曾得到很多令人羡慕的职位,但他从来不摆架子,也没有把这些职位看得很重。当这些耀眼的职位一朝都失去时,他仍然能从容不迫。他做大连理工大学数学研究所所长时,从来不抓权,极乐意"大权旁落",充分发挥各位副所长的作用,既做好了研究所的工作,又不至于因行政工作造成对学术研究的干扰;又比如,按他的学术成就及在国内外的影响,他理应成为中国科学院院士,但由于政治运动带来的影响,没有选上。每当他的弟子或友人为他鸣不平时,他总是一笑了之,认为人生的价值不能单纯用是不是院士来衡量。一个人的真正价值并不在于职称定多高,官做到多大,家财积攒了多少,生活享受达到了什么水平,而在于他对社会、对人类做出了多少贡献,给这个世界留下了多少精神财富和物质积累。他一贯赞美孙中山先生当年对大学生讲演时讲过的话:"大学生要立志做大事,不可立志做大官。"

"路漫漫其修远兮,吾将上下而求索",徐利治七十多年的探索和追求、颠踬与前进,正体现了这种精神。他不仅拥有了丰富的专业知识和文化修养,更具有一种对人生、对社会、对国家民族的忧患意识和执着的爱,这也许正是中国传统知识分子身上最宝贵的东西。

80周岁生日时徐利治先生游大连海滨公园

徐利治为人坦诚、爽快、真诚与豁达。他的知己朋友曾不止一次劝告他"害人之心不可有,防人之心不可无",他只记住前半句话。如果用这两句话命制两道考题,第一道题徐利治大概能得100分,而第二道题他却很难考及格,或许顶多得30分。他的朋友常常以为他不懂人情世故而戏称他为"徐天真"。他的确从不知计较别人的短处,甚至对20年人生低谷期间不善待他的人一律不计前嫌。他的人际关系和谐,有一个愉快的工作环境,这也有利于健康长寿。

此外,徐利治虚怀若谷、乐于助人。他一生不知指导、提携和帮助了多少后学和同行。他送人的著作和论文抽样本,签字题词都十分谦虚,哪怕是对晚辈和学生。

下图里"加宁"是卫加宁,"允康"是隋允康,"东升"是阴东升,他们都是徐利治的晚辈和学生。不仅如此,甚至对于普通的劳动者,他都给予充分的尊重。下图是1963年5月15日徐利治寄给长春市邮电局分拣科工作人员王喜顺的一张明信片,明信片的内容是澄清邮

Topics in Mathematical
Methodology
数学方法论选讲
徐利治 著
The author: L.C.Hsu(Xu Lizhi)
Readers: W.J.Zhu and S.W.Yuan
华中工学院出版社
Press of Huazhong University of Science & Technology
(Wuhan,China)

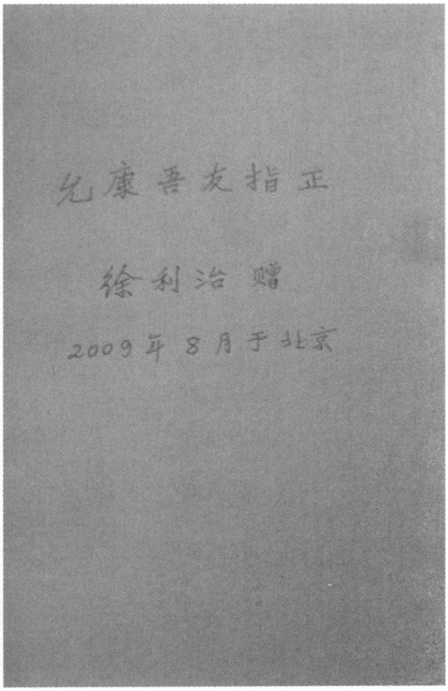
允康吾友指正
徐利治赠
2009年8月于北京

允康学友指正
利治赠
2002/04/25

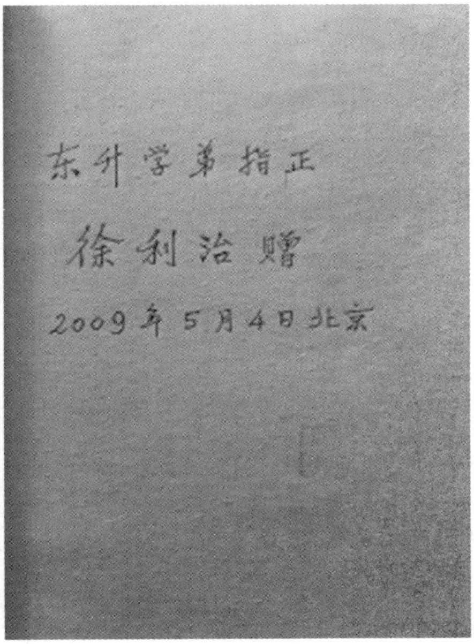
东升学弟指正
徐利治赠
2009年5月4日北京

件重量和邮资计算上出现的不一致。落款写着"此致敬礼！徐利治敬礼"。王喜顺应该是一位年轻的普通工作人员，这种不一般的尊重体现了徐利治为人处世的风格，谁说他不懂人情世故，明明是一位高情商的智者！

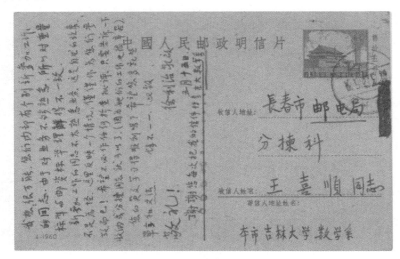

徐利治寄给王喜顺的明信片

徐利治对钱财看得很淡，他甚至于不会花钱。1980年，他将平反补发的1 000多元工资全部上交党组织，后来又多次上交出国结余的外汇。徐利治还喜欢走路，而且速度很快；他还注意饮食营养均衡，但偏于吃素。

在徐利治70诞辰时，吉林大学、华中理工大学、南京大学、哈尔滨工业大学等十几所高校的领导和教师专程赶到大连为他祝寿。人们盛赞他奇葩满园、桃李天下的功绩，也殷切祝愿他身体健康、勋业无量的未来。他的友人罗亮生寄诗一首以示祝贺：

世人常戚戚，七十古来稀。徐公坦荡荡，百岁不足奇。

当2000年，他的国内外友人，他的学生、弟子们为他庆祝80岁生日时,他的心态就像刚刚过了中年似的。

他的学生把唐代大诗人刘禹锡的一首七绝:

> 自古逢秋悲寂寥,
> 我言秋日胜春朝。
> 晴空一鹤排云上,
> 便引诗情到碧霄。

献给他,祝他精神愉快,永远健康。

2010年当他90岁时,依然神采奕奕,侃侃而谈。为庆祝他90华诞,大连理工大学出版社出版了两卷集的《徐利治数学作品集》,举办了"数学与数学教育研讨会",并举办大规模寿宴。徐利治在寿宴上十分高兴地与大家分享自己的数学生涯:

一生当教师喜看后辈多英才,做数学乐享高寿无遗憾。

这句话道出了他健康长寿的秘诀。

7. 回归自然

2015年,徐利治喜事连连。先是荣获中国人民抗日战争胜利70周年纪念章——国家还记着他当年参加抗日救亡活动的事情,他感到十分欣慰和自豪。每当朋友来看望他,他都取出纪念章来展示展示,像孩子一样发自内心的高兴,甚至给来访者戴上拍照。当他95岁诞辰到来之际,中国科学杂志社出版了庆贺徐利治教授95华诞专辑《中国科学:数学》。这时他的健康状况很好,头脑清晰,仍能做技术性的研究工作。

2015—2016年他又撰写并发表四篇SCI论文,请看一下具体题目:

Concerning a general source formula and its applications(关于一个

普遍本源公式及其应用，2016，独立完成）；

On the evaluation of multifold convolutions of polynomials using difference and shift operators（关于多项式多重卷积利用差分与移位算子的计值法，2015，独立完成）；

On a pair of operator series expansions implying a variety of summation formulas（一对算符系列扩展上蕴含的几类求和公式，2015，独立完成）；

An extension of Fleck-type Möbius function and inversion（Fleck型Möbius函数和反演的扩展，2015，合作完成）。

如此缜密的学术研究是一位年近百岁的老人做出的吗？徐利治真是世间奇人！人们不禁要问：他究竟为什么如此孜孜不倦？为什么精力如此旺盛？首先是他对数学的无比热爱，更重要的是一位伟大数学家的责任和担当！徐利治根本就没有时间去留意自己在逐渐衰老，可能这也正是保持充沛精力的最佳方法。正像英国伟大的哲人罗素（1872—1970）所说：

> 如果你的兴趣和活动既广泛又浓烈，而且你又能从中感到自己仍然精力旺盛，那么你就不必去考虑你已经活了多少年这种纯粹的统计学情况，更不必去考虑你那也许不很长久的未来。

徐利治正是这样的人，他比罗素还长寿，应该更有资格来谈论这个话题。

2018年8月19日，在徐利治98岁生日即将到来之际，吉林大学北京校友会举行宴会为徐利治庆生,恭祝他老人家阆苑春永,福隆耄耋。徐利治在寿宴上侃侃而谈,回顾了吉林大学的光辉历程,对吉林大学的发展远景给予美好的祝愿。他还为各位校友带来了新版《徐利治访谈录》。

徐利治在98岁寿宴上侃侃而谈

徐利治带来新版《徐利治访谈录》

徐利治面对死亡十分坦然。2018年他对好友说："我已经98岁了，属于长寿了，随时面对死亡，没有留恋，也没有对于死亡的惧怕，我会静静地等待身体的衰老。"

2018年12月22日，徐利治又向《高等数学研究》编辑部提交了题为《关于普遍本源公式及其导出的公式类——$\Sigma\Delta D$类》的论文，言称这是他"人生最后一篇论文"。

2019年1月29日夜间，徐利治先生因昏迷送进医院，大连理工大学院校领导从大连赶去北京看望。下午他已经醒来，思维一如既往地清晰，也跟平素一样健谈。晚上郭东明校长到ICU病房看望，他很欣慰，继续为学校的发展建言献策！

2019年2月2日，《徐利治访谈录》的两位作者去看望徐先生，见他非常瘦，但精神尚好。他还谈到对组合数学发展的一些看法，真是对数学念念不忘！还说这次若能挺过来，以后不会再想数学，打算念念唐诗；若不然，他就能安静地回归自然了。

2019年3月11日上午11点徐利治先生安详离世。

消息传出，唁电像雪片似的传到治丧委员会。

大洋彼岸的亨利·高尔德发来的唁电充满感情：

听到这个消息，我感到非常难过。我今天一天只是想着他。徐先生是一个非常了不起的人。他对我意义重大。我会永远记得我们最初的接触和联系。还有1985年，他访问我家的时候，后来当他带来他的妻子的时候，以及把他的女儿芳君送到这里来求学的时候。啊，这样美好的回忆！我对中国有着终生的亲和力，包括她的人民和语言。

《中国科学》杂志社杨志华发来的唁电令人动容：

惊闻徐利治先生仙逝，我非常难过和悲痛。我们《中国科学：数学》杂志在2015年9月出版了《庆贺徐利治教授95华诞专辑》，让我有幸与徐老师结缘。专辑组织过程中，我和编辑部郑真真博士多次去拜访徐老师商讨专辑工作，徐老师的严谨、认真和细致给我们留下了深刻的印象。专辑出版后，我和郑博士去给徐老师送刊，徐老师特别高兴，专门和家人一起请我们去他家附近的烤鸭店吃了顿北京烤鸭。近30分钟的路，徐老师不拄拐杖，不用搀扶，徒步前行。那是我第一次同一位95岁高龄的长者共进午餐，心中也充满感激和感慨。2017年1月29日（正月初二），徐老师给我打了电话，讲了17分8秒。徐老师说，他正式进入97岁，身体健康，思维敏捷，在2016年96岁时再发表一篇SCI论文。2018年1月5日，徐老师打电话给我，说他正式步入98岁，身体健康，思维清晰。徐老师说他收到了编辑部邮寄的感谢信和纪念品，要我们转达他对袁亚湘主编的谢意。2018年2月19日（正月初四），徐老师给我打了电话，说他春节过得很好，身体也很好，我们互相拜了年。徐老师每到春节都还惦念我们晚辈，我特别感动。一直打算找个合适的时间再去看望一下徐老师，但这一整年都没能成行。2019年2月6日（正月初二），我打电话给徐老师拜年，期盼听到他说他正式步入99岁，身体健康，思维清晰。

但电话两次都没有接通。我给徐老师发了拜年的短信,祝徐老师猪年吉祥、身体健康。惊闻先生仙逝,我内心久久不能平静,过往的一幕幕反复浮现眼前。徐老师是我们的好榜样,他的精神鼓舞着我们,我们晚辈和小辈一定勤奋努力、砥砺前行!愿徐老师安息!

让我们以罗素的话作为本篇的结尾:

每一个人的生活都应该像河水一样——开始是细小的,被限制在狭窄的两岸之间,然后热烈地冲过巨石,滑下瀑布。渐渐地,河道变宽了,河岸扩展了,河水流得更平稳了。最后,河水流入了海洋,不再有明显的间断和停顿,而后便毫无痛苦地摆脱了自身的存在。

能够这样理解自己一生的老人,将不会因害怕死亡而痛苦,因为他所珍爱的一切都将继续存在下去。而且,如果随着精力的衰退,疲倦之感日渐增加,长眠并非是不受欢迎的念头。我渴望死于尚能劳作之时,同时知道他人将继续我所未竟的事业,我大可因为已经尽了自己之所能而感到安慰。

附　　录

附录一　1984—2006 年徐利治指导的博士研究生及其毕业论文一览表

1. 初文昌（1987）　序列计数理论
2. 万宏辉（1987）　(0,1)矩阵的组合理论
3. 何天晓（1988）　多元样条研究
4. 邸继征（1989）　多重线性积分与和积型算子逼近
5. 宋文华（1989）　赋范线性空间与凸空间的逼近问题
6. 王　军（1990）　同余式解的构造与计数及对组合论之应用
7. 周才军（1990）　偏序集的纤维构造
8. 高俊斌（1991）　多元函数插值方法的研究
9. 李中凯（1992）　傅立叶-雅可比级数与逼近
10. 宋宝瑞（1992）　有理插值与广义正交性
11. 于洪全（1992）　论集系的相交结构
12. 张祥德（1994）　组合论中的 q-分析问题
13. 马欣荣（1995）　关于广义麦比乌斯反演
14. 冯　红（1998）　从子空间格到模格上组合问题的研究
15. 谢四清（1998）　伯克霍夫插值研究

16. 孙　平（1998）　关于组合论中的概率方法

17. 阴东升（1999）　影子演算和 Hsu-Riordan 阵

18. Roberto B. Corcino（菲律宾宿雾师范大学）（1999）关于计数组合学中某些问题研究

19. Cristina B. Corcino（菲律宾宿雾师范大学）（1999）关于计数组合学中某些问题研究

20. 王　毅（2000）　Sperner 理论研究中的一些结果

21. 孙怡东（2006）　计数组合学中若干问题的研究

上述一批徐利治的博士弟子中，于 1998 年前已有过半数在国际数学界逐步崭露头角，而 1990 年前徐利治所培养的大批数学硕士中，在国内外崭露头角者也不乏其人，如丁克诠、查晓亚、韩绍岑、朱迎宪、郝培峰等。

附录二　1982—2007 年徐利治访问我国（海峡两岸）学校校名一览表

北京大学	上海交通大学
清华大学	上海师范大学
南开大学及南开数学所	上海科技大学
南京大学	武汉大学
东南大学	华中理工大学
南京师范大学	湖北大学
南京航空航天大学	武汉钢铁学院
南京空军气象学院	山东大学
复旦大学	山东工程学院

曲阜师范大学	北方交通大学
山东师范大学	南京师范大学
吉林大学	宁波大学
吉林工业大学	杭州师范学院
辽宁大学	绍兴文理学院
辽宁师范大学	同济大学
东北大学	大连民族学院
中国科技大学	陕西师范大学
杭州大学	西安电子科技大学
苏州大学	西北工业大学
浙江师范大学	西北师范大学
徐州师范大学	洛阳师范学院
扬州师范学院	北京工业大学
西安交通大学	内蒙古师范大学
烟台大学	内蒙古大学
烟台师范学院	上海大学
潍坊师范专科学校	浙江大学
青州师范专科学校	浙江工业大学
淄博师范专科学院	华中科技大学
镇江师范专科学校	商洛师范专科学校
河南大学	陕西师范大学
中山大学	南京师范大学
河北师范大学	南京师范大学实验中学
哈尔滨师范大学	江南大学

无锡市一中	台湾"交通大学"
南京审计学院	台湾"中正大学"
广东工业大学	台湾"中央大学"
云南师范大学	台湾"中原大学"
无锡城市职业技术学校	台湾"淡江大学"
台湾"中央研究院"	台湾"彰化师范大学"
台北"师范大学"	台湾"成功大学"
台湾"清华大学"	台湾"高雄师范大学"

讲演题材内容涉及计算数学、组合数学、分析数学、数学方法论，以及有关数学科学与现代文明、数学美学等广泛领域。

附录三　徐利治三项涉及初等数论的研究简介

"初等数论"又称为"整数论"，是研究自然数性质的一门数学．法国数学家费马（P. de Fermat, 1601—1665）、拉格朗日（J. L. Lagrange, 1736—1813）和德国数学家高斯是这门数学的奠基者。高斯特别赞赏这门数学的高雅和优美，而把它誉为"数学中的皇后"。40年代初期徐利治就学于西南联大时代，选修了华罗庚教授的数论课，从此对数论产生了兴趣。虽然后来他的主攻方向是分析学和计算数学，但多年来仍然没有忘记利用一些业余时间去研究个别的、有趣的初等数论问题，偶尔也得到了一些可以发表的结果。

（一）爱尔特希等差数偶问题

已故的杰出的匈牙利数学家爱尔特希（P. Erdös, 1913—1996）一生中解决了许多数学难题，并提出了大量的数学难题和猜想。1995年他在以色列国的数学刊物 *Riveon Lematematika*（45～48页，1995）

上,在《数论中的几个注记》一文中,提出了三个未解决的数论难题。其中之一可以叫作"等差数偶问题"。意思是说,设 n 是一个自然数,今将 1 与 $4n$ 间的自然数任意分成(a)(b)两组:$\{a_1,a_2,\cdots,a_{2n}\}$;$\{b_1,b_2,\cdots,b_{2n}\}$,是否总存在一个整数 t,使得方程 $a_i + t = b_j$ 的解答个数[即数偶(a_i,b_j)的个数]不小于 n?

例如 $n = 3$ 时,将 1,2,3,4,5,6,7,8,9,10,11,12 任意分成两组数,比如:

(a) = $\{2,5,6,7,10,11\}$
(b) = $\{1,3,4,8,9,12\}$

显然
$$3 - 2 = 8 - 7 = 12 - 11 = 1$$
故 $t = 1$ 时,$a_i + 1 = b_j$ 就有 $n = 3$ 个解 $(2,3),(7,8),(11,12)$.

值得注意的是,当 n 不太大时,随便做些实验,的确常常能找到适当的整数 t,使得不定方程 $a_i + 1 = b_j$ 的解答个数[也即等差数偶 (a_i,b_j) 的个数]至少等于 n.

但是,徐利治从美国的《数学评论》[17 卷(1956),460 页]上见到上述问题后,经过研究却找到了一个反例,从而对等差数偶问题的猜想给出了否定答案。

徐利治的反例是这样做的:取 $n = 8$,试将自然数 1,2,3,$\cdots$,32($= 4n$) 分成如下两组数:

(a) $\begin{bmatrix} 1, & 2, & 3, & 4, & 5, & 6, & 7, & 13, \\ 14, & 24, & 27, & 28, & 29, & 30, & 31, & 32 \end{bmatrix}$

(b) $\begin{bmatrix} 8, & 9, & 10, & 11, & 12, & 15, & 16, & 17, \\ 18, & 19, & 20, & 21, & 22, & 23, & 25, & 26 \end{bmatrix}$

以上(a)(b)两组中的各数分别记为 $a_i(1 \leq i \leq 16)$，$b_j(1 \leq j \leq 16)$. 用 $f(t)$ 表示公差为 t 的数偶 (a_i,b_j) 的个数，亦即满足方程 $a_i + t = b_j$ 的解答 (a_i,b_j) 的个数，公差 $t = a_i - b_j$ 的变化范围可以是 $-31 \leq t \leq 31$. 显然 (a_i,b_j) 的总个数应该是 $\sum f(t) = 16^2 = 256$.

通过数值计算，可以验明各种等差数偶的个数 $f(t)$ 都不超过 $7 = n - 1$，也即当 $-31 \leq t \leq 31$ 时 $0 \leq f(t) \leq 7$. 这样，上述的反例就给出了爱尔特希问题的否定回答。

有关细节请参考徐利治的短文《答 Erdös 的等差数偶问题》，载于《东北人民大学自然科学学报》1957 年第 1 期 1~5 页。文章的内容结果也可以从苏联的俄文杂志《数学文摘》中查到.

在上述短文中，徐利治还应用微分学求极值的初等方法，得到了数论专家 Scherk 下述结果的改良形式：设将 1 与正偶数 $2m$ 间的自然数任意分成两组数 $a_1, a_2, \cdots, a_m; b_1, b_2, \cdots, b_m$，那么总有某些整数 t（可正可负），使得具有公差 t 的数偶 (a_i,b_j) 的个数至少不小于 $[(1 - 1/\sqrt{2})m]$，这里 $[x]$ 表示正实数 x 的整数部分。

疑问：还不知道上述命题中的数值 $[(1 - 1/\sqrt{2})m]$ 能否换成 $\left[\frac{1}{3}m\right]$？就爱尔特希的原来问题来看，文章作者甚至猜测："总存在某些整数公差 t，使得等差数偶 (a_i,b_j) 的个数不小于 $n - k$（k 是一个预先指定的正整数）"也未必是对的，其中 n 为大于 k 的充分大的自然数。另一疑问：对于给定的 k，当 n 大到什么程度时（下界应依赖于 k）才能保证上述猜测成立？感兴趣的读者可思考上述难题。

（二）辛马斯特（Singmaster）猜想与和幂积等值问题

1992 年夏，美国斐波那契协会在英国圣安德鲁城举行了第 5 届斐波那契数及其应用的国际学术会议。徐利治应邀参加了这次会议,并得到伦敦数学会的资助。在会议期间,徐利治做了关于"斯特灵型数偶"的报告,内容题材后来发表于会议论文集上。

上述会议的最后一天,众多数学家提出了一系列未解决的难题,特别是英国数学家辛马斯特提出来的关于"和积相等"的不定方程的解数问题及猜想引起不少人的兴趣。

所谓项数为 n 的"和 = 积"数列是指满足下列不定方程式

$$\sum_{i=1}^{n} x_i = \prod_{i=1}^{n} x_i (即 n 个数的和等于这 n 个数的积)$$

的自然数列 $\{x_1, x_2, \cdots, x_n\}$,其中 $1 \leqslant x_1 \leqslant x_2 \leqslant \cdots \leqslant x_n$。

例如,项数 $n = 2, 3, 4$ 的"和 = 积"数列分别有(而且仅有)

$$\{2,2\}, \{1,2,3\}, \{1,1,2,4\}$$

这是因为 $2 + 2 = 2 \times 2, 1 + 2 + 3 = 1 \times 2 \times 3, 1 + 1 + 2 + 4 = 1 \times 1 \times 2 \times 4$。

用 $N(n)$ 表示和积相等方程的解 $\{x_1, x_2, \cdots, x_n\}$ 的个数,则上述例子表明 $N(2) = 1, N(3) = 1, N(4) = 1$。(这是不难证明的!)

辛马斯特猜想是说:随着 n 的增大,$N(n)$ 也将会增大,而当 $n \to \infty$ 时就会有 $N(n) \to \infty$,换言之,$\lim_{n \to \infty} N(n) = \infty$。辛马斯特与他的合作者利用电子计算机做大批数值计算实验,发现 $N(n)$ 的增大是很缓慢的,当然也不是单调上升的。

徐利治和他的朋友——美籍数学教授薛昭雄及研究生王毅合作了一篇题为《关于辛马斯特猜想的注记》的论文,刊于《斐波那契季刊》1995年第5期上(见附录4英文部分第62)。文中得到 $N(n)$ 的一个显示公式,但该公式并不能用来分析证明 $\lim_{n \to \infty} N(n) = \infty$. 作为显

示公式的推论,则有

$$\overline{\lim_{n \to \infty}} N(n) = \infty$$

$$\lim_{n \to \infty} N(p_1, p_2, \cdots, p_{n+1}) = \infty$$

此处 p_n 为素数列,即 $p_1 = 2, p_2 = 3, p_3 = 5, p_4 = 7, p_5 = 11, \cdots$。

徐利治与合作者还在论文中证明了下列"和幂乘积相等方程"

$$\left[\sum_{i=1}^{n} x_i\right]^k = \prod_{i=1}^{n} x_i \quad (n > k \geq 2)$$

含有无穷多个正整数解 $\{x_1, x_2, \cdots, x_n\}$,其中 $1 \leq x_1 \leq x_2 \leq \cdots \leq x_n$,$k \leq 2$ 为给定的正整数。当 $k = 1$ 时,上述方程即变为"和积相等方程",这时解的个数 $N(n)$ 是有限值,但是否成立 $\lim_{n \to \infty} N = \infty$ 的问题,至今仍是一个未解决的难题,甚至是否成立 $\lim_{n \to \infty} N(p_1 \cdot p_2 \cdot \cdots \cdot p_{n+1}) = \infty$ 一事也是一个谜!

[注]《斐波那契季刊》是从 1963 年开始创办的一份国际性数学刊物,主要刊载数列性质研究的论文,所以读者还可以从这份刊物中看到不少与整数论有关的文章。

(三)费马最后定理与组合恒等式

费马是有史以来最大的业余数学家,他的职业是律师,曾被选为他家乡的参议员。费马一生创建了概率论的基本概念和整数论研究,差不多同时和笛卡儿发现了解析几何的原理,并最早引用微分学方法解决极值问题。他还是光学中"极小原理"的创始人。

费马最后定理(Fermat's last theory,简称 FLT)又称"费马大定理",事实上,20 世纪 90 年代前它只是数论上的一个"大猜想",那是经历了 350 多年才被英国数学家怀尔斯(A. Wiles, 1953—)最终证明了的一个定理。

FLT 是说,不定方程(又称费马方程)

$$x^n + y^n = z^n \quad (n \geqslant 3)$$

不含有正整数解 $x \geqslant 1, y \geqslant 1, z \geqslant 1$. 大家知道, $n = 2$ 时,方程 $x^2 + y^2 = z^2$ 是有无穷多个正整数解的,那些解叫作"毕达哥拉斯数组"。例如, $x = 3, y = 4, z = 5$ 就是一个最简单的毕氏数组。

当 n 为大于 2 的整数时,费马方程不再具有正整数解的命题,曾困惑了 17,18,19 世纪乃至 20 世纪的许多杰出的数学家,正是运用了现代数学上(如代数数论、代数曲线论 ……)的一系列研究成果,怀尔斯才完成了 FLT 的最后证明。证明该定理的论文长达 100 多页,载于美国 Annals of Mathematics,题名可译为《模椭圆曲线与费马最后定理》。事实上,数学界只有专家们才能完全看懂这篇蕴涵最高数学才智的论文。

组合分析是现代计算机科学常用的"离散数学"中的重要分支。从组合分析观点看,FLT 可以归结为计数问题中的一个命题。对于给定的正整数 a, b 及 m,考察满足不定方程

$$x^a + y^b = m$$

的正整数 $\{x, y\}$ 的个数 $N(x^a + y^b = m)$ 的计数问题,例如 $x^2 + y^2 = 25$ 就有两个解 $\{3, 4\}, \{4, 3\}$,所以 $N(x^2 + y^2 = 25) = 2$。

在计数时常常用到的一种数量就是二项式系数,它的一般定义是,对任意实数 r 和非负整数 n, $\begin{bmatrix} r \\ n \end{bmatrix}$ 的数值规定如下

$$\begin{bmatrix} r \\ 0 \end{bmatrix} = 1, \begin{bmatrix} r \\ n \end{bmatrix} = \frac{r(r-1)\cdots(r-n+1)}{n!} \quad (n \geqslant 1)$$

这里 $n!$ 的定义是 $0! = 1, 1! = 1, 2! = 1 \times 2, 3! = 1 \times 2 \times 3$,

$$n! = 1 \times 2 \times 3 \times \cdots \times n.$$

徐利治与美籍数学家薛昭雄合作的短文(载于美国 *Advances in Applied Mathematics*)中,利用两个初等组合恒等式证明得到一个关于 $N(x^a + y^b = m)$ 的计算公式

$$N(x^a + y^b = m) = \sum_{x=1}^{m-1}\sum_{y=1}^{m-1}\sum_{u=1}^{m-1}\sum_{v=1}^{m-1} \begin{bmatrix} u \\ x^a \end{bmatrix} \begin{bmatrix} v \\ y^b \end{bmatrix} \begin{bmatrix} m+1 \\ u+v+1 \end{bmatrix} (-1)^{x+y+u+v}$$

这是一个四重加式,共包含 $(m-1)^4$ 个项。如果取 $a = b = m$,那么 $n \geq 3$,又令 m 换成正整数 z^n,则就说 FLT 对一切正整数 z 都有 $N(x^n + y^n = z^n) = 0$,换言之,费马最后定理的意思是说,对一切 $n \geq 3$ 及 $z \geq 2$,都有下列等式

$$\sum_{x=1}^{n}\sum_{y=1}^{n}\sum_{u=1}^{z^n-1}\sum_{v=1}^{z^n-1} \begin{bmatrix} u \\ x^n \end{bmatrix} \begin{bmatrix} v \\ y^n \end{bmatrix} \begin{bmatrix} z^n+1 \\ u+v+1 \end{bmatrix} (-1)^{x+y+u+v} = 0$$

这样,我们就得到了一个等价于 FLT 的初等组合恒等式。

一般说来,凡是事实成立的初等组合恒等式,即包含有很多个由二项式系数乘积和项组成的代数恒等式,总是能用这样或那样的办法给以验证的,世界上有不少组合数学家都有此种信念。但是,上述那个表述费马最后定理的真实成立的组合恒等式,它的验证即意味着给出费马最后定理的证明,这就给组合分析界提供了一个出人意料的例子,即确实存在某种初等恒等式,其证明能与 FLT 的证明同样困难。但可能是由于这种原因,所以美国知名的组合分析家乔治·安德鲁斯(George Andrews)曾将上述组合恒等式称为一个"奇妙的东西"。

另一方面,假如人们有朝一日能巧妙地运用初等组合分析方法或纯代数技巧,直接证实上述恒等式对一切正整数 $n \geq 3$ 及 $z \geq 2$ 恒

成立的话,则就意味着真的为 FLT 找到了初等证法了。这样能真正弄懂费马最后定理证明的学者的人数将比现在超过十倍,甚至百倍了。但愿到了 21 世纪真会有这种现象出现。

费马的生活时代只有初等数学,而他曾自称已发现了关于 FLT 的巧妙证法。假如上述组合恒等式真能有初等证明方法,则就可以旁证费马很可能真的找到了巧妙的初等证法,而很可能只是失传了。但是,费马是否确实找到了初等证法这件事,仍是千古难解之谜!

［注］载于 *Advances in Applied Mathematics*(1997) 的短文,题名可译为《关于费马最后定理的一个组合恒等式》。

附录四　徐利治发表的主要论文目录(依时间逆序排列)

1. 英文部分:

1. Hsu, Leetsch C. Concerning a general source formula and its applications. J. Math. Res. Appl. 36 (2016), no. 5, 505-514.

2. Hsu, Leetsch C. On the evaluation of multifold convolutions of polynomials using difference and shift operators. J. Math. Res. Appl. 35 (2015), no. 5, 493-504.

3. Hsu, Leetsch C. On a pair of operator series expansions implying a variety of summation formulas. Anal. Theory Appl. 31 (2015), no. 3, 260-282.

4. Chou, Wun-Seng, Hsu, Leetsch C. An extension of Fleck-type Möbius function and inversion. Int. J. Number Theory 11 (2015), no. 6, 1807-1819.

5. He, Tian-Xiao, Hsu, Leetsch C., Ma, Xing Rong. On an extension of Riordan array and its application in the construction of convolution-type and Abel-type identities. European J. Combin. 42 (2014), 112-134.

6. Hsu, Leetsch C., Ma, Xin-Rong. Some combinatorial series and reciprocal relations involving multifold convolutions. Integers 14 (2014), Paper No. A20, 20 pp.

7. Hsu, Leetsch C., Ma, Xinrong. On a kind of series summation utilizing C-numbers. J. Math. Res. Appl. 34 (2014), no. 1, 1-11.

8. Hsu, Leetsch C. Erratum to "On a pair of hyperstandard reciprocal relations with applications" [J. Math. Res. Appl., 2013, 33 (2): 155-163] [MR3086188]. J. Math. Res. Appl. 33 (2013), no. 6, 753.

9. Hsu, Leetsch C. On a pair of hyperstandard reciprocal relations with applications. J. Math. Res. Appl. 33 (2013), no. 2, 155-163.

10. Hsu, Leetsch C. A nonlinear expression for Fibonacci numbers and its consequences. J. Math. Res. Appl. 32 (2012), no. 6, 654-658.

11. Hsu, Leetsch C. Concerning two formulaic classes in computational combinatorics. J. Math. Res. Appl. 32 (2012), no. 2, 127-142.

12. Ma, X. R., Hsu, Leetsch C. A further investigation of a pair of series transformation formulas with applications. J. Difference Equ. Appl. 17 (2011), no. 10, 1519-1535.

13. He, Tian-Xiao, Hsu, Leetsch C. , Yin, Dongsheng. A pair of operator summation formulas and their applications. Comput. Math. Appl. 58 (2009), no. 7, 1340-1348.

14. Hsu, Leetsch Charles, Xu, Li Quan. A convergence theorem for a kind of composite power series expansions. J. Math. Res. Exposition 28 (2008), no. 4, 850-854.

15. He, Tian-Xiao, Hsu, Leetsch C. , Shiue, Peter J. -S. A symbolic operator approach to several summation formulas for power series. II. Discrete Math. 308 (2008), no. 16,3427-3440.

16. Hsu, Leetsch C. Errata: "On Poincaré-type continuum and certain of its basic properties" [J. Math. Res. Exposition 28 (2008), no. 1, 11-21; MR2392514]. J. Math. Res. Exposition 28 (2008), no. 2, 444.

17. Hsu, Leetsch C. On Poincaré-type continuum and certain of its basic properties. J. Math. Res. Exposition 28 (2008), no. 1, 11-21.

18. Tang, Zhi Hua, Xu, Li Quan, Hsu, Leetsch C. Early studies made by Leonhard Euler on applying mathematical analysis to the research of number theory. (Chinese) J. Nanjing Norm. Univ. Nat. Sci. Ed. 30 (2007), no. 3, 34-38.

19. He, Tian-Xiao, Hsu, Leetsch C. , Shiue, Peter J. -S. The Sheffer group and the Riordan group. Discrete Appl. Math. 155 (2007), no. 15, 1895-1909.

20. He, Tian-Xiao, Hsu, Leetsch C. , Shiue, Peter J. -S. Symbolization of generating functions, an application of the Mullin-Rota

theory of binomial enumeration. Comput. Math. Appl. 54 (2007), no. 5, 664-678.

21. Chou, W.-S., Hsu, Leetsch C., Shiue, P. J.-S. On a class of combinatorial sums involving generalized factorials. Int. J. Math. Math. Sci. 2007, Art. ID 12604, 9 pp.

22. He, Tian Xiao, Hsu, Leetsch C., Shiue, Peter J.-S. Multivariate expansions associated with Sheffer-type polynomials and operators. Bull. Inst. Math. Acad. Sin. (N.S.) 1 (2006), no. 4, 451-473.

23. Hsu, Leetsch C., Wu, Kang. A conceivable inequality for analytic functions and its application. J. Math. Res. Exposition 26 (2006), no. 3, 499-501.

24. Corcino, Roberto B., Hsu, Leetsch C., Tan, Evelyn L. A q-analogue of generalized Stirling numbers. Fibonacci Quart. 44 (2006), no. 2, 154-165.

25. Bundschuh, P., Hsu, Leetsch C., Shiue, P. J.-S. Generalized Möbius inversion—theoretical and computational aspects. Fibonacci Quart. 44 (2006), no. 2, 109-116.

26. Chou, W.-S., Hsu, Leetsch C., Shiue, Peter J.-S. Application of Faà di Bruno's formula in characterization of inverse relations. J. Comput. Appl. Math. 190 (2006), no. 1-2, 151-169.

27. He, Tian-Xiao, Hsu, Leetsch C., Shiue, Peter J.-S. Convergence of the summation formulas constructed by using a symbolic operator approach. Comput. Math. Appl. 51 (2006), no. 3-4, 441-

450.

28. He, Tian-Xiao, Hsu, Leetsch C., Shiue, Peter J. S. On generalised Möbius inversion formulas. Bull. Austral. Math. Soc. 73 (2006), no. 1, 79-88.

29. He, Tianxiao, Hsu, Leetsch C., Shiue, Peter J. S. On an extension of Abel-Gontscharoff's expansion formula. Anal. Theory Appl. 21 (2005), no. 4, 359-369.

30. Arroyo, Edward, Hsu, Leetsch C. A set-theoretical lemma that implies an abstract form of Gödel's theorem. J. Math. Res. Exposition 25 (2005), no. 4, 647-650.

31. Gao, Ming-zhe, Hsu, Leetsch C. A survey of various refinements and generalizations of Hilbert's inequalities. J. Math. Res. Exposition 25 (2005), no. 2, 227-243.

32. He, T. X., Hsu, Leetsch C., Shiue, P. J.-S., Torney, D. C. A symbolic operator approach to several summation formulas for power series. J. Comput. Appl. Math. 177 (2005), no. 1, 17-33.

33. Hsu, Leetsch C., Xu, Tie-sheng. A formulation of Poincaré's intuitive concept of linear continuum. J. Math. Res. Exposition 23 (2003), no. 4, 635-643.

34. He, Tianxiao, Hsu, Leetsch C., Shiue, Peter J. S. On Abel-Gontscharoff-Gould's polynomials. Anal. Theory Appl. 19 (2003), no. 2, 166-184.

35. Wang, Xinghua, Hsu, Leetsch C. A summation formula for power series using Eulerian fractions. Fibonacci Quart. 41 (2003),

no. 1, 23-30.

36. Hsu, Leetsch C. A general expansion formula. Analysis, combinatorics and computing, 251-258, Nova Sci. Publ., Hauppauge, NY, 2002.

37. Hsu, Leetsch C., Shiue, Peter Jau-Shyong. Cycle indicators and special functions. Ann. Comb. 5 (2001), no. 2, 179-196.

38. Xu, Li Zhi. A self-explanatory survey on some mathematical research works and findings in the years 1945-2001. J. Dalian Univ. Technol. 41 (2001), no. 6, 631-636. (Chinese)

39. Corcino, Roberto B., Hsu, Leetsch C., Tan, Evelyn L. Combinatorial and statistical applications of generalized Stirling numbers. J. Math. Res. Exposition 21 (2001), no. 3, 337-343.

40. Hsu, Leetsch C., Sun, Guang-run. On Poincaré's remark and a kind of nonstandard measure defined on $^*(R^n)$. J. Math. Res. Exposition 21 (2001), no. 2, 159-164.

41. Corcino, Roberto B., Hsu, Leetsch C. Leibniz's formula and convolution-type identities. Matimyás Mat. 23 (2000), no. 2, 21-29.

42. Brown, Tom C., Hsu, Leetsch C., Wang, Jun, Shiue, Peter Jau-Shyong. On a certain kind of generalized number-theoretical Möbius function. Math. Sci. 25 (2000), no. 2, 72-77.

43. Hsu, Leetsch C., Shiue, Peter Jau-Shyong. A note on Dickson-Stirling numbers. J. Combin. Math. Combin. Comput. 34 (2000), 77-80.

44. Hsu, Leetsch C., Tan, Evelyn L. A refinement of de Bruyn's

formulas for $\sum a^k k^p$. Fibonacci Quart. 38 (2000), no. 1, 56-60.

45. Corcino, C. B., Hsu, Leetsch C., Tan, E. L. Asymptotic approximations of r-Stirling numbers. Approx. Theory Appl. (N. S.) 15 (1999), no. 3, 13-25.

46. Hsu, Leetsch C., Luo, Xiao-nan. On a two-sided inequality involving Stirling's formula. J. Math. Res. Exposition 19 (1999), no. 3, 491-494.

47. Hsu, Leetsch C., Shiue Peter J.-S. On a certain summation problem andgenerazations of Euler polynomials and numbers. Discrete Mathematics, 1999, 204: 337-347.

48. Hsu, Leetsch C., Shiue, Peter Jau-Shyong. On certain summation problems and generalizations of Eulerian polynomials and numbers. Discrete Math. 204 (1999), no. 1-3, 237-247.

49. Hsu, Leetsch C., Wang, Jun. Some Möbius-type functions and inversions constructed via difference operators. Tamkang J. Math. 29 (1998), no. 2, 89-99.

50. Hsu, Leetsch C., Shiue, Peter Jau-Shyong. A unified approach to generalized Stirling numbers. Adv. in Appl. Math. 20 (1998), no. 3, 366-384.

51. Hsu, Leetsch C., Yu, Hongquan. On mutual representations of symmetrically weighted Stirling-type pairs with applications. Northeast. Math. J. 13 (1997), no. 4, 399-405.

52. Hsu, Leetsch C. On a refinement of Hilbert's inequality. J. Jishou Univ. Nat. Sci. Ed. 18 (1997), no. 3, 1-4.

53. Hsu, Leetsch C., Mullen, Gary L., Shiue, Peter Jau-Shyong. Dickson-Stirling numbers. Proc. Edinburgh Math. Soc. (2) 40 (1997), no. 3, 409-423.

54. Xu, Lizhi, Yu, Hongquan. A unified approach to a class of Stirling-type pairs. A Chinese summary appears in Gaoxiao Yingyong Shuxue Xuebao Ser. A 12 (1997), no. 2, 252. Appl. Math. J. Chinese Univ. Ser. B 12 (1997), no. 2, 225-232.

55. Hsu, Leetsch C. A new constructive proof of the Stirling formula. J. Math. Res. Exposition 17 (1997), no. 1, 5-7.

56. Hsu, Leetsch C. On a kind of generalized arithmetic-geometric progression. Fibonacci Quart. 35 (1997), no. 1, 62-67.

57. Hsu, Leetsch C., Shiue, Peter Jau-Shyong. On a combinatorial expression concerning Fermat's last theorem. Adv. in Appl. Math. 18 (1997), no. 2, 216-219.

58. Sun, Guangrun, Xu, Lizhi. The use of nonstandard Möbius inversion to solve stochastic Volterra integral equations. Adv. in Appl. Math. (China), 25 (1996), no. 4, 360-365.

59. Xu, Li Zhi. On a problem of summing a kind of higher-order arithmetic-geometric progression. (Chinese) J. Jishou Univ. Nat. Sci. Ed. 17 (1996), no. 3, 1-5.

60. Hsu, Leetsch C., Shiue, Peter J. S. Representation of various special polynomials via the cycle indicator of symmetric group. Combinatorics and graph theory '95, Vol. 1 (Hefei), 157-162, World Sci. Publ., River Edge, NJ, 1995.

61. Xu, Lizhi. A kind of combinatorial sums involving the harmonic numbers. J. Math. Study 28 (1995), no. 1, 11-13.

62. Hsu, Leetsch C., Shiue, Peter Jau-Shyong, Wang, Yi. Notes on a conjecture of Singmaster. Fibonacci Quart. 33 (1995), no. 5, 392-397.

63. Chu, W. C., Hsu, Leetsch C. A note on a general class of arithmetic means. Tamkang J. Math. 26 (1995), no. 2, 155-157.

64. Hsu, Leetsch C. Certain asymptotic expansions for Laguerre polynomials and Charlier polynomials. Approx. Theory Appl. (N. S.) 11 (1995), no. 1, 94-104.

65. Hsu, Leetsch C. Concerning a kind of integrals of complex-valued functions of large numbers. J. Math. Res. Exposition 15 (1995), no. 2, 159-166.

66. Feng, Chao Keng, Hsu, Li Zhi, Yu, Hong Quan. Note on a boundary value problem of Poisson's equation. A Chinese summary appears in Gaoxiao Yingyong Shuxue Xuebao Ser. A 10 (1995), no. 1, 125. Appl. Math. J. Chinese Univ. Ser. B 10 (1995), no. 1, 35-38.

67. Hsu, Leetsch C. A difference-operational approach to the Möbius inversion formulas. Fibonacci Quart. 33 (1995), no. 2, 169-173.

68. Xu, Li Zhi. Trends in the development of combinatorics and suggestions for further research. Qufu Shifan Daxue Xuebao Ziran Kexue Ban 20 (1994), no. 3, 1-8. (Chinese)

69. Hsu, Leetsch C. Power-type generating functions and

asymptotic expansions. Combinatorics and graph theory (Hefei, 1992), 22-30, World Sci. Publ., River Edge, NJ, 1993.

70. Hsu, Leetsch C. On Stirling-type pairs and extended Gegenbauer-Humbert-Fibonacci polynomials. Applications of Fibonacci numbers, Vol. 5 (St. Andrews, 1992), 367-377, Kluwer Acad. Publ., Dordrecht, 1993.

71. Chu, Wen Chang, Hsu, Leetsch C. On some classes of inverse series relations and their applications. Discrete Math. 123 (1993), no. 1-3, 3-15.

72. Hsu, Leetsch C. Some theorems on Stirling-type pairs. Proc. Edinburgh Math. Soc. (2) 36 (1993), no. 3, 525-535.

73. Hsu, Leetsch C. A summation rule using Stirling numbers of the second kind. Fibonacci Quart. 31 (1993), no. 3, 256-262.

74. Hsu, Leetsch C. Finding some strange identities via Faa di Bruno's formula. J. Math. Res. Exposition 13 (1993), no. 2, 159-165.

75. Xu, Li Zhi, Sun, Guang Run. Simple nonstandard analysis proofs of some well-known theorems on infinite series, and some comments. Qufu Shifan Daxue Xuebao Ziran Kexue Ban 19 (1993), no. 1, 17-22. (Chinese)

76. Hsu, Leetsch C., Sun, Guang Run. On star-incidence algebra and star-form Möbius inversion. J. Math. Res. Exposition 12 (1992), no. 4, 599-605.

77. Hsu, Leetsch C. Power-type generating functions.

Approximation theory (Kecskemét, 1990), 405-412, Colloq. Math. Soc. János Bolyai, 58, North-Holland, Amsterdam, 1991.

78. Hsu, Leetsch C. A partition identity with certain applications. Portugal. Math. 48(1991), no. 3, 357-361.

79. Hsu, Fangjun, Hsu, Leetsch C. A unified treatment of a class of combinatorial sums. Discrete Math. 90 (1991), no. 2, 191-197.

80. Hsu, Leetsch C., Wang, Y. J. A refinement of Hilbert's double series theorem. J. Math. Res. Exposition 11 (1991), no. 1, 143-144.

81. Chu, Wen Chang, Xu, Li Zhi. Reciprocal vectorial functions and their combinatorial applications. J. Math. Res. Exposition 11 (1991), no. 2, 239-245. (Chinese)

82. Hsu, Leetsch C., Chu, Wen Chang. A kind of asymptotic expansion using partitions. Tohoku Math. J. (2) 43 (1991), no. 2, 235-242.

83. Hsu, Leetsch C. Asymptotic expansions of multiple integrals of rapidly oscillating functions. Approximation, optimization and computing, 9-11, North-Holland, Amsterdam, 1990.

84. Hsu, Leetsch C., Sun, Guang Run. The quasi-Duhamel principle and its applications. J. Math. Res. Exposition 10 (1990), no. 4, 495-499.

85. Hsu, Leetsch C., Tomkins, R. J., Wang, Chung-Lie. A quadrature method for a class of strongly oscillatory infinite integrals. BIT 30 (1990), no. 1, 114-125.

86. Chu, W. C., Hsu, Leetsch C. A class of bivariate inverse relations with an application to interpolation process. J. Combin. Inform. System Sci. 14 (1989), no. 4, 202-208.

87. Chu, W. C., Hsu, Leetsch C. Some new applications of Gould-Hsu inversion. J. Combin. Inform. System Sci. 14 (1989), no. 1, 1-4.

88. Xu, Li Zhi, Zou, Chun Ling. A two-sided Young inequality and a converse theorem. Qufu Shifan Daxue Xuebao Ziran Kexue Ban 15 (1989), no. 3, 12-16. (Chinese)

89. Xu, Li Zhi, Liu, Yi Ming, Xu, Ben Shun. Inverse problems of the RMI method. Qufu Shifan Daxue Xuebao Ziran Kexue Ban 15 (1989), no. 2, 1-9. (Chinese)

90. Hsu, Leetsch C. Theory and application of generalized Stirling number pairs. J. Math. Res. Exposition 9 (1989), no. 2, 211-220.

91. Hsu, Leetsch C. A remark on a paper of U. Banerjee, L. J. Lardy and A. Lutoborski: "Asymptotic expansions of integrals of certain rapidly oscillating functions" [Math. Comp. 49 (1987), no. 179, 243-249, MR0890265]. J. Math. Res. Exposition 9 (1989), no. 2, 180.

92. Xu, Li Zhi, Sun, Guang Run. The generalized Duhamel principle and its applications. II. Qufu Shifan Daxue Xuebao Ziran Kexue Ban 14 (1988), no. 4, 1-5. (Chinese)

93. Guo, S. S., Hsu, Leetsch C. Some inverse theorems for a certain special class of operators. Constructive theory of functions (Varna, 1987), 190-193, Publ. House Bulgar. Acad. Sci., Sofia,

1988.

94. Guo, Shun Sheng, Hsu, Leetsch C. Inverse theorems for a certain class of operators. Demonstratio Math. 21 (1988), no. 3, 745-760 (1989).

95. Hsu, Leetsch C., Jiang, M. S. Comment on G. P. Egorychev's book Integral representation and the computation of combinatorial sums ["Nauka" Sibirsk. Otdel., Novosibirsk, 1977, MR0491209]. Math. Appl. (Wuhan) 1 (1988), no. 1-2, 163-166.

96. Guo, Shun Sheng, Hsu, Lizhi. Characterization of the class Lip $*\alpha$ of periodic functions by means of the Rappoport operator. Approx. Theory Appl. 4 (1988), no. 3, 87-93.

97. Xu, Li Zhi, Sun, Guang Run. The generalized Duhamel principle and its applications. I. Qufu Shifan Daxue Xuebao Ziran Kexue Ban 14 (1988), no. 3, 21-25. (Chinese)

98. Chui, C. K., He, T. X., Hsu, Leetsch C. Asymptotic properties of positive summation-integral operators. J. Approx. Theory 55 (1988), no. 1, 49-60.

99. C. K. Chui, T. X. He, Hsu, Leetsch C. On a general class of multivariate linear smoothing operators. J. Approx. Theory 55 (1988), no. 1, 35-48.

100. Gao, Jun Bin, Xu, Li Zhi. On a problem of $S_3^1(\Delta_{mn}^{(1)})$ spline interpolation. I. Numer. Math. J. Chinese Univ. 10 (1988), no. 1, 55-67. (Chinese)

101. Xu, Li Zhi. A brief comment on the role of scientific

computing in the theoretical development of mathematics. Math. Practice Theory 1987, no. 4, 63-65. (Chinese)

102. Hsu, Leetsch C., Chou Y. S. Approximate computation of strongly oscillatory integrals with compound precision. NATO Proceedings of an Advanced Workshop on Numerical Integration Methods and Software (Halifax, Canada), 1987: 201-211.

103. Xu, Li Zhi, Yang, Jia Xin. A survey of recent developments in multivariate approximation. Adv. in Math. (Beijing) 16 (1987), no. 3, 241-249. (Chinese)

104. Xu, Li Zhi, Xie, Hong Xin. A nonstandard model for time and space and its application to resolving Zeno's paradox. J. Math. Res. Exposition 7 (1987), no. 2, 351-355. (Chinese)

105. Hsu, Leetsch C. Some combinatorial problems. I. J. Math. Res. Exposition 7 (1987), no. 1, 157-160.

106. Hsu, Leetsch C. Generalized Möbius inversion with applications to integral equations and interpolation process. Journal of Mathematical Research and Exposition, 1987, 7: 335-350.

107. Hsu, Leetsch C. Generalized Stirling number pairs associated with inverse relations. Fibonacci Quart. 25 (1987), no. 4, 346-351.

108. Hsu, Leetsch C., Zhou, Y. S. Approximate computation of strongly oscillatory integrals with compound precision. Numerical integration (Halifax, N. S., 1986), 91-101, NATO Adv. Sci. Inst. Ser. C Math. Phys. Sci., 203, Reidel, Dordrecht, 1987.

109. Hsu, Leetsch C., Chou, Y. S. Two classes of boundary type

cubature formulas with algebraic precision. Calcolo 23 (1986), no. 3, 227-248 (1987).

110. Xu, Li Zhi, He, Tian Xiao. On a kind of multivariate rational interpolation. Numer. Math. J. Chinese Univ. 8 (1986), no. 2, 144-152.

111. Xu, Li Zhi, Sun, Ge. On reciprocal functions and reciprocal transformations. J. Huazhong Univ. Sci. Tech. 13 (1985), no. 6, 1-6. (Chinese)

112. Euyang, C., Hsu, Leetsch C. Concerning various combinatorial identities. J. Math. Res. Exposition 5 (1985), no. 4, 25-30.

113. Xu, Li Zhi, Zhang, Hong Qin. The concept of degree of mathematical abstraction and a method of analysis of the degree of abstraction. J. Math. Res. Exposition 5 (1985), no. 2, 133-140. (Chinese)

114. Xu, Li Zhi, Yang, Jia Xin. A class of multivariate rational interpolation formulas. J. Comput. Math. 2 (1984), no. 2, 164-169.

115. Hsu, Leetsch C., Chu, W. J., Yuan, S. W., Jseng, Y. S. Antinomies and the foundational problem of mathematics. Suppl. 2. J. Math. Res. Exposition 4 (1984), no. 2, 24. (Chinese)

116. Xu, Li Zhi. Note on the concept of microscopic measure in $*$ R. J. Math. Res. Exposition 4 (1984), no. 3, 114.

117. Hsu, Leetsch C., Yang, J. X. A class of multivariate rational interpolation formulas. Journal of Computational Mathematics (English

issue, Peking), 1984, 2: 164-169.

118. Xu, Li Zhi, Yang, Jia Xin. A class of explicit smooth interpolation formulas with application to a surface interpolation problem. Numer. Math. J. Chinese Univ. 6 (1984), no. 4, 355-361. (Chinese)

119. Xu, Li Zhi, Ouyang, Zhi. Concerning a computational formula for a type of discrete multiple convolutions, and its applications. J. Dalian Inst. Tech. 23 (1984), no. 2, 1-8. (Chinese)

120. Hsu, Leetsch C. A survey of some recent developments of approximation theory in China. Approximation theory, IV (College Station, Tex., 1983), 123-151, Academic Press, New York, 1983.

121. Xu, Li Zhi. Generalized Möbius-Rota inversion theory associated with nonstandard analysis. Sci. Exploration 3 (1983), no. 1, 1-8.

122. Xu, Li Zhi, Fan, Quan Xin. On a minimization problem of a triple drag integral. J. Dalian Inst. Tech. 22 (1983), no. 1, 1-9. (Chinese)

123. Xu, Li Zhi, Zhu, Wu Jia, Yuan, Xiang Wan, Zheng, Yu Xin. Supplement to: "Antinomies and the foundational problem of mathematics. III". J. Math. Res. Exposition 3 (1983), no. 3, 62. (Chinese)

124. Hsu, Leetsch C., Chu, W. J., Yuan, S. W., Tseng, Y. S. Antinomies and the foundational problem of mathematics. III. J. Math. Res. Exposition 3 (1983), no. 2, 93-102. (Chinese)

125. Xu, Li Zhi. An extension of the Möbius-Rota inversion

formulae and its applications. J. Dalian Inst. Tech. 21 (1982), no. 2, 127-130. (Chinese)

126. Xu, Li Zhi, Yang, Jia Xin. A family of globally convergent iteration methods not using derivatives. J. Dalian Inst. Tech. 21 (1982), no. 1, 1-6. (Chinese)

127. Xu, Li Zhi, He, Tien Xiao. On the minimum estimation of the remainders in dimensionality-lowering expansions with algebraic precision. (Chinese) J. Math. (Wuhan) 2 (1982), no. 3, 247-255.

128. Xu, Li Zhi, Zhou, Yun Shi, Yang, Jia Xing. A survey of the recent development of numerical integration methods. Adv. in Math. (Beijing) 11 (1982), no. 2, 134-144. (Chinese)

129. Hsu, Leetsch C., Chu, W. J., Yuan, S. W., Tseng, Y. S. Antinomies and the foundational problem of mathematics. II. J. Math. Res. Exposition 2 (1982), no. 4, 121-134. (Chinese)

130. Hsu, Leetsch C., Chu, W. J., Yuan, S. W., Tseng, Y. S. Antinomies and the foundational problem of mathematics. I. J. Math. Res. Exposition 2 (1982), no. 3, 99-108. (Chinese)

131. Hsu, Leetsch C., Yang, J. X. On a method of constructing interpolation formulas via inverse series relations. J. Math. Res. Exposition 2 (1982), no. 2, 113-126.

132. Hsu, Leetsch C., Chu, W. J., Yuan, S. W., Tseng, Y. S. On Gödel's incompleteness theorem. J. Math. Res. Exposition 1 (1981), no. 1, 151-162. (Chinese)

133. Hsu, Leetsch C., Wang, Xing Hua. An expression for the

remainder term of the Euler-Maclaurin summation formula. J. Math. Res. Exposition 1 (1981), no. 1, 101-105. (Chinese)

134. Hsu, Leetsch C., Yang, Jia Xin. Dimensionality-reducing expansions and boundary-type cubature formulas having higher algebraic precision. Numer. Math. J. Chinese Univ. 3(1981), no. 4, 361-369. (Chinese)

135. Hsu, Leetsch C. Self-reciprocal functions and self-reciprocal transforms. J. Math. Res. Exposition 1 (1981), no. 2, 119-138.

136. Hsu, Leetsch C., Chou, Y. S. An asymptotic formula for a type of singular oscillatory integrals. Math. Comp. 37 (1981), no. 156, 503-507.

137. Hsu, Lee Chich, Yang, Jia Xin. A class of generalized Newton interpolation series, with some applications. Numer. Math. J. Chinese Univ. 3 (1981), no. 1, 88-96. (Chinese)

138. Hsu, Leetsch C., Chou, Y. S. An asymptotic formula for a type of singular oscillatory integrals. Mathematical Tables and Other Aids to Computation, 1981, 37 (156): 403-407.

139. Xu, Li Zhi. An extension of the Möbius-Rota inversion theory with applications. J. Math. Res. Exposition 1981, First Issue, 101-112. (Chinese)

140. Xu, Li Zhi, Yang, Jia Xin, Bao, Xue Song. A class of generalized complex Newton interpolation series. J. Math. Res. Exposition 1981, First Issue, 69-72. (Chinese)

141. Xu, Li Zhi, Zhou, Yun Shi. Gaowei shuzhi jifen. [Numerical

integration in high dimensions] Jisuan Fangfa Congshu. [Computational Methods Series] Kexue Chubanshe (Science Press), Beijing, 1980. (Chinese)

142. Xu, Li Zhi, Zhou, Yun Shi. On the asymptotic expansion of $\int f(x, \{Nx\}) dx$ and its application. Acta Math. Appl. Sinica 3 (1980), no. 3, 204-209. (Chinese)

143. Hsu, Lee Zhi, Chen, Yung Chang. On a family of globally convergent iteration processes for finding real zeros of entire functions. Math. Numer. Sinica 2 (1980), no. 2, 172-179. (Chinese)

144. Hsu, Li Chich, Chu, Tze Chiang. On a class of iterative processes with global convergence. Math. Numer. Sinica 1 (1979), no. 1, 82-90. (Chinese)

145. Hsu, Lee Chich, Chu, Tze Chiang. A survey of certain iteration methods with global convergence. Numer. Math. J. Chinese Univ. 1 (1979), no. 2, 131-142. (Chinese)

146. Hsu, Leetsch C. Symmetric inversion formulas for integral transforms. Notices of the American Mathematical Society, 1974, 21: A-734, Abstract.

147. Hsu, Leetsch C. Symmetric inversion formulas for series transforms. Notices of the Mathematical Society, 1974, 21: A-311, Abstract: 74T-B74.

148. Hsu, Leetsch C. On the unconditional convergence of aninteration process. Notices of the American Mathematical Society, 1973, 20: A-577, Abstract: 73T-B279.

149. Gould, H. W., Hsu, Leetsch C. Some new inverse series relations. Duke Math. J. 40(1973), 885-891.

150. Hsu, Leetsch C. Note on a combinatorial algebraic identity and its application. Fibonacci Quart. 11 (1973), no. 5, 480-484.

151. Hsu, Leetsch C., Wang, J. H. General method of "multiplier-enlargement" and approximation of non - bounded continuous functions by means of some explicit polynomial operators (Russian). Doklady Akademii Nauk SSSR, 1964, 156 (2): 264-267.

152. Hsu, Leetsch C. On a kind of extendedFejer - Hermite interpolation polynomials. Acta Mathematica Academiae Scientiarum Hungaricae, 1964, 15: 325-328.

153. Hsu, Leetsch C. Approximate integration of rapidly oscillating functions and of periodic functions. Proceedings of the Cambridge Philosophical Society, 1963, 59: 81-88.

154. Hsu, Leetsch C. On a method for expanding multiple integrals in terms of integrals in lower dimensions. Acta MathematicaAcademiae Scientiarum Hungaricae, 1963, 14: 359-367.

155. Hsu, Leetsch C. Note on the numerical integration of periodic functions and of partially periodic functions. Numerische Mathematik, 1961, 3: 169-173.

156. Hsu, Leetsch C. Approximation of non-bounded continuous functions by positive linear operators or polynomials. Studia Mathematica, 1961, 21: 37-43.

157. Hsu, Leetsch C. An estimation for the first exponential formula

in the theory of semi-groups of linear operations. Czechoslovak Math. J. 10 (85) 1960 323-328.

158. Hsu, Leetsch C. A new type of polynomials approximating a continuous or integrable function. Studia Mathematica, 1959, 18: 43-48.

159. Hsu, Leetsch C. A refinement of the line integral approximation method with application. Science Record (AcademiaSinica), 1958, 2: 193-196.

160. Hsu, Leetsch C. A general approximation method of evaluating multiple integrals. Tôhoku Math. J. (2) 9 (1957), 45-55.

161. Hsu, Leetsch C. Two new methods for the approximate calculation of multiple integrals. Acta MathematicaAcademiae Scientiarum Hungaricae, 1958, 9: 279-290.

162. Hsu, Leetsch C. On an asymptotic integral. Proc. Edinburgh Math. Soc. (2) 10(1956), 141-144.

163. Hsu, Leetsch C. A combinatorial proof of an inequality due to Hua. Math. Student 23(1955), 97-100.

164. Hsu, Leetsch C., Wu, Chih-Chuan. Concerning a generalized Stieltjes-Post inversion formula and an asymptotic integral. Acta Math. Sinica 5 (1955), 161-172. (Chinese)

165. Hsu, Leetsch C. On a kind of asymptotic integrals with integrands having absolute maximum at boundary points. Acta Math. Sinica 4 (1954), 305-316. (Chinese)

166. Hsu, Leetsch C. Note on a pair of combinatorial reciprocal

formulas. Math. Student22（1954），175-178（1955）.

167. Hsu, Leetsch C. Note on an abstract inversion principle. Proc. Edinburgh Math. Soc.（2）9,（1954）. 71-73.

168. Hsu, Leetsch C. Note on generalized Jordan's condition for the Fourier and Mellin transforms. Acta Math. Sinica 3（1953）. 142-147.（Chinese）

169. Hsu, Leetsch C. Note on Maréchal's integral approximation. Acta Math. Sinica 3（1953），148-153.（Chinese）

170. Hsu, Leetsch C. Concerning derived limits and set sequences in complete metric spaces. J. Chinese Math. Soc.（N. S.）1（1951），88-97.

171. Hsu, Leetsch C. A theorem concerning an asymptotic integration. Chung Kuo K'o Hsüeh（Chinese Science）2,（1951）. 149-155.（Chinese）

172. Hsu, Leetsch C. A theorem concerning an asymptotic integral. Bull. Calcutta Math. Soc. 43,（1951）. 109-112.

173. Hsu, Leetsch C. Some remarks on a generalized Newton interpolation formula. Math. Student 19,（1951）. 25-29.

174. Hsu, Leetsch C. The representation of functions of bounded variation by singular integrals. Duke Math. J. 18,（1951）. 837-844.

175. Hsu, Leetsch C. The asymptotic behaviour of a kind of multiple integrals involving a parameter. Quart. J. Math., Oxford Ser.（2）2,（1951）. 175-188.

176. Hsu, Leetsch C. On the asymptotic evaluation of a class of

multiple integrals involving a parameter. Amer. J. Math. 73, (1951). 625-634.

177. Hsu, Leetsch C. Generalized Stieltjes-Post inversion formula for integral transforms involving a parameter. Amer. J. Math. 73, (1951). 199-210.

178. Hsu, Leetsch C. The asymptotic behavior of an integral involving a parameter. Sci. Rep. Nat. Tsing Hua Univ. Ser. A. 5, (1949). 273-279.

179. Hsu, Leetsch C. An asymptotic expression for an integral involving a parameter. Acad. Sinica Science Record 2, (1949). 339-345.

180. Hsu, Leetsch C. On a generalized Kelvin's series. Sci. Rep. Nat. Tsing Hua Univ. Ser. A. 5, (1949). 280-288.

181. Hsu, Leetsch C. Application of a symbolic operator to the evaluation of certain sums. Sci. Rep. Nat. Tsing Hua Univ. Ser. A. 5, (1948). 139-149.

182. Hsu, Leetsch C. Approximations to a class of double integrals of functions of large numbers. Amer. J. Math. 70, (1948). 698-708.

183. Hsu, Leetsch C. A theorem on the asymptotic behavior of a multiple integral. Duke Math. J. 15, (1948). 623-632.

184. Hsu, Leetsch C. A generalization of Romanoff's method for the construction of orthonormal systems. Acad. Sinica Science Record 2, (1948). 178-182.

185. Hsu, Leetsch C. On Romanoff's device of orthonormalization.

Sci. Rep. Nat. Tsing Hua Univ. 5,(1948). 1-12.

186. Hsu, Leetsch C. Note on an asymptotic expansion of the nth difference of zero. Ann. Math. Statistics 19,(1948). 273-277.

187. Hsu, Leetsch C. Some combinatorial formulas on mathematical expectation. Ann. Math. Statistics 16,(1945). 369-380.

188. Chung, Kai-Lai, Hsu, Lietz C. A combinatorial formula and its application to the theory of probability of arbitrary events. Ann. Math. Statistics 16,(1945). 91-95.

189. Hsu, Leetsch C. Some combinatorial formulas with applications to probable values of a polynomial-product and to differences of zero. Ann. Math. Statistics 15,(1944). 399-413.

2. 中文部分：

1.（待发表遗作）徐利治. 关于普遍本源公式及其导出的公式类——$\Sigma\Delta D$ 类. 高等数学研究，2019-12.

2. 徐沥泉,徐利治. 关于含有 Stirling 公式的几个双边不等式的注记. 数学的实践与认识，2018-08-23.

3. 徐利治. 从 Riordan 阵到广义 Riordan 群及有关问题. 高等数学研究，2014-12-30.

4. 徐利治. 关于《贝克莱悖论与点态连续性概念及有关问题》的注记. 高等数学研究，2014-07-15.

5. 徐利治. 数学文化教养对人生的作用. 教育研究与评论(中学教育教学)，2014-01-20.

6. 徐利治. 贝克莱悖论与点态连续性概念及有关问题. 高等数学研究，2013-07-15.

7. 王名扬,徐沥泉,徐利治. 论一种缘自认知心理学及教育学研究的数学认知过程. 数学教育学报,2013-02-15.

8. 徐沥泉,徐利治. 多元Jensen不等式及其应用. 江南大学学报(自然科学版),2010-12-15.

9. 徐利治. 追忆我的大学老师华罗庚先生. 高等数学研究,2010-11-15.

10. 徐利治. 谈谈在微积分中引入实无限小量的问题. 高等数学研究,2010-07-15.

11. 徐利治. 谈谈如何对待学术争鸣. 数学教育学报,2010-04-15.

12. 徐利治,郭锡伯. 有关无限观的三个问题. 高等数学研究,2009-01-15.

13. 徐沥泉,徐利治. N-P基本引理的严密化、标准化研究——兼评国内某些教材对此定理的引述与证明. 山西大学学报(自然科学版),2008-11-15.

14. 徐利治,徐沥泉. MM教育方式简介. 自然杂志,2008-06-15.

15. 徐利治. 关于我一篇谈话的几处订正和补充. 数学通报,2008-03-31.

16. 徐利治. 无限的数学与哲学(续二). 高等数学研究,2008-01-15.

17. 徐利治. 谈谈我青少年时代学习数学的一些经历和感想. 数学通报,2007-12-30.

18. 徐利治. 无限的数学与哲学(续一). 高等数学研究,2007-07-15.

19. 王光明,徐利治. 人的全面和谐发展:数学教育能做什么. 教育理论与实践,2007-05-20.

20. 徐利治,袁向东,郭金海. 我所知道的华罗庚与陈省身——徐利治先生访谈录. 书屋,2007-05-06.

21. 徐利治. 无限的数学与哲学. 高等数学研究,2007-01-30.

22. 徐利治. 数学美学与文学. 数学教育学报,2006-05-30.

23. 徐利治,郭金海,袁向东. 徐利治:从留学英国到东北人民大学数学系. 中国科技史料,2004-12-30.

24. 徐利治. 数学中的现代柏拉图主义与有关问题. 数学教育学报,2004-08-25.

25. 徐利治,郭金海,袁向东. 回顾西南联合大学数学系. 中国科技史料,2004-06-30.

26. 徐利治. 谈谈"一流博士从何而来"的问题. 数学教育学报,2004-02-25.

27. 徐利治. 读刊随笔. 数学通报,2003-09-30.

28. 徐利治. 西南联大数学名师的"治学经验之谈"及启示. 数学教育学报,2002-08-25.

29. 徐利治.《MM教育方式:理论与实践》一书序言. 中学数学教学参考,2002-05-21.

30. 徐利治.《MM教育方式:理论与实践》序言. 中学数学,2002-05-20.

31. 徐利治. 对新世纪数学发展趋势的一些展望(续). 高等数学研究,2001-12-28.

32. 徐利治. 50余年来的数学科研工作成果综述. 大连理工大

学学报,2001-12-10.

33. 徐利治. 对新世纪数学发展趋势的一些展望. 高等数学研究,2001-09-28.

34. 徐利治. 用进废退 适者生存——关于《现代数学手册》. 中国科技月报,2001-05-05.

35. 徐利治. 回忆我的老师华罗庚先生——纪念华老诞辰90周年. 数学通报,2000-12-30.

36. 徐利治. 关于高等数学教育与教学改革的看法及建议. 数学教育学报,2000-06-30.

37. 徐利治. 谈谈我的一些数学治学经验. 数学通报,2000-05-30.

38. 徐利治. 20世纪至21世纪数学发展趋势的回顾及展望(提纲). 数学教育学报,2000-03-30.

39. 徐利治,庹克平. 关于《科学文化人与审美意识》的几点补充性注记. 数学教育学报,1997-05-10.

40. 徐利治,朱剑英,朱梧槚. 数学科学与现代文明(下). 自然杂志,1997-04-15.

41. 徐利治,朱剑英,朱梧槚. 数学科学与现代文明(上). 自然杂志,1997-02-15.

42. 徐利治. 科学文化人与审美意识. 数学教育学报,1997-02-10.

43. 徐利治. 简评《数学证明方法》. 泰安师专学报,1996-10-15.

44. 徐利治,董加礼. 漫谈宏观的与微观的数学方法论. 工科数学,1995-12-30.

45. 徐利治,郑毓信. 现代数学教育工作者值得重视的几个概念. 数学通报, 1995-09-30.

46. 徐利治.《现代高等数学国际研讨会论文集》序言. 工科数学, 1994-12-30.

47. 徐利治.《国外教材分析研讨会论文集》序言. 工科数学, 1994-12-30.

48. 徐利治,王前. 数学哲学、数学史与数学教育的结合——数学教育改革的一个重要方向. 数学教育学报, 1994-03-15.

49. 徐利治,阴东升. 数学家的思维方式纵横谈. 滨州师专学报, 1992-07-01.

50. 徐利治,朱梧槚. 数学研究的艺术. 衡阳师专学报(自然科学), 1992-06-29.

51. 徐利治. 数学教育的综合化与现代化漫议. 高等工程教育研究, 1989-12-31.

52. 徐利治,郑毓信. 略论数学真理及真理性程度——兼评怀特海的《数学与善》. 自然辩证法研究, 1988-01-31.

53. 徐利治,隋允康. 关于数学创造规律的断想暨对教改方向的建议. 高等工程教育研究, 1987-10-01.

54. 徐利治,胡毓达. 关于第 11 届国际数学规划讨论会述评. 运筹学杂志, 1983-07-02.

55. 徐利治. 略评"作为教育的运筹学". 运筹学杂志, 1982-07-02.

56. 杨新泉,徐利治,金百顺,杜治政,刘永振. 在大连召开的"马克思主义认识论与现代自然科学"座谈会发言(摘要). 哲学研究,

1981-08-29.

57. 徐利治. 谈谈个人学习数学的一点经验和看法. 数学通报, 1957-01-31.

58. 徐利治. 评 N. Rashevsky 的一篇著作. 东北人民大学自然科学学报, 1955-04-02.

附录五　徐利治主要专著目录(依时间逆序排列)

1. 徐利治.《徐利治论数学方法学》①(济南:山东教育出版社, 2001 年,2003 年第二版)。

2. 徐利治,王前.《数学与思维》(长沙:湖南教育出版社,1990 年)。

3. 徐利治,孙广润,董加礼.《现代无穷小分析导引》(大连:大连理工大学出版社,1990 年,获 1992 年国家教委颁发的高校出版社"优秀学术专著"奖)。

4. 徐利治,郑毓信.《关系映射反演方法》(南京:江苏教育出版社,1989 年)。

5. 徐利治.《数学方法论选讲》(武汉:华中工学院出版社②,1983 年,1988 年第二版,2000 年第三版)。

6. 徐利治,蒋茂森,朱自强.《计算组合数学》(上海:上海科技出版社,1983 年)。

7. 徐利治,王仁宏,周蕴时.《函数逼近的理论与方法》(上海:上海科技出版社,1983 年)。

---

① 《徐利治论数学方法学》为文集。
② 现名华中科技大学出版社。

8. 徐利治.《高维数值积分》(北京:科学出版社,1963 年,1980 年增订本,获 1982 年国家科委颁发的国家自然科学三等奖)。

9. 徐利治.《渐近积分与积分逼近》(北京:科学出版社,1958 年,1960 年第二版)。

10. 徐利治.《数学分析的方法及例题选讲》(上海:商务印书馆,1955 年;以后多次再版,获 1988 年国家优秀教材奖)。

附录六　徐利治学术年表

年份	岁数	
1920	0	·9 月 23 日出生于江苏张家港(原常熟沙洲),起名徐泉涌。
1925	5	·全家移居上海浦东。
1928	8	·入私塾,开始接受启蒙教育。
1931	11	·父亲病逝后返回老家张家港,上初等小学。
1934	14	·高小毕业,考入江苏省洛社师范学校,享受全部公费待遇。
1937	17	·全面抗日战争爆发,流亡到武汉,住江苏难民收容所。
1938	18	·考入贵州铜仁国立第三中学师范科学习。
1940	20	·参加统一考试,更名徐利治,入唐山工程学院学习,不久转入四川叙永西南联合大学分校一年级学习。
1941	21	·大学休学一年,去重庆真武山江苏复兴中学任数学教师。
1942	22	·到昆明西南联合大学数学系复学。
1944	24	·在西南联合大学获"文治奖学金"(丁文治捐赠的奖学金)。

		· 在国际数学杂志《数学统计年鉴》(Ann. Math. Statistics)上发表第一篇论文(研究多项式乘积的一些组合公式)。
1945	25	· 从西南联合大学数学系毕业,任助教。
1946	26	· 任清华大学数学系助教,开始教微积分课程(至1948年)。
1946		· 加入中国共产党。
1948	28	· 晋升为教员。
		· 最早的渐近积分作品发表于 American Journal of Mathematics(AJM),Duke Mathematical Journal(DMJ)。
1949	29	· 获英国文化委员会(British Council)奖学金前往英国阿伯丁大学与剑桥大学进修访问各一年。
		· 参加英国共产党员的活动。
1951	31	· 回国任清华大学副教授,兼北京师范大学副教授。
1952	32	· 调到长春,参与组建东北人民大学(今吉林大学)数学系,任分析数学教研室主任,后任数学系副主任(至1957年)。
1956	36	· 作为中国科学院三人代表团成员去莫斯科参加"全苏泛函分析"国际会议。应邀参加南京大学、复旦大学校庆并在数学系做访苏报告。
1957	37	· 受到冲击。
1958	38	· 同苏联专家梅索夫斯基赫合作,在吉林大学主持全国第一个计算数学专业人才培训班。
1960	40	· 美国数学会(AMS)经由匈牙利Turan院士转信,受聘

| | | 为《数学评论》杂志(MR)评论员。收到民主德国数学会参加国际会议的邀请,但未能前往。 |

1964　44　· 到前郭旗首字井国营农场劳动。

1970　50　· 被吉林大学派往吉林长岭县农村插队落户(至1975年)。

1973　53　· 与亨利·高尔德联名在美国 *Duke Mathemutical Journal* 上发表了《若干新的反演级数关系》一文,提出了"Gould-Hsu 反演公式"。

1978　58　· 出席在成都举行的中国数学会全国年会,做大会讲演。

1980　60　· 获平反,恢复党籍。
　　　　　· 应邀担任华中工学院(华中科技大学前身)与大连工学院(大连理工大学前身)兼职教授。

1981　61　· 参与创办综合性数学学术刊物《数学研究与评论》,任主编(至2005年)。
　　　　　· 应聘为大连工学院(大连理工大学前身)数学科学研究所所长,兼华中工学院(华中科技大学前身)数学系主任。
　　　　　· 作为中国运筹学会代表团成员,赴德国汉堡参加"国际运筹学学术讨论会"。

1982　62　· 赴德国波恩出席国际数学规划学术讨论会,做分组会报告(德国科技促进会资助旅费)。
　　　　　· 应邀去德国亚琛工业大学数学系做学术讲演。
　　　　　· 出席中国首届学位授予权(博士学位点、硕士学位点)评审会议。

		获国家自然科学奖三等奖。
1983	63	· 第一次访问美国，参加得克萨斯国际函数逼近论会议，被安排做大会报告（获美国科学基金会资助）。
		· 应邀去西弗吉尼亚大学与斯坦福大学访问，做学术讲演。
		· 在大连主持（组织）第一届中国组合数学学术会议。
1984	64	· 参与联合创建国际性数学刊物 Analysis in Theory and Applications（中译名"逼近论及其应用"，英文刊），任副主编，后选为主编。国外主编为华裔美国数学家崔锦泰。
		· 任中国组合数学学会首届理事长。
1985	65	· 获美国科学基金资助第二次赴美，与得克萨斯 A&M 大学进行科研合作。
		· 应邀去奥斯丁得克萨斯大学（University of Texas at Austin）访问，做学术讲演。
1986	66	· 获国家教委科技进步奖二等奖。
		· 应聘为美国得克萨斯 A&M 大学客座教授，任教半年。
1987	67	· 应邀去美国托马斯沃森研究中心（Thomas Watson Research Center）访问，做学术讲演。
		· 应邀到加拿大里贾纳大学访问，做学术讲演。
		· 率四人代表团（成员：徐利治、孙永生、沈燮昌、郑维行）参加保加利亚科学院主办的国际函数构造论学术会议。
1988	68	· 应江苏教育出版社之聘，任"数学方法论丛书"主编。

- 赴南开大学出席南开数学研究所（今陈省身数学研究所）学术委员会会议，并在数学系做报告。

1989　69
- 代表大连理工大学与加拿大里贾纳大学联合发起"逼近、优化与计算"国际学术会议，任中方会议主席。由加拿大国家科学基金会资助出版会议文集。

1990　70
- 参加匈牙利科学院主办的"函数构造论国际学术研讨会"（获香港黄宽城基金资助），做专题报告。

1992　72
- 从大连理工大学正式离休，改任数学研究所名誉所长。
- 赴英国圣安德鲁斯参加第五届"斐波那契数及其应用"国际学术会议（获得英国伦敦数学会资助），做学术报告。
- 第三次访问美国，应邀访问，并做学术讲演。南佛罗里达大学、俄亥俄州立大学、匹兹堡大学、路易斯维尔大学、伊利诺伊卫斯理大学、美国西点军校。

1993　73
- 获加拿大国家科技研究委员会（National Science and Engineering Research Council，NSERC）国际科学交流奖。
- 被聘为加拿大曼尼托巴大学（University of Manitoba）客座教授，工作一学期。
- 到英属哥伦比亚大学（University of British Columbia）做学术讲演。
- 应台湾"中央研究院"数学研究所主请，访台湾50天，参观访问13所大学，在12所大学做学术讲演（见附录2）。

1994	74	· 年初从台湾再飞美国,访问老友钟开莱先生,1月中旬返回北京,完成环球学术旅行。
		· 被聘为南京航空航天大学名誉教授、理学院名誉院长。在大连、武汉、南京、无锡等地做"访台见闻"报告。
1995	75	· 出席中国科学院合肥分院主办的"组合数学与图论国际学术讨论会",做大会报告,并主持分组报告会。
1996	76	· 第五次访美,被聘为美国内华达拉斯韦加斯大学客座研究教授,工作一学期。
		· 到惠蒂尔学院(Whittier College)和肯尼索州立大学(Kennesaw State University)做学术讲演。
1997	77	· 到南京航空航天大学讲学。
		· 应邀去香港参加代数与组合数学国际学术会议(International Conference in Algebras and Combinatorics)做专题报告(中国数学会资助)。
		· 到中山大学做学术讲演。
		· 被聘为菲律宾国立大学客座教授兼顾问,任教一学年。
1998	78	· 应邀赴菲律宾马尼拉大学(Ateneo de Manila University)与碧瑶大学(University of the Philippines of Baguio)访问,做学术讲演。
		· 应华中科技大学出版社聘请,任《现代数学手册》(五卷,2001年出版)主编。2002年,《现代数学手册》荣获第13届中国图书奖和首届湖北图书奖。
1999	79	· 前往吉林大学与河北师范大学主持博士生论文答辩会。

		· 应邀去哈尔滨师范大学与山东科技大学等校讲学。
		· 应邀去岳阳师范学院、湖南师范大学、吉首大学访问讲学。
2000	80	· 出席在桂林举行的《数学教育学报》董事、编委扩大会。
		· 在广西师范大学做学术讲演。
		· 出席大连理工大学主办的"分析、组合学、计算"国际学术会议,任会议名誉主席。(国家自然科学基金委员会与大连理工大学分别资助3万元与2万元)。
		· 应邀在北京高校数学研究会、北方交通大学(现北京交通大学)、南京师范大学、宁波大学、杭州师范学院、绍兴文理学院等高校和学术机构做学术讲演。
2001	81	· 参加清华大学90周年校庆会,应邀在理学院会议厅做题为《展望21世纪数学发展趋势》的学术讲演。
		· 到北京师范大学主持博士生论文答辩会。
		· 应邀参加在昆明举行的海峡两岸联合主办的"国际组合数学讲演会"。
		· 参加在南开大学举行的组合数学国际学术会议,做大会报告。
		· 到华中科技大学与华南师范大学做学术讲演。
2002	82	· 应邀访问同济大学、上海师范大学、辽宁大学、大连民族学院、陕西师范大学、西安电子科技大学、西北工业大学、西北师范大学、洛阳师范学院、北京工业大学、内蒙古师范大学、内蒙古大学等高校,分别做学术讲演或讲座。

- 前往石家庄（我国举办的"世界数学家大会"卫星会基地之一）参加"组合数学及应用"国际会议，致开幕词并做学术讲演。

2003　83
- 在大连理工大学高科技研究院做4次系列专题讲演。
应邀到北京工业大学应用数理学院做学术讲演。

2004　84
- 应邀去上海大学主持博士学位论文答辩会。
在上海大学、上海师范大学、浙江大学、浙江工业大学、华中科技大学、中山大学及洛阳师范学院做学术讲演或讲座。
- 第六次访问美国，应邀到中田纳西州立大学（Middle Tennessee State University）与伊利诺伊卫斯理大学各做一次学术讲演。

2005　85
- 回国前再次到内华达拉斯韦加斯大学访问并做学术讲演。
- 回国后，先后到商洛师范专科学校、西安交通大学、陕西师范大学、南京师范大学、南京师范大学实验中学、苏州大学、江南大学、无锡市一中、吉林大学、东北大学等学校做学术讲演或讲座。

2006　86
- 任广东省肇庆学院特聘教授，任教一学年。
- 应邀去昆明参加"逼近论与遥感技术国际学术会议"，任名誉主席，致开幕词。
应邀去云南师范大学做学术讲演。再次去昆明出席《数学教育学报》编委扩大会，并在云南师范大学做学术报告。

2007	87	·去南京师范大学主持博士学位论文答辩会。
		·应邀到南京航空航天大学、南京审计学院与南京大学分别做学术座谈与学术讲演。
		·到广州,应邀在中山大学讲学。
		·到广东工业大学做学术讲演。
2009	89	·被大连理工大学授予"建校60周年功勋教师"称号。
2010	90	·《徐利治数学作品集》(第Ⅰ卷分析与计算;第Ⅱ卷组合分析与计算)出版。
2015	95	·获得中共中央、国务院、中央军委颁发的"中国人民抗日战争胜利70周年"纪念章。
2018	98	·12月22日向《高等数学研究》学术顾问张肇炽递交人生最后一篇论文《关于普遍本源公式及其导出的公式类——$\Sigma\Delta D$类》。
2019	99	·3月11日在北京去世。

主要参考文献

[1] 隋允康,王青建,徐利治.中国科学技术专家传略(理学编:数学卷1)[M].石家庄:河北教育出版社,1996.

[2] 隋允康,徐利治,程民德.中国现代数学家(第一卷)[M].南京:江苏教育出版社,1994.

[3] 古楳.乡村师范概要[M].上海:商务印书馆,1936.

[4] 清华大学校史编写组.清华大学校史稿[M].北京:中华书局,1981.

[5] 杨武之.国立西南联合大学数学系概况[J].教学与教材研究,1999(1):32-36.

[6] 西南联合大学北京校友会.国立西南联合大学校史:1937年至1946年的北大、清华、南开[M].北京:北京大学出版社,1996.

[7] 黄宗甄.科学时代社和《科学时代》[J].中国科技史料,1996,17(4):48-49.

[8] 吉林大学校史编委会.吉林大学校史[M].长春:吉林大学出版社,2006.

[9] 刘音.东北人民大学一个反党集团的阴谋活动[J].吉林日报,1957-08-12(2).

[10] 徐利治.回忆我的老师华罗庚先生——纪念华老诞辰90周年

[J].数学通报.2000(12):封二.

[11] 徐利治口述,袁向东、郭金海访问整理.徐利治访谈录[M].长沙:湖南教育出版社,2009.

[12] 杜瑞芝.数学史辞典新编[M].济南:山东教育出版社,2017.

下 篇
纪念徐利治先生百岁诞辰

1. 其人虽已没，千载有馀情

吴从炘[①]　张鸿岩[②]

本文为纪念徐利治先生对吴从炘所在班级在东北人民大学期间（1952 秋—1955 春）热情关怀、因材施教和勇于担当的精神。

1952 年在全国范围内按苏联高等学校办学模式进行院系调整，工科院校不再设置理科系，数学系被撤销。在长春的东北人民大学增设理科系，改建为东北唯一的苏联模式的综合性大学。

1952 年秋季学期，东北人民大学成立了以王湘浩教授为系主任的数学系，徐利治副教授也从北京大学来到这里。吴从炘在东北工学院长春分院被撤销的数学系刚读完一年级，同上一年级的学生统一分配到东北人民大学学习。

（一）1952 年秋季学期徐利治先生成为吴从炘所在班级的二年级数学分析课的主讲教师。这是徐利治先生在东北人民大学讲授的第一门课，自然没有讲义，只能记笔记。

1. 吴从炘所在班级在东北工学院初等微积分课（即一元函数微积分）的学习状况不好，第一学期数学系唯一的一门数学课——初等微积分，由刚从德国返回祖国的金再鑫副教授主讲，教材为朱言钧教

[①] 作者简介：吴从炘（1935— ），福建闽清人，哈尔滨工业大学数学学院教授.
[②] 作者简介：张鸿岩（1983— ），黑龙江省哈尔滨人，毕业于黑龙江大学.

授编译的《柯氏微积分》上册（系文言文）。吴从炘对大学的高等数学并不太适应，但期末成绩尚好。这期间，兼任东北工学院数学系主任的北京大学申又枨教授莅临长春分院，吴从炘聆听了他对数学系学生的一次讲话。由于金再鑫长期病休，期间或有助教代课，加之知识分子思想改造运动后期，全校停课造成吴从炘所在班级关于积分部分在第一学年竟一课未讲。其间，系里有位教师建议吴从炘阅读英国数学家哈代（G. H. Hardy, 1877—1947）著的 *A Course of Pure Mathermatics*（Gambrige press., 1946），自此，吴从炘尝试自学英语专业书籍。

1952年秋季学期，吴从炘所在班级在东北人民大学继续学习由徐利治先生开设的数学分析课程，这也是徐先生调到东北人民大学之后所开设的第一门课程。

数学分析习题（第一次）

1. 试证明 $\lim\limits_{n\to\infty}\{\lim\limits_{m\to\infty}[\sin(\pi n!x)]^{2m}\}\equiv 0$ （x为任何实数）

2. 试观察下列函数何者连续何者不连续：
   i. $f(x)=x\sin\frac{1}{x}$ $x\neq 0$时； $f(0)=0$.
   ii. $f(x)=\sqrt{[x]}$ ($x\geq 0$)
   iii. $f(x)=\frac{x^3+5x}{\sin x}$ ($0<x<\pi$), $f(0)=5$.

3. 试求 $\lim\limits_{n\to\infty}\frac{1}{\sqrt{n}}(1+\frac{1}{\sqrt{2}}+\frac{1}{\sqrt{3}}+\cdots+\frac{1}{\sqrt{n}})$

4. 试绘图解释 罗尔定理 及中值定理

5. 试写出已经学过的一套不定积分的公式

1952年秋季学期徐利治先生第一次在东北人民大学讲授数学分析时亲笔书写的习题

2. 徐利治先生布置的第一次习题课就是为了全面了解吴从炘班

级同学对一元微积分的实际学习状况。吴从炘由于视力极差,要到黑板前面抄写习题,徐先生就把亲笔书写的原题交给他,吴从炘十分珍惜,收藏至今。附照片如下。

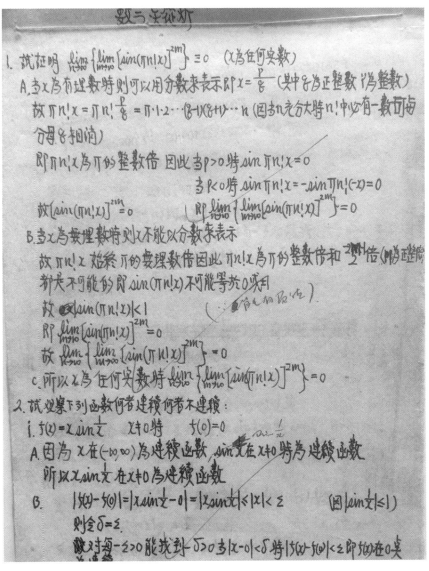

吴从炘亲笔书写徐先生第一次布置的习题答题首页

3. 徐先生首先对一元微积分讲授若干补充知识：双曲函数、Borel 覆盖定理等内容作为课程的第一章。附照片一张。

吴从炘当时笔记的某页

第二章再正式讲授多元函数微积分,即高等微积分。附照片两张。

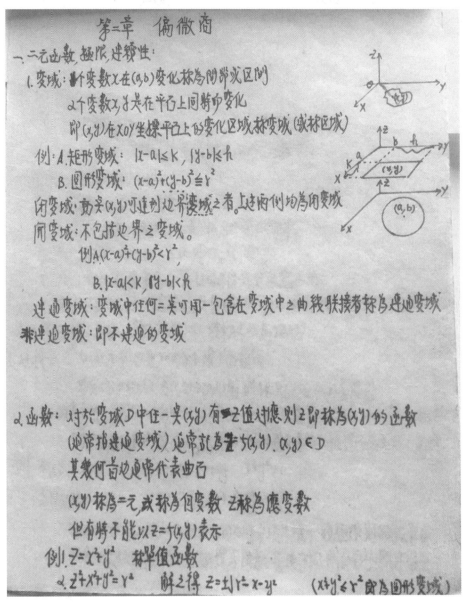

吴从炘当时第二章笔记首页

徐利治先生亲笔书写偏微商的习题(距今 67 年)

（二）徐利治先生和东北人民大学数学系领导为进一步提高吴从炘班级的数学分析方面的能力，很有担当地开设苏联课程设置所没有的分析方法课。

1. 1953年秋季学期徐利治先生为开设分析方法课自编了共92页的讲义,内容包括如下四章:第一章 幂级数在计算中的应用;第二章 不等式;第三章 阶的计算及其应用;第四章 各种类型的极限算法。每章均由若干命题、例题及习题组成,很有特色,也是苏联高校数学课程设置计划中所没有的。

徐利治先生自编《讲义》的末页

2. 1955 年 12 月徐先生将上述讲义整理出版，《数学分析的方法及例题选讲》(简称《选讲》)。该书一经出版，受到广大师生的欢迎。据《徐利治访谈录》(湖南教育出版社，2009，135 页)所写，《选讲》印刷达 50 000 册之多。

1955 年出版的徐利治先生的第一部专著《数学分析的方法及例题选讲》

3. 近来，吴从炘将《选讲》与《讲义》书中的题目数做了对比，详情如下：

《讲义》

　　第一章　88 题

　　第二章　113 题

第三章　55 题

第四章　136 题

《选讲》为方便读者阅读,增加了第一章(本章内容在徐先生二年级数学分析课讲授中已有介绍)。第二、第三、第四、第五章则分别对应《讲义》第一、第二、第三、第四章的内容。

第一章　60 题

第二章　124 题

第三章　128 题

第四章　62 题

第五章　238 题

补充说明:

(1)《讲义》第 92 页的 137 题和 138 题恰好是《选讲》第 285~287 页的 186 题和 188 题,讲的是两重极限的换序问题,正如哈代在其著作第 500 页所述:"决定两个给定的极限运算是否可交换问题,是数学最重要的问题之一。"

(2)题目数相差最少的是《讲义》第三章和《选讲》第四章,分别为 55 个题目和 62 个题目。

吴从炘由于视力极差,往往课后还要整理笔记,分析方法课后笔记共两本。如果只比较《讲义》第三章与《选讲》第一章的第一节为 41 题,通过从《选讲》题号与《笔记 1》和《笔记 2》对比以及其他情形,得到的结论是:假如不计一些微小差异,《选讲》中只有 11 与 12 两题在《笔记》中没有查到。附《笔记 1》和《笔记 2》的封面照片。

笔记 1

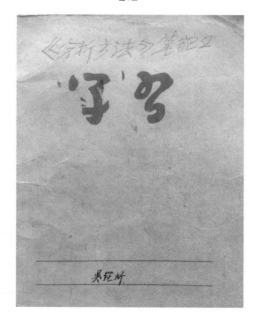

笔记 2

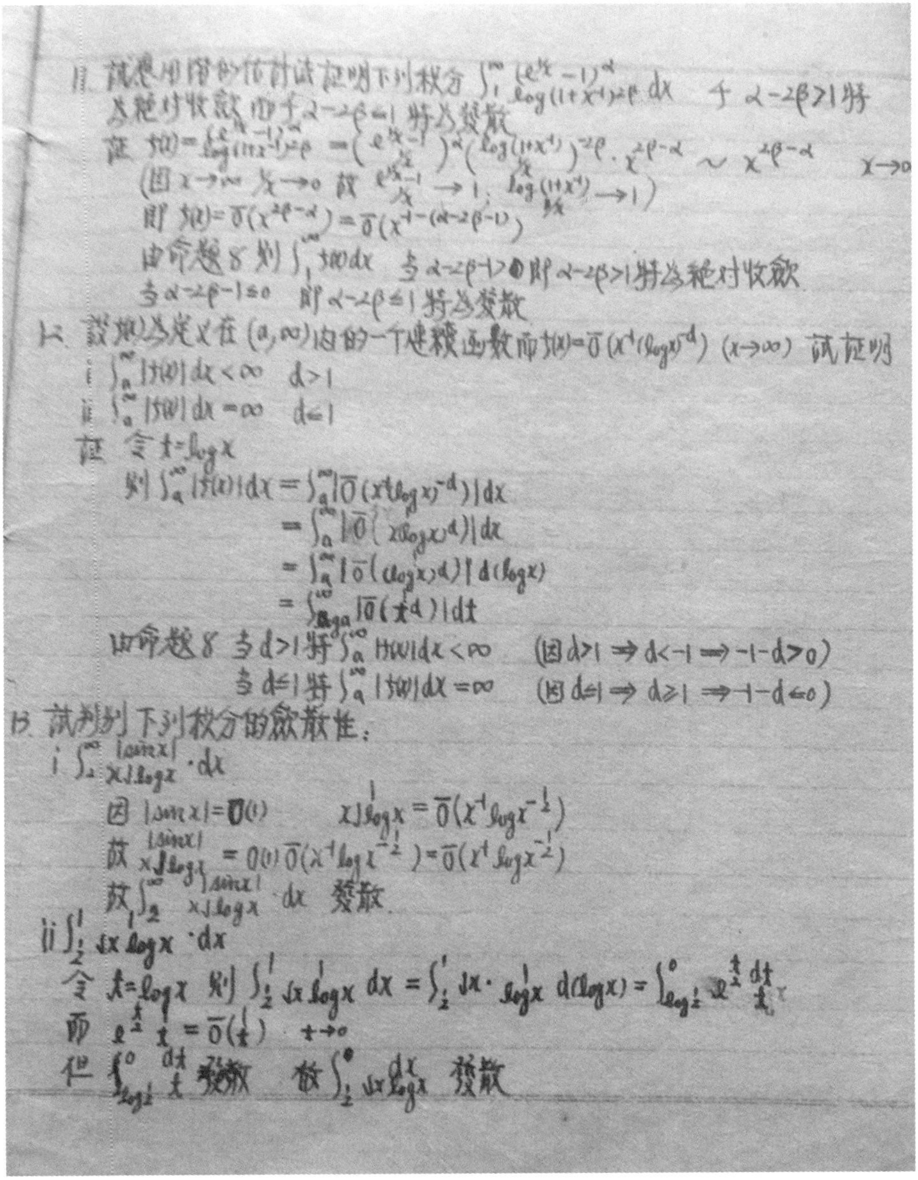

11. 试应用前面的估计法证明下列积分 $\int_1^\infty \frac{(e^{1/x}-1)^\alpha}{\log(1+x^{-1})^{2\beta}}dx$ 于 $\alpha-2\beta>1$ 时为绝对收敛而于 $\alpha-2\beta\le 1$ 时为发散

证 $f(x)=\frac{(e^{1/x}-1)^\alpha}{\log(1+x^{-1})^{2\beta}}=\left(\frac{e^{1/x}-1}{1/x}\right)^\alpha\left(\frac{\log(1+x^{-1})}{1/x}\right)^{-2\beta}\cdot x^{2\beta-\alpha}\sim x^{2\beta-\alpha}$ $x\to\infty$

(因 $x\to\infty$ $1/x\to 0$ 故 $\frac{e^{1/x}-1}{1/x}\to 1$, $\frac{\log(1+x^{-1})}{1/x}\to 1$)

即 $f(x)=\bar{O}(x^{2\beta-\alpha})=\bar{O}(x^{-1-(\alpha-2\beta-1)})$

由命题8 则 $\int_1^\infty f(x)dx$ 当 $\alpha-2\beta-1>0$ 即 $\alpha-2\beta>1$ 时为绝对收敛

当 $\alpha-2\beta-1\le 0$ 即 $\alpha-2\beta\le 1$ 时为发散

12. 设 $f(x)$ 为定义在 (a,∞) 内的一个连续函数而 $f(x)=\bar{O}(x^{-1}(\log x)^{-d})$ $(x\to\infty)$ 试证明

i $\int_a^\infty|f(x)|dx<\infty$ $d>1$

ii $\int_a^\infty|f(x)|dx=\infty$ $d\le 1$

证 令 $t=\log x$

则 $\int_a^\infty|f(x)|dx=\int_a^\infty|\bar{O}(x^{-1}(\log x)^{-d})|dx$

$=\int_a^\infty|\bar{O}(x(\log x)^{d})|dx$

$=\int_a^\infty|\bar{O}((\log x)^{d})|d(\log x)$

$=\int_{\log a}^\infty|\bar{O}(t^{d})|dt$

由命题8 当 $d>1$ 时 $\int_a^\infty|f(x)|dx<\infty$ (因 $d>1\Rightarrow d<-1\Rightarrow -1-d>0$)

当 $d\le 1$ 时 $\int_a^\infty|f(x)|dx=\infty$ (因 $d\le 1\Rightarrow d\ge 1\Rightarrow -1-d\le 0$)

13. 试判别下列积分的敛散性:

i $\int_2^\infty \frac{|\sin x|}{x\sqrt{\log x}}\cdot dx$

因 $|\sin x|=O(1)$ $x\sqrt{\log x}=\bar{O}(x^{-1}\log x^{-\frac{1}{2}})$

故 $\frac{|\sin x|}{x\sqrt{\log x}}=O(1)\bar{O}(x^{-1}\log x^{-\frac{1}{2}})=\bar{O}(x^{-1}\log x^{-\frac{1}{2}})$

故 $\int_2^\infty\frac{|\sin x|}{x\sqrt{\log x}}\cdot dx$ 发散

ii $\int_{\frac{1}{2}}^1\frac{1}{\sqrt{x}\log x}\cdot dx$

令 $t=\log x$ 则 $\int_{\frac{1}{2}}^1\frac{1}{\sqrt{x}\log x}dx=\int_{\frac{1}{2}}^1\sqrt{x}\cdot\frac{1}{\log x}d(\log x)=\int_{\log\frac{1}{2}}^0 e^{\frac{t}{2}}\frac{dt}{t}$

而 $e^{\frac{t}{2}}\frac{1}{t}=\bar{O}(\frac{1}{t})$ $t\to 0$

但 $\int_{\log\frac{1}{2}}^0\frac{dt}{t}$ 发散 故 $\int_{\frac{1}{2}}^1\frac{dx}{\sqrt{x}\log x}$ 发散

笔记 1 的某页

说明:图中 11,12,13 题分别是《选讲》中的 10,18,19 题。

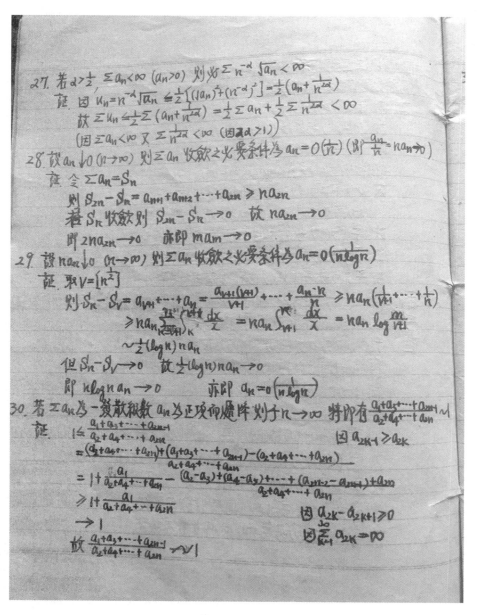

笔记 2 的某页

说明：图中 27,28,29,30 题分别对应《选讲》中的 34,35,36,37 题。

4. 一次偶然机会吴从炘发现在大学四年的总成绩单上并没有 1953 年秋季学期分析方法课的成绩,而只有苏联课程设置中出现过但没有上过课的数学实习课的成绩,似乎与之相对应。考虑到当年的具体情况,这需要何等的勇气与担当。

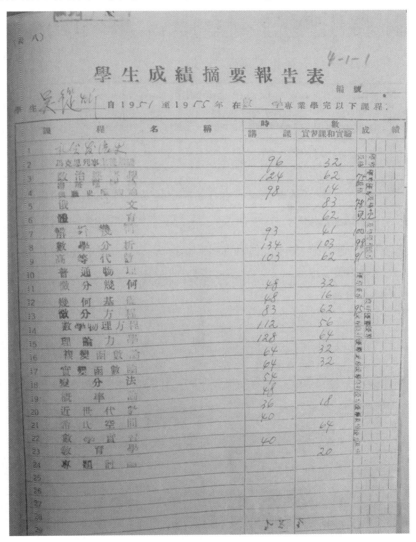

学生成绩摘要报告表

5. 徐利治先生讲授分析方法课还与之相配合地把班上学习较好的几位同学组织起来,成立一个课外学习小组。他在《美国数学月刊》上选取若干篇分析方面的论文,让小组成员分头阅读、相互报告并彼此交流心得体会。这种引导同学们在大学三年级就开始学习和讨论相关文献,无疑是培养学生独立工作能力的一种好方法。吴从炘阅读并报告的第一篇论文是:

I. S. Gal. On sequences of operations in complete vector spaces. Amer. Math. Monthly ,60(1953)527-538.(中译为《关于完备向量空间中的运算序列》)

当吴从炘看到,利用算子列的一致有界原理居然可以很容易地证明:"存在 2π 周期的连续函数使其傅里叶级数能够在任意给定的点处发散"以及"存在连续函数使其与插入点相应的拉格朗日插值多项式不一致收敛于该函数",而在经典分析中却那样的复杂,吴从炘深深地被泛函空间的"奇特"作用所吸引,这对他后来选择泛函空间作为研究方向并跟随江泽坚先生做毕业论文有重要影响。吴从炘于1956年秋重返母校进修,在江先生的指导和引领下踏上了泛函空间的研究之路。

(三)吴从炘感怀徐利治先生大学阶段的教导与关怀,积极参加徐利治先生各项庆贺活动。

1. 吴从炘于1990年,2000年,2010年三度前往大连出席徐先生70岁,80岁和90岁生日庆典并发言讲话。

1990年徐利治先生70岁庆典时吴从炘发言

2000年徐利治先生80岁庆典时吴从炘教授向徐先生鞠躬致敬

2010年徐利治先生90岁庆典时徐先生与董韫美院士、吴从炘教授合影

2. 2015年吴从炘为《中国科学》庆贺徐利治95华诞的专辑写综述论文——《模糊分析中的泛函空间》,并到家中看望徐先生。

吴从炘购买的抽印本封面

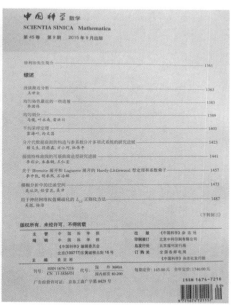

吴从炘购买的抽印本封底

2015年在徐利治先生家中合影

3. 1995年全国泛函空间理论讨论会在大连召开,作为负责人,吴从炘特别邀请徐利治先生莅临指导,徐先生在会上做了名为"数学与长寿"的报告。徐先生在报告的开头说:"今年我恰好75岁,可以有资格讲这个问题了……"引起大家极大的兴趣,反响异常热烈。

吴从炘拍摄

吴从炘拍摄

徐利治先生一生立志于祖国数学教育事业,将毕生精力投入其中。他甘为人梯,因材施教,桃李满天下。一生躬耕乐道,勇于担当,实为我辈楷模。

2019 年 6 月 20 日

2. 追忆徐利治先生

张肇炽[①]

(西北工业大学,西安)

一份沉甸甸的重托

去年徐先生 98 岁华诞之际,吉林大学北京校友分会于 8 月 19 日举办了为先生庆生盛会。从微信上看到的报道和先生熟悉的身影照片,同年初 1 月下旬在他府上见到时一样精神矍铄,我甚感欣慰。校友会上还提议在先生百岁华诞时,为他祝寿,更是令人渴望与期盼。

未过多久,得悉徐先生因病住院治疗一段时间,又于国庆节前回家休养。期间,挚友北京工业大学隋允康教授前往先生府上探望,微信传来若干照片,嘱我放心。但我感觉先生显得消瘦,只是精神状态尚佳。12 月下半月乘应邀即赴北航数学学院交流之际,再次询问了隋允康教授有关先生的近况,得到的是较前更要好些的消息,我也告

---

① 作者简介:张肇炽(1935—),上海市人,西北工业大学教授,《高等数学研究》原主编,现名誉顾问.

2018年1月与徐先生合影

知了即将赴京之行。12月22日下午,提前电话联系徐先生,告知我已抵京并将前往拜望的信息,之后按约定时间抵达,见先生比年初明显消瘦了许多。先生已提前准备好大病之后继续完成了的一篇综述性论文手稿,并写好了附注:"这是我人生中最后一篇论文,写成于98周岁大病初愈之时,乐于将此文献交给《高等数学研究》(以下简称《研究》)发表,因为我仿佛预见到,它是我国生气勃勃,最富于发展前景的一份学术刊物。"翻开这篇手稿,映入眼帘的仍是一如既往的字迹工整清晰,标点符号一丝不苟,展示了他一辈子醉心数学研究、严谨治学、孜孜以求的品格,分外感人。我向先生表示,这篇大作一定会在明年刊发,为他百岁庆生。

2018年12月22日徐利治先生提交的人生最后一篇论文首页

我为先生多年来对我们刊物的热心指导、帮助与期待，和对我的信任与关爱深深感动，当即约略回顾并历述了诸如：指出《研究》要办成美国 Monthly 那样的刊物，学术刊物要提倡"哥本哈根精神"等，又汇报了先生一些作品在《研究》发表后收到的反映，等等。先生又再次叮咛：你比较熟悉 20 世纪以来中国现代数学的发展，了解我国几代数学家的诸多贡献，应该更多的做一些相关的研究和宣传。这些是多么沉甸甸的一份重托啊！

噩耗传来

3 月 11 日下午 3 时许，收到允康发来的微信："徐利治先生于今日上午 11 点去世。噩耗传来，心情沉重。他能安静地回归自然了。愿徐先生一路走好！"自年底返回以来，当陆续获悉徐老病情反复和不稳定时，只能默祷和祝愿先生能够挺过今年的百岁庆生，如今骤然噩耗降临，仍感意外和惊愕不已。我转发了允康的微信给大学的同窗,此时尚侨居在墨尔本的管梅谷,他迅即回复:"我和徐先生在1981年一同去德国参加国际运筹学大会。对他的去世很感悲伤。徐先生一路走好!"同时也转发给了大学的校友,现为上海交大退休教授胡毓达,以及大连理工大年年轻校友,现为西工大航空学院院长邓子辰等,他们也都表达了类似的感伤和祝愿。与此同时,分别以电邮、微信等不同方式,转告了当时能够想到的熟悉徐老的一些友人。

吉林大学北京校友分会迅速组建了为徐老治丧的群,公告了3月15日上午10～11时,在八宝山兰厅为先生举行告别仪式,接受花圈、挽联等的安排。我告诉微信群主及负责人,以《高等数学研究》编辑部及我个人名义敬献花圈及挽联"徐先生千古流芳",由数学分会的负责人宋可偲老师代办了。微信中同时赞同于今年徐老诞辰之际举行追思活动。有关治丧活动的信息转告了北航数学学院副院长杨义川、西工大数学系主任张胜贵等,他们分别做出了安排。

50年代的徐副教授

在这个天人永隔又值春寒料峭之际,不禁让我思绪万千,无法自已。回忆起来,最早还是20世纪50年代初期,我正上大学的时候,尤其是1956年周恩来总理做了《关于知识分子问题的报告》之后,"科学的春天"似乎来临,"向科学进军"的号角吹响了!全国各大院校研究所纷纷成立了"科协"机构,包括学生科协。当时看到了报道,一位年轻的徐利治副教授出版了一本《数学分析的方法和例题选讲》。对于数学系的学生来说,这无疑是最受欢迎的。这也是我第一次知道了徐老师,并留下了深刻的印象。当年一些院校,不乏拥有资深的和青年的海归学者,就拿我就读的作为新中国成立之初(1951

年)组并起来的第一所师范大学——华东师范大学来说,数学系就有11位教授(其中7位院系主任)。在孙泽瀛、钱端壮二位主任的主持下,科研和教学都受到重视,每个星期几乎都有来自本校、外校或者国外来访学者的专题报告,高年级学生都会踊跃参加。数学系学生科协也先后组织过三次科研报告研讨会,学校选集铅印了一些习作的文集,以供校际交流。与此同时,我们也曾收到了北大数学系学生科协油印文集,其中印象较深的,一是张景中、杨九皋联名发表了两篇(其中一篇是介绍他们学习经验体会的),二是张恭庆的,因与我的一篇选题相近。不过,老师们大抵是翻译或者自编教材以应教学之需。像徐老师这样年轻的老师在1955年就出版了自己的专著,是不多见的。

第二个科学的春天

时隔22年后,改革开放的春风吹拂大地,第二个科学的春天来临,可以想到的是,如今耳顺之年的徐老师又将大展拳脚了。事实正是如此,1978年他出席了在成都举行的中国数学会年会,并做大会报告;1980年任华中工学院(现华中科技大学)、大连工学院(现大连理工大学)兼职教授;1981年创办《数学研究与评论(JMRE)》(现全英文版《数学研究与应用)(JMRA)》),首任主编;任大连工学院数学研究所所长兼华中工学院数学系主任;同年,作为中国运筹学会代表团成员出席在德国汉堡举行的"国际运筹学学术会议";次年获国家自然科学奖三等奖;……然而最吸引我关注的还是,1983年他在大连组织的第一届中国组合数学学术会议,而这是稍后才从报刊报道知道的,被称为"自学成才"的"业余数学家"陆家羲参加了会议。家羲是我初中时的同窗,1949年毕业后彼此失联了。由于家庭经济问题致他失学,次年当了学徒工,后被东北来沪的招聘团招去了东北;我也考进了公费的新组并的师范学校。我得悉他此后的种种,正是在他有机会出席徐先生主持的这次会议后,又有幸获邀出席了同年的中国数学会年会,他"大集"的系列文章被美国《组合论杂志(A)》接受,并已发表了其中的(1~3),余下的(4~6)在次年刊发。兴奋激动之情,难以言表。但终因多年的积劳成疾,会后匆匆返抵包头家中的当夜入睡后,再也未能醒来。真乃天妒英才!我想,对于当时国内毫不知名的包头九中物理教师家羲,徐先生同意他来参加这次学术会议,正是"哥本哈根精神"的一种体现,同时也是先生一贯提携和帮助后学的表现。犹如徐迟的"哥德巴赫猜想"对陈景润的宣传报道,对于陆家羲的成就和他的英年早逝独特际遇的报道,在徐先生和稍后知悉的吴文俊先生等的大力支持下,国家自然科学奖第三次评出了数学的两个一等奖,家羲和廖山涛院士同一批次。

徐利治入选《中国现代数学家传》

20世纪是中国现代数学(也是现代科学技术)从起步到腾飞的世纪,是中华民族从积贫积弱到逐步振兴的世纪。真实地记录、书写、总结和研究这一个世纪以来中国现代数学的历史,是我国数学界特别是数学史界义不容辞的责任。20世纪80年代中期,以为学者立传,"寓史于传"的三部巨著,差不多同时启动了。1986年6月,中国科协第三次代表大会上决定编纂出版《中国科学技术专家传略》(以下简称《传略》);1988年8月,在中国科学院领导下,科学出版社组织的有各科学领域60余位著名学者组成的《科学家传记大辞典》

(以下简称《传记》)总编委会,召开了第一次会议,讨论了编纂方针,制定了"编写条例",进而各学科的编委会也相继成立。与此同时,一所地方出版社和几所高校的几位教师"自由联姻",完全没有官方背景和支持,只以为数学家立传为目标的《中国现代数学家传》(以下简称《传》)的筹划,也于1987年开始。它以"大数学家"为着眼点,这里的"大"字,一是包含大中华的炎黄子孙,不分国籍和地区,二是无论是在科研、教育、普及哪个方面做出重要贡献的数学家,都在收录范围。这一理念,也不妨意味着既看到鲜艳的红花,也看到不可或缺的绿叶,历史总是一个不断延续的进程。在这三部巨著中,《传记》是以涵盖古今中外科学家的一部大型辞典为编纂目标的,其中预期收录中国现代科学家约计600人,而数学约占十分之一。各集出版时,数学、物理、化学、天文、地理、技术,分别占其一部分,第一卷于1991年3月出版。吴文俊先生是辞典总编委会的副主编之一。《传略》的编纂范围限于中国的科学技术专家,分为工学、农学、医学、理学编,理学又分为数、理、化、天、地、生等6卷,数学卷的主编是王元院士,第一卷于1996年11月由河北教育出版社(石家庄)出版。由于《传》的纯民间性,其面对的种种困难自是不言而喻的。所幸的是,《传》得到了著名数学家程民德院士的鼎力支持,慨然允诺出任它的主编,程先生商请了苏步青、江泽涵二位老先生担任名誉主编,陈省身先生担任名誉顾问,柯召、李国平、吴大任、赵访熊、刘书琴诸先生为顾问,组成了包括一批著名数学家和数学史家在内的编委会,具体策划、组织、领导了这部多卷集的工作,其间虽历经了多次出版社的变故等种种困难,但工作仍得以不断进展,含36位传主的第一卷于1994年8月由江苏教育出版社(南京)出版,徐先生就是首批受聘和最热心支持工作的编委之一,由隋允康教授执笔的徐利治传,就刊载在这本首卷中。身为《传记》副总编、又是各集中数学的总主持人的吴先生,也从一开始就极其认同和支持《传》的工作,他首先同意把自己的传纳入首卷,为一些可能缘于它的民间性质而尚有所犹豫的学者,打消了某些顾虑。随着征稿、组稿、审稿、修改等,一系列的往复周始,本着成熟一篇定一篇,推出一卷是一卷的先后次序,逐一出版了按最初规划的5卷集,而第5卷,也终于在2002年8月北京召开国际数学家大会前问世。

《对新世纪数学发展趋势的一些展望》

徐先生多年来惠赐的大作和对我们刊物的支持,此刻未及统计,这里仅略及几件印象特别深刻的。记得千禧年来临之际,2001年第3和第4期《研究》刊发了徐先生《对新世纪数学发展趋势的一些展望》的宏文,文中纵论了"数学发展的动力""引导数学发展的基本理念""调理数学发展的潜在力量""历史经验的启示力量",以及"对发展趋势的一些展望和预期"等重要观点,而在文章最后的一部分中,又颇为详尽的列述了12个方面的展望和预期,涉及:数学科学按照模式论观点和结构主义方案,其理论与方法的统一化、简易化进程的继续发展,一些理论分支的"抽象度"将继续提高;高度发展的结构主义已有研究的三种"母结构"以及各种有用的"分支结构(交叉结构)",和又开拓出来的"随机结构""非标准模型结构"及"分形结构"等研究领域,又将获得新的内涵和面貌,创建新的模式和工具;数学领域的科技应用与理论研究将在不断上升的层次上更频繁地出现"良性循环"现象,由此将会产生众多的新颖专题研究并导致创建相应的数学新分支,特别是 20 世纪下半叶已发展起来的许多分支,诸如生物数学、生态数学、生物控制论、金融数学、精算数学、经济控制论、大系统理论、信息论、组合数学与图论、模糊数学、非标准分析、小波分析、随机分析、决策分析、多元统计分析、分形几何、计算几何、计算复杂性分析、编码理论与密码学、计算机数学与数学机械化、科学计算与非线性分析诸分支等等,它们还将继续提升、分化和发展;数学研究诸领域的交叉杂交以及研究机构的多中心趋势将继续发展,作为数学科学两大翅翼的"离散数学"与"连续(分析)数学"将更为迅速地发展下去,两者的交互为用和方法上的相互渗透,将为应用科学提供更强有力的工具,数学科学与物理科学、技术科学、生命科学,以及经济科学等部门的跨学科合作研究,将会形成普遍风气,跨学科学术团体、学术会议及学术刊物将越来越多,大学也将培养大批跨学科人才,特别是科学发展史、科学思想史与科学哲学及科学方法论,将成为培育综合型数学科技人才的必修或选修课程;20 世纪末开始出现于美国的"头脑编程(mental programming)",是对人脑编制软件以期提升开发人脑智能的一门科学,其进一步发展必将借鉴"数学发明心理学"和数学模式论的思想方法,而且此学科又与教育改进问题有关,所以在新世纪里"头脑编程的数学方法"研究将会发展起来,它也可能发展成为数学、教育学与认知心理学三者间的交叉学科;在新世纪里,数学真理观将会有新的补充,由于"数学实验手段(计算机功能)"的空前扩大和提高,又因为人们已遇见不少基本理论问题的纯数学求证渺无希望(例如"计算复杂性分析理论"中的……),因而很自然地仿照实验物理学家的态度去引进"经验真理"的概念,作为对单一性的"模式真理"概念的补充;信息时代的新世纪,互联网对数学社会(mathematical community)的影响和作用将更为广泛而深入,它进入办公室、会议室、家庭书房,以至于使国内外各种数学社会变得更小、更亲切了,数学研究工作活动的集体性水准将更高了,伴随电脑与软件工业的不断发展,各种"数学计算公司"的出现,将会形成繁忙的数学市场,这将为企事业部门、国防科技部门、工业技术设计部门、政府机关部门、教育部门等机构以及科研工作者集体或个人提供各种数学服务项目,各类公司将需要各类数学人才,尤其是跨学科的综合性数学科技人才将会有更广阔的去向和出路;20世纪40年代苏联数学家柯尔莫戈罗夫(Kolmogorov)著文论述"数学职业"时,主张数学专业学生们应培养代数计算能力、几何直观能力、逻辑推理能力和抽象思维能力,显然,就新世纪的数学职业人才而言,他们还需要另外三种能力,即使用电脑能力、数学建模能力和数学审美能力,特别地,数学审美要素将会普遍地进入中学与大学数学教育,一般数学教科书将会在不同层次上反映数学审美观点;20世纪里已经解决了大部分希尔伯特(Hilbert)问题和一批著名数学难题,20世纪产生的众多数学分支里又出现了各自领域中或大或小的数学问题,相信在"模式真理"与"经验真理"两种不同的真理性标准下,新世纪的数学家们将会对那些著名问题给出相应的解答,特别如……等问题都将在新世纪里获得应有的答案。文中先生表示:"我们都相信老一辈数学家陈省身先生的预言,'中国必将在21世纪里成为世界数学大国'。"根据现今中国数学人才不断涌现的情势来看(参见多卷本《中国现代数学家传》),甚至还可以做出更乐观的预期:在21世纪40年代前后就将会出现上述历史现象。

  年长徐先生一岁的吴文俊先生读到我们刊物的这篇论文后,亲笔给编辑部寄来一封函件写道:"本刊内容丰富多彩,有不少精彩文章,我特别喜欢徐利治先生的大作(2001年第3期《对新世纪数学发展趋势的一些展望》一文),顿开茅塞。"给出了极高而又十分中肯的评价。

《追忆我的大学老师华罗庚先生》

2010年是华罗庚先生100周年诞辰,应本刊编辑部之邀,徐先生惠寄了一篇《追忆我的大学老师华罗庚先生》的大作。此前,我们想到他至少已经两次写过华老师,这一次会否有点强人之难,心里实在没有把握,但先生还是欣然应诺了。文中,他首先回顾了西南联大时期修学了华老两门课程(初等数论和近世代数),1945年毕业后当他的助教期间,目睹了华老伏案研究数学的高度专心神态和献身学术事业的安贫乐道精神。当年,正是抗日战争胜利前后不久时期,联大教职员工的生活特别清苦,尤其华老一家七口,全靠华老一人的工资过活,在此情况下,华老仍不遗余力地专心致志于数学工作,除为教课准备讲义外,还经常有论文在美国发表。一次华老好友徐贤修从美国写信告诉他,说已见到华老一年里在美国诸刊物发表的数学作品总页数超过100页。

接着,先生回忆起华老留给他印象较深的几件事:当年西南联大的许多教授,大多数是从欧美留学归来,日常讲课谈话中,往往夹杂一些英语名词或短句。华老的英文底子并不厚,但有时也在言谈中吐露英文词句。华老的数论研究出了名,但曾不止一次地告诉自己,说数学界有些人士曾评论他"Hua knows nothing but theory of numbers"。在1945—1946年期间,华已对"矩阵几何"完成了多篇重要论文,所以他又对自己说,现在人们就不能再说他只懂数论了吧。上述言谈,说明华老从中青年时代起,就是一位在科学研究中自强不息、不断努力、拓广领域的数学家。在当年的进一步接触中,同时还了解到华老还是一位兴趣广泛、兼爱文史的学者,有一次在他家中,还听到他在吟诵王维《桃源行》的诗句。又一次,1945 年,重庆"中央研究院"的社会科学名家陶孟和先生曾到西南联大访问,讲学中曾举了一个很不恰当的例子来说明"人们的生活享受是不可能平等的",说什么"譬如一家人吃鸡,总有人吃了鸡腿,总有人吃不到鸡腿"云云。后在华先生课后,就当笑话告诉了他,他立即高声回应说:"那是 completely ridiculous。"(意指"完全荒谬可笑")。当时恰巧经济系伍启元教授走过身旁,听华先生语音刚落,又重复了一句。这个小小的例子说明当年华先生对社会名流言论的是非曲直,反应是十分敏锐的。华先生富于联想力的特征有时也表现在言谈中。先生当年一次在华老家中,一起议论到一批社会名流访问延安的信息时,提到大公报记者"赵超构"的名字,华先生立即将此人称之为"赵 hyperstructure",先生当即感到耳目一新,尽管当时还不清楚哪些数学结构属于"超结构"。

先生进一步回忆起华老在数学教学和科研活动的观点态度等方面,留给自己的难忘的印象,文中还是通过举例来说明那些记忆中的故事。1945 年秋,华老一个小同乡的联大法科学生,和自己也很熟,得知自己当了华老的助教,说他快毕业了,还差几个"学分",托自己向华老求助,希望选修华老的近世代数课,能弄几个学分(他知道华老的课程一般不用考试),自己将此事告知华老后,华老立即严词拒绝,骂该生太无知了。自己在一次听华先生讲课中,证明了初等数论中的拉盖尔(Laguerre)定理,就想到根据概率计算观点即可推出该定理的有关渐近关系式,课后将此想法向华先生报告后,他立即大为不悦,带着教训的口气说,已有了精确证明的数论定理,还用得着借用欠精确的概率推理吗? 上述两例,说明华先生当年对待数学教学与数学论证自有其坚守的严谨性精神。先生从自己担任华老助教时期得到的言传身教,以及后来的逐步成长,慢慢体会到华老科研工作所反映的基本"价值观"主要表现为: "重视技巧、追求简易、寻求显式、坚持构造和着重应用。"认为在某种程度上,他可以与德国的雅可比(Jacobi)、克罗内克(Kronecker)及兰道(Landau)等人的工作特点相比拟。特别是华老在处理复杂计算时总是追求最终结果形式上的统一性与简洁性。这些从他在数论与矩阵几何等成果方面即可见一斑。华老特别重视数学的工具作用,所以常常在言谈中把重要的数学知识与有用的数学方法称之为 Weapon(武器),这和他多年钻研数论问题的经验有关。到了晚年时期还曾有兴趣研究"经济数学"(经济学中的数学方法),这显然也与他的"数学工具观"的见解有关。

文中,先生又从数学史的角度,举例介绍了华老对数学基础问题中"三大数学流派"的态度,以及与联大另一位杰出数学家许宝騄先生的同和异,谈到了华老有着熟练代数计算的"少年功",比较了华老与印度数学奇才拉马努金(Ramanujan)相似与显著的不同之处。

说到华先生的处世和为人,文中谈了他宽以待人、与人为善的事例,而且还有着"不耻下问"的学者风范,这里特别举了华先生与早期弟子钟开莱交往的故事。华先生曾是钟开莱的学术导师,只因钟开莱曾在言辞上冲撞以致关系失和而不再往来。但是同在联大校园,常有不期而遇的机会,每当此时,华先生总是主动向钟开莱打招呼,不计前嫌。先生记得华老曾多次当自己面提及钟开莱,称赞他是极有才智的人,只是有点 childish 而已。华老在写作"矩阵几何"几篇论文时,在将打印好的初稿寄往美国发表前,总让自己送往钟先生处,烦请他帮助修改英文(这表明华老是不耻下问的),钟开莱也总是乐意帮忙,这表明他俩后来都不计前嫌了。

本文的最后,先生重点谈到了华老对自己的启发和影响,同样也是许宝䠺老师对自己的影响。这是曾在《西南联大名师的自学经验之谈及启示》(载《数学教育学报》2002 年第 3 期)一文中说到的一段:"我曾向华、许二师学到了不怕计算和乐于计算的习惯,十分乐于从计算发现规律和提炼一般性公式。和华先生相似,我也十分重视显式构造,这正好适应于我后来长期从事函数逼近论与组合分析研究的客观要求。"先生进而回顾了在自己从事数学生涯的数十年里,常把"分析计算"的正确价值观以及从计算中寻求规律的乐趣经验,努力介绍给听课的学生们和习作论文的研究生们。因此,当看到有些弟子们在他们后来的研究工作中,往往通过精巧的分析计算获得美好的成果时,总是感到特别欣慰和赞赏。先生还特别提到,1947 年华先生在美国讲学期间,曾寄送自己一本 1946 年出版的维特耳(D. V. Wildder)著《拉普拉斯变换》一书,自己对此书特别喜爱,当 1949 年去英国访问进修期间,就精读了其中的主要部分,获益良多。当年及后来在撰作的数篇论文中,此书都是主要参考文献之一。特别地,在建立一对含有广义斯特灵数偶的"互逆积分变换"的工作成果中,最关键的一步就要用到该书中著名的 Post-Wildder 表现定理。正是华先生赠送的宝书,帮助自己得到了希求的成果。因此要特别感谢华老当年的馈赠之恩。

徐先生 90 高龄之际,这篇追忆华老师的文章,以自己亲历亲闻的轶事趣闻,极其生动活泼地再现了华老师当年在西南联大,安贫乐道,一心从事数学教学与研究的严谨与坚守,和他带领与指导学生冲锋陷阵多方开拓,以及待人接物和言谈处事的种种风貌,举以事例而不雷同此前写过的回忆文章,令人读来十分赏心悦目。同时,追忆如他自己所说,从华师(许师)学到了不怕计算的"少年功",而且让我们看到他如何体悟了老师多领域进取开拓的精神,进而开拓了诸多自己的新领域。

徐先生与《高等数学研究》

"佳作竞登 青胜于蓝"——50 周年刊庆惠赐墨宝。

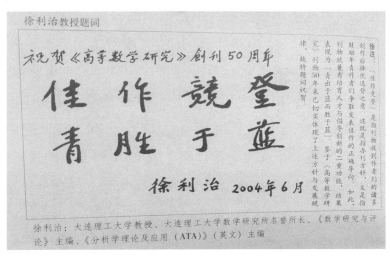

徐利治先生为《高等数学研究》创刊 50 周年题词

2004 年《研究》创刊 50 周年之际,徐先生寄来了墨宝"佳作竞登 青胜于蓝",同时加了一段注记,标明"徐注:'佳作竞登'是指刊物收到作者们诸多创作后择优选登之意。这既是指办刊方针,又是指鼓励年轻作者们争取发表佳作的正确导向。如此，刊物就兼有培育人才与倡导创新的二重功能，结果表现为'青出于蓝而胜于蓝'，鉴于《高等数学研究》刊物50年来已切实体现了上述方针与发表规律，故特题词祝贺"。这正是徐先生对我们的勉励和指导。

惠稿"庆贺并纪念《高等数学研究》创刊60周年"。

2014年是《研究》创刊60周年，编辑部限于自身人手的欠缺，未能再一次举办大庆的活动，仅于当年各期封底以一通栏标题"热烈庆祝《高等数学研究》创刊60周年"表示，并借以向广大读者和作者致意。同年我们收到徐先生11月12日的来信和他为本刊特别撰写的文稿《从Riordan阵到广义Riordan群及有关问题》，"庆贺并纪念《高等数学研究》创刊60周年。"徐先生在信中写道："我心目中此文的主要读者对象为从事离散数学与组合数学的教学与研究的年轻数学工作者。文中介绍了近20年来颇引起学者兴趣的有关Riordan阵（矩阵）与Riordan群的研究问题，特别介绍了我与25年前博士弟子（何天晓、马欣荣）合作，于今年发表于《欧洲组合学杂志》（EJC）上一文的基本结果，希望有后来者继续研究。十余年前，我即闻知，国内外个别同行已发现，Shapiro与其合作者于1991年发表的重要文章中提出的'Riordan阵'与'Riordan矩阵'概念，实际上已包含于1989年《数学研究与评论》（JMRE）上我的一文中所述'广义Stirling数偶与Stirling互逆矩阵'概念之中（其实，前者还是后者的特款），但JMRE国内出版，虽然文章用英文写作，国外人士还是很难见到的。1990年美国《数学评论》上刊出我的文章的摘要，该摘要就是由Shapiro撰写的，所以Shapiro和他的合作者们，无疑会从我的文中得到对他们有用的信息。由互逆矩阵的存在，可以提升到形成一类'矩阵群'

(Mattrix Group),这就是 Shapiro 1991 年文章中的重要贡献,虽然有关 Riordan 阵与互逆 Riordan 矩阵基本概念的提出,我的文章早了两年。为了说明上述历史,我将现今文稿的英文摘要写得略长一些,估计国内许多中青年组合数学工作者都未必知道上述历史事实。还可一提的是,2008 年中国主办国际奥林匹克运动会期间,Shapiro 来中国旅游,通过与我多年前另一博士弟子的联系,曾专程到大连和我会晤,并在讨论班上做过一次讲演。"我们收信后,由于刊期所限,随即于 11 月出版的第 6 期(年终一期),以"简讯"方式报道了这封喜信,标题为《徐利治先生撰文庆贺本刊创刊 60 周年》,并预告了全文将于 2015 年第 1 期刊发,以飨读者,敬请期待。

这篇约计 2 万余字篇幅的综述论文,共分成 4 大部分:1. R 阵与 R 群概念的溯源;2. 一类广义的 R 阵与 R 群;3. 一个典型例子和相关命题;4. 某些未解决问题(概述)。请关注该领域和有兴趣的数学工作者,进一步阅读原文。

大家风范　平易近人

徐先生曾数次来访或者顺访西安,我也多次到大连拜望和叙谈,都感到深受教益,先生大家风范又极其平易近人,每次来稿或者函示,都要向编辑部同人问候和表示谢意。2010 年 7 月,大连理工大学举办学术研讨会为先生庆贺 90 大寿,我专程赶往,并在会上做了关于"陈省身猜想"——"21 世纪中国必将成为数学大国"的发言。先生如此高龄,坐在报告会场前排,不辞疲劳始终专注地聆听每一个发言,令人感动。会上《徐利治数学作品集》(英文版,两卷本)首发并赠送与会人士,我又同时拿到赠送《研究》编辑部的签名本。

广泛的兴趣与"哥本哈根精神"一例

徐先生对数学史、数学哲学有着广泛的兴趣和研究,在这方面的论文及与合作者撰写的专著同样也颇多。当看到本刊 2012 年第 4、第 5 和第 6 期上,有关极限理论的微分之谜的交流与探讨的文章后,饶有兴致地发来《贝克莱悖论与点态连续性概念及有关问题》(见 2013 年 7 月第 4 期),参与了这场讨论。该文从贝克莱悖论说起,接着论述了贝克莱悖论不是悖论,并进一步略谈了微积分学的模式真理性。这也是他始终坚持"哥本哈根精神"的又一体现吧。

《中国科学》出版"庆贺徐利治教授 95 华诞专辑"

《中国科学 数学》2015 年 9 月出版的第 45 卷第 9 期,刊出了"庆贺徐利治教授 95 华诞专辑",该辑以 250 页的篇幅发表了众多知名学者的学术论文,向徐先生祝寿,表达敬意,它也代表了中国数学界集体对徐先生漫长的数学生涯中所做贡献的高度尊崇。不无巧合的是,同年《运筹学学报》第 19 卷第 3 期,刊出了"祝贺胡毓达教授八旬华诞专刊",载有徐先生的题词一幅以"习数学求知数量关系奥秘,教数学培育科学思维人才,用数学推动人类社会进步",概括了数学科学的意义和价值,综述了胡毓达的数学生涯,可谓点睛之笔,也体现了先生勉励与鼓舞后学的一片心意。

2019 年 5 月 21 日

3. 亦师亦友难觅　历历往事铭记
——深深怀念徐利治先生

隋允康[①]

(北京工业大学,北京)

摘　要

本文回忆了我同徐利治先生相处的历历往事,时间跨度自1983年至今,历时36年,他从63岁到99岁,我从40岁到76岁,空间历程从大连到北京。徐先生对于笔者,属于亦师亦友的父辈。自今年3月11日徐先生仙逝以来,他的音容笑貌一直萦绕笔者头脑之中。吾虔心追忆,毕恭毕敬,拙文记录,生怕遗漏每一细节。今谨以此文,期慰徐先生在天之灵。

一、从得悉徐老驾鹤西去谈起

徐先生已于己亥年丙寅月丁未日(2019年3月11日)午时驾鹤

---

① 隋允康(1943.9—),辽宁大连人,北京工业大学机电学院工程力学系教授、博士生导师.

西去,我用"怀念"代替"悼念"一词,是因为他老人家以99岁高寿离开娑婆世界,实属不易,如今终于为起伏坎坷的一生画上了句号,不再受苦、病煎熬,也值得为他的最终一悲转为最后一喜而欣慰。

称徐老亦师亦友,乃因他待我的真诚超越年龄差距,生前曾多次说过:"允康是我的忘年交!"他在赠送给我的《徐利治访谈录》(袁向东、郭金海访问整理,湖南教育出版社,2009年1月)的扉页上工工整整的写道:"允康吾友指正 徐利治赠 2009年8月于北京。"每次看到,都令我潸然泪下。徐先生年长我23岁,小吾家父隋宗茂研究员一岁,属于父辈长者。庆幸今生,我有缘同徐先生相识。追溯往事,件件涌上心头。

回顾我在高中阶段,虽然没有听说过徐先生大名,却多次听我的父母提到华罗庚先生。尽管父母皆学文科,没有学过高等数学,但是华先生的传奇经历,几乎所有知识分子都在传诵。直至后来,我给徐先生撰写传记,才了解到华先生与徐先生之间奇特且亲密的师生关系。

我于1963年考入大连工学院(现大连理工大学),由于所学的应用力学专业十分重视数学,同学们都在学数学上下功夫,不少同学借阅徐先生所著的《数学分析的方法及例题选讲》作为学习参考,于是我第一次知道了徐先生的大名。现在想起来,商务印书馆在1955年出版此书时,徐先生才仅有35岁,可见这本书在几代大学生中的影响十分深远。

与徐先生相识是在这20年后,我已经年过40岁,而徐先生也过了63岁了。徐先生晚于我来到大工,我由恩师钱令希院士于1978年,从吉林省通化建筑设计室调回母校大工。1981年春,屈伯川院长和钱令希副院长把徐先生的工作关系调入大工,他的人事关系还是留在吉林大学。直至1983年,徐先生将档案与工资关系转至大连工学院。从那时以后,我才与徐先生得以相识。

徐先生得知我还在中学时就喜欢数学推导和一题多解,虽然在大学时我学的是力学专业,但是我特别热爱数学,我那时就独自研究一些自己提出的问题,常常得出与前人暗合的数学结论。20世纪70年代担任吉林省柳河县建筑工程队技术员时,研究出积分的拉普拉斯变换。我发表的头两篇论文尽管是建筑学方面的,却分别运用了平面几何学和特殊函数论。回大工担当钱令希先生科研助手,从事结构优化科研和教学,却又同时研究数学。因此,徐先生十分高兴与我交流。作为数学大家,他是性情中人,每每同我谈及数学本身及其方法论,都是兴致勃勃,忘掉时间流逝之快。

回顾同徐先生的交流,大致有三个地点,一是校园里偶遇,这是小概率事件;二是在共同参加的某个会议之后见面,比校园邂逅的机会多一些;三是相约家中,通常是徐先生约我到他家畅谈,时间是晚饭之后,徐先生家住大工东山一所教授小楼,离我家住的南山29栋2门301号不远,我若是快走几步,五六分钟就能到达。

有一天晚饭后,听到敲门声,我打开家门,竟然是徐先生光临,实感意外惊喜,感动地说道:"怎好劳您大驾啊!"他说:"只是溜达一下,也想来看看你们全家。"在我们搬到南山之前,住在东山16栋406号,有一年春节期间,钱先生前来看望。加上徐先生两次来我家,我在大工期间,总共有三次老先生的登门造访。是的,作为一位中青年教师,那可是全家四口人高兴的大事啊!

二、从徐老家中的华罗庚小黑板谈起

给我印象十分深刻的是徐先生客厅里的小黑板,每次去都能够看到他同上一位客人讨论留下的粉笔字,当然,徐先生与我讨论时,在小黑板上写下的痕迹也会被下一位客人看到。他因我赞叹小黑板,高兴地说:"这是从华先生那儿学的,我叫它为华罗庚小黑板。"实际上,在其他教授的家里,看不到这种充满学术气息的独特载体。

1989 年在大连经济技术开发区合影

徐先生不只是单纯的数学家,他十分关注社会的发展。1985 年,在中国未来研究的支持下,大连工学院徐循老师和我发起成立了大连工学院未来研究会,徐先生任理事长,我任副理事长之一,徐循任秘书长。尽管未来研究涉及方方面面,可是我们侧重于大学生发明创造能力培养、举办学术沙龙、开展未来学的普及等活动,以及进行教育体制改革、教师队伍建设、区域经济及环境保护等方面的探讨。

同年 6 月 20 日在大连市科协召开了大连市未来研究会成立大会，林安西副校长任理事长，徐先生任副理事长，我任秘书长，徐循任副秘书长。市委书记于学祥、副市长洪源栋以及来自大连各条战线的 50 多名会员参加了大会，中国未来研究会给大会发了贺电。市委书记于学祥在会上讲了话，支持我们对于大连的未来展开研究，希望我们能够为大连的发展出谋划策。

为什么我们聘请徐先生担任大工和大连市未来研究会的重要领导？不仅仅因为他是著名的数学家，肯定能够扩大未来研究会的影响，更重要的是他比起其他老先生，特别具有关注社会整体发展的热情和兴趣。我们举办了一系列培养创新的报告，徐先生也给出了他的报告，深受大家欢迎。

徐先生思想对我的学术启迪，起了在层次上的提升作用。最直接的影响就是徐先生大力倡导的数学方法论，《数学方法论选讲》刚出版，他就签名赠送给了我一本。阅读了徐先生的《数学方法论选讲》，我恍然大悟：结构优化用到数学规划里，不少算法不就是 RMI（关系映射反演）原则的应用吗？我体会到：热爱数学，进行数学研究，对于我进行计算力学和结构优化的研究，其实起到了"磨刀不误砍柴工"的作用。

记得徐先生和我共同写文章的一段往事，写作前同他交流的地点属于前述第二种，大约是 1986 年秋或 1987 年春的一天晚上，在大工主楼的阶梯教室，徐先生应校科协之邀，做了关于数学创新的学术报告，他从两年前德·布朗基（L. de Branges, 1932— ）证出了比伯巴赫（L. Bicberach, 1886—1982）猜想的故事谈起，谈及归纳产生猜想，计算启迪证明，等等。接着，徐先生谈到想象力和审美直觉对于数学发现的重要作用。

徐先生精彩的报告结束后,亲切地问我,是否同意他的一些论点,于是我们就坐在阶梯教室里,接茬进行了交流。我很赞同他关于归纳比演绎更能发现问题,计算可以辅助推理,以及美与真的关系、在课堂中表现知识发生的过程等与众不同的见解。我还谈到自己关于数学的流与源、逻辑与历史的想法。徐先生十分高兴我的回馈如此之快,在我送他回家即将互道晚安之前,徐先生建议我与他合写一篇关于这次报告的论文,我愉快地答应了。

几天后,题为《关于数学创造规律的断想暨对教改方向的建议》的手稿交到徐先生的手里。文中的 5 个小标题是:引子——从一个猜想的证明经历谈起、严谨与想象——谈创造性人才不可匮缺的科学浪漫主义素质、真与美——创造性活动需要美学思想、流与源——不容忽视的创造源泉、逻辑与历史——表现"知识发生过程"的教育有助于培养创造性。

徐先生因为我不仅完整地阐发了他的报告,而且融进了自己的思考和体会,进行了有效的发挥,所以对于这篇文章十分满意。他叫我在文章的结尾处,加进"数学和其他科技创造工作的迭代历程"框图。很快地,发表在《高等工程教育》1987 年第 3 期上。又过了一些日子,徐先生告诉我,浙江大学数学系系主任发给每位老师一篇此文的复印件,请大家借鉴。

此文获得 1988 年国家教委直属高等工业学校教育研究协作组的高等工程教育研究优秀论文三等奖。2001 年 12 月山东教育出版社出了一本厚达 700 多页的《徐利治论数学方法学》的论文集,其中第 654~662 页刊登了这篇文章。

三、从徐老肯定实数阶导数的研究谈起

我非常认同徐先生倡导的科学浪漫主义理念,提出实数阶导数就是一例。我于1987年向大连工学院学报投了稿件《导数概念的推广及微积分的统一表达》。在数学分析教科书里提到的导数都是正整数阶的,而我定义的是实数阶导数:当实数取正整数时,它退化为一般的高阶导数;当实数取负整数时,它成为累次积分;而对于不是整数的实数时,它是完全崭新的数学形式。一方面,我对于实变函数定义了实数阶导数,另一方面,我还对于复变函数定义了实数阶导数。两种定义都统一了微分与积分概念,并且予以整数阶向实数阶推广,不能不说是十分大胆的突破。

经过审稿,学报编辑部主任朱诚老师告诉我,一位极其有权威的老先生否定了这篇文章,并且把审稿意见给我看,不同意发表的原因很简单,黎曼(Riemann)曾经研究过这个问题。于是我去图书馆,查找老先生列出的参考文献,很幸运,我借到了俄文版的《黎曼文集》。

阅后我写了自己的答辩意见,归纳为四个要点:首先感谢这位老先生提供的文献,使我了解到黎曼采用无穷级数研究过,黎曼以不定积分求得的式子含有积分常数,而我则用牛顿二项式系数予以极限表达,没有不确定的常数,两种研究思路完全不同,结果也完全不一样,但是它们都能够回到整数阶;尽管大数学家研究过,不等于小人物就不可以研究,只要与前者的研究不同,就是创新成果,没有不能发表的理由;推广的结果可以不同,不唯一,但是,能回到原有的结论则是必要的条件;吾爱吾师,但吾更爱真理,对这位老先生亦然。我的结论:不能撤稿。

朱诚老师对于我的坚持感到为难,可是过了一些日子,他告诉我:你不退缩给我带来的困难终于被解决了,我请另一位老先生审稿,他同那位老先生在学术上是等量级的,他对于你这个研究的评价很高,建议马上发表。我很高兴,自己的研究结果终于获得了肯定。我问朱老师:"既然是肯定的,我能不能知道他是谁?"于是我得知原来是徐先生审阅了我的文章。很快地,1988年7月,此文在大连理工大学学报28卷第1期上发表。

为此,我向徐先生致谢,徐先生面带往常一样的微笑,说道:"大家都学数学分析,唯独你这个学力学的却想到了实数阶导数!"我答道:"其实是遵循您倡导的科学浪漫主义精神的结果。"他好奇地追问:"怎么就想到把导数阶数实数化?"我说:"这是一次偶发的灵感。"我和王希诚老师应大连铁道学院兆文忠老师的要求,用我们研发的程序DDDU计算一个火车车辆优化的项目。在沈阳鼓风机厂用IBM机器完成了计算后,我们在沈阳火车站前的小饭馆喝啤酒庆祝胜利。席间,三人海阔天空地聊天,谈的都是无拘无束的科学问题。在思想处于开放和宽松的状态下,我突然想起导数会不会有比整数阶更广泛的形式,于是脱口而出,对他俩说:"为什么导数都是整数阶的,难道就不能有实数阶的吗?"他们二人分别支持和怀疑。

上了回大连的火车,我就趴在卧铺上开始了推导,很快借用基于杨辉三角系数(又称为牛顿二项式系数)表达的高阶导数极限式,推广出了实数阶导数。除此之外,我在发表的那篇文章的结尾,还给出了另一种复变函数的思路:将解析函数高阶导数的柯西公式的正整数推广到实数。

其实那天晚餐就是三人的小沙龙。若没有这次沙龙,我不可能想起去研究实数阶导数。当时研究实数阶导数的人还比较少,现在许多学者研究分数阶导数(人们不恰当地称为分数阶导数)及其在超弹性力学、流体力学和物理学的一些分支上的应用。徐先生听了我的汇报,满意地点点头,并且鼓励我继续这样以科学浪漫主义精神去从事研究。

我理解,科学浪漫主义精神依赖于长期研究中的着意培养,从而形成的大胆、开放之学术素质,表现在研究的过程中,具有该精神的人不受思维定式的束缚,善于运用发散思维,能够想人所不能想到的问题,做人所不能做出的研究。我自认为自己具有这种素质,不管在数学或力学,都有很多亲身体验,限于篇幅,我只举两个同徐先生有关联的例子。

一个是我与覃新川、王希诚三人的文章在《数学研究与评论》的1991年第2期上发表,题目是《基于目标函数流线的曲线方向寻优》。为什么它算是科学浪漫主义精神启迪下的研究?因为在数学规划中,通常在直线上寻优,而此文突破思维定式提出曲线寻优,从而使非线性规划论与常微分方程组有了交集,而且为规划论提供了别开生面的新解法。

我感谢徐先生于1981年4月在大工创办了期刊《数学研究与评论》,从而使我们这篇数学文章不需要向外投稿了。该期刊已经跻身中国数学类核心期刊,且在同类核心期刊中位列前茅,在国际上也是有影响力的。该期刊思想活跃,不拘一格,我的大女儿隋晶当时作为大工数学系四年级大学生,在该刊1992年第4期上发表了一篇论文《Mikusinski算符对差和分问题的推广》,显示了该刊发表文章不论作者年龄资历的开放破格和奖掖后学的态度。

波兰数学家米库辛斯基(J. Mikusinski,1913—1987)定义的是有限区间的积分,它起到类似于无限区间拉普拉斯变换的作用,可将常微分方程映射为代数方程,求解后反演得到原方程的解,体现了 RMI (Relation Mapping Inversion,关系映射反演)原则,而该原则是徐先生在《数学方法论选讲》(华中理工大学出版社,1988)中大力倡导的研究方法。隋晶的论文能够发表,在于类比了米库辛斯基的做法,定义了和分的类似算符,用于求解常差分方程。不仅运用了 RMI 原则,也体现了徐先生倡导的科学浪漫主义精神。

另一个同徐先生有关联的例子是:1996 年我出版了专著《建模·变换·优化——结构综合方法新进展》,这是大连理工大学出版社推出的"大连理工大学教授学术丛书"中的一本,获得辽宁省新闻出版局优秀图书一等奖。此书是我对于 1978 年到 1996 年十八年间从事结构优化研究的归纳与总结。此书的两章和一个附录都涉及 RMI 原则。

第四章的题目是"映射优化及其求解",第五章的题目是"映射优化的高阶理论与应用",附录的题目是"关于方法论的思考"。第四章和第五章贯穿了 RMI 原则,附录介绍了 RMI 原则。可以肯定地说,无论结构优化还是数学规划的研究者,都没有如同我那样,用该原则梳理相关的理论和方法,原因是他们没有可能像我这样得到徐先生的教诲,然而有幸接触到 RMI 原则,并且以此审视原有的相关体系,一定会体会到该原则的提纲挈领作用,而且会产生自己的创新。

这两章均有四节,其中,第四章的四节依次是:变换优化模型为映象规划求解、映射反演以及二次规划和广义二次规划的求解、数学映射反演对结构优化建模与求解、力学映射反演对结构优化建模与求解;其中,第五章的四节依次是:函数变换求解高度非线性规划、广义几何规划的对偶映射求解、广义几何规划原问题映射的 SQP 和广义 SQP 求解、多参数单元高阶映射的处理和复杂结构优化。

伴随徐先生对我的了解,他萌生了一个想法。虽然徐先生知道我是学力学的,可是他认同我喜好数学,也发表了不少数学论文,他欣赏我的学术思想活跃,也看到了我的组织能力,于是他想调我到数学研究所担任副所长,他作为所长,希望我能成为他的行政助手,按照哥本哈根精神,把数学研究所发展得更好。他说只要我同意,他马上就去找钱先生要人,他相信一贯支持他的学校第一把手钱先生,必定会给他面子,支持他的要求。

我回答徐先生:"毕竟我不是学数学的,在数学人才堆中,我是外行。"他说:"你的数学功底很坚实,也许在严格论证结论方面,你不如数学出身的学者,可是你在发现和提出结论方面,有很强的数学直觉,不比他们差,甚至更强,这是最重要的素质,你不是外行而是内行。"我答道:"退一步讲,我如果答应您的盛情邀请,将会使钱先生陷入两难,原因是,他费尽力气把我调回大工,为的是把结构优化搞上去,若答应你的要求,他的计划岂不落空?若不答应你的要求,他作为校领导,又说不过去。"徐先生听我回答的在理,于是放弃,此事就作罢了。

四、从撰写徐老传记谈起

在同徐先生的交往中,我从他那儿受益良多,也听人讲起他跌宕起伏的生平片段,也就产生了对于他传奇人生的好奇感,他从小时候开始的人生历程是怎么样的呢?很快,满足我好奇心的时机终于来临了。

1988年,西北工业大学应用数学系的周肇锡教授,作为参与主编的编委,写信给徐先生,表达了出版《中国现代数学家传》(程民德主编,苏步青、江泽涵名誉主编,陈省身名誉顾问)的计划,拟请他列入传记的想法,并且请他推荐一位作者。

徐先生希望我能够担任作者,我很高兴徐先生的信任,立刻答应了。1988年3月,我收到了周肇锡教授的邀请信。1988年的整个暑假,我全身心地投入工作,就好像一名记者,几乎天天去徐先生家,记录他的口述史,我请他信口讲来。

全部过程分成如下六个阶段:(1)徐先生侃侃而谈,口若悬河,全面讲了一遍,那时没有便捷的录音设备,只得快速记录;(2)也学会了随时记下来听他讲而激发出的思路和问题,回到家里,除了整理记录,还看一些徐先生提供已经发表的文字材料;(3)整理出采访徐先生时欲提问的问题,然后向他求教,请他逐一回答;(4)思考写作内容,按历史顺序,化分成若干小节,冠以生动的小标题,夹叙夹议,融入个人感触;(5)请徐先生阅读、提意见,然后修改初稿;(6)在主编提出的意见基础上,全面修改。

撰写传记当中,我得到了向他学习、受他熏陶的宝贵机会。徐先生给我提供了一些别人写他的文字资料和他同一些人合写的文章。利用一个暑期,我完成了《数学家徐利治传记》,一共有五个小段,接近两万字,既有史实,又有评价,徐先生非常满意。

我从徐先生身上看到他能够成功的四个特点:兴趣、专注、勤勉、大度。这应当是每一个有志于做学问的人值得向他学习的地方。采访和写作也极大地提高了我凝练、提升和表达的能力。虽然我在

1988年就交稿,而《中国现代数学家传(第一卷)》(程民德主编. 南京:江苏教育出版社)直到1994年8月才出版。其中第411~435页刊登了:隋允康.《徐利治》。

更加令人遗憾的,还不是拖了六年,而是传记的主编者似乎喜欢千篇一律,而且还要压缩篇幅。因此,徐先生和我都不得不接受了压缩的要求,我忍痛割爱,近两万字砍得只剩了五千字。徐先生和我都喜欢的原版全文,直到2009年6月,通过《追求完美——献给母校校庆六十周年》(隋允康著,大连理工大学出版社)一书的出版,才与广大读者见面。

我为徐先生所写《徐利治与数学方法论》刊于《中国当代科技精华(数学与信息科学卷)》(卢嘉锡主编)的第426~435页(哈尔滨:黑龙江教育出版社,1994年10月)。事情缘起于黑龙江教育出版社约钱令希先生提供一篇学术传记稿,钱先生请我撰写。等我提交了我写的《钱令希与工程力学》后,该出版社请我推荐大工的其他老先生的入选名单,我提供了徐先生的名字,导致了徐先生请我为他也写了4 700字的此文。

两年之后,中国科学技术协会编的《中国科学技术专家传略》(河北教育出版社,1996年11月)的"理学编"的"数学卷"上第422~435页,刊登了作者隋允康和王青建撰写的《徐利治》一文。此文是我参与的有关徐先生传记的第三篇出版物。

我参与的有关徐先生传记的第四篇出版物是《徐利治与数学方法学》(《徐利治论数学方法学》第674~679页)。这篇文章是徐先生选取的,来自黑龙江教育出版社1994年10月所出一书上我的那篇文章。

如果说，赵根榕写的《徐利治小传》（曲阜师范学院学报自然科学版，1985年第3期）是第一篇关于徐先生的传记，那么，1994年8月《中国现代数学家传（第一卷）》（程民德主编.南京：江苏教育出版社）所刊我写的《徐利治》应当是第二篇关于徐先生的传记。

在采访徐先生为他作传时，常常感慨他的命运跌宕起伏，他却身体康健，我很好奇，便婉转询问。他莞尔一笑，答曰："其一，我血型是B型，性格外向，坎坷事不往心里去；其二，我研究问题十分专心，就像咱们大工校园静心练功的教师，研究数学起到了练气功的功效，有利于我的强身健体。"

徐先生得悉我在力学研究中离不开数学，而且常常把力学研究结果加以抽象，上升为数学结论，他称赞我的做法，鼓励我坚持这种研究路线。同时，他也关注我引用哪些数学内容作为自己的研究基础。我告诉徐先生，结构优化设计的寻优算法依赖于运筹学中的规划论，由于搜索区间的限制，需要约束优化算法。因为问题的规模大，更青睐有效的光滑解法。为了把设计变量多的问题大幅度简化为变量少的问题，喜欢转化为对偶规划求解，求解后再回到原问题。徐先生高兴地说："运用RMI原则啊！"

由于徐先生饶有兴致地听取我的汇报，我便打开话匣子："由于结构优化问题通常没有显示表达，我们就面临一个建立模型的工作，您的逼近论研究对我们很重要。"徐先生问："你有所借鉴吗？"我答道："为了借鉴，我阅读了您与王仁宏、周蕴时合著的《函数逼近的理论与方法》（上海科学技术出版社，1983年5月）和您与周蕴时、孙玉柏合著的《逼近论》（国防工业出版社，1985年6月）。可惜，我们的结构优化都是高维问题，需要参阅多元函数的逼近论研究。前一本书全讲一元函数,后一本书讲了一点二元函数的内容。"

徐先生说:"我虽然倡导研究多元逼近,但还是跟不上你们的需求啊。"我说:"我能够理解,数学有自己独立的发展体系,它还要求必须有严格的论证逻辑,只怪我们的需求速度超过了数学满足我们要求的速度。因此,我就不得不自己去摸索一些处理方法。"

徐先生问:"你有哪些做法?"我答道:"一直在探索,我采用的策略,一是'拿来主义',二是'另起炉灶',三是'自己铺路'。首先从数学里找,如果有合适的,就搬过来用,例如多元泰勒(Taylor)展式,就拿来构造隐式的约束函数。由于导数难求,就用一阶展开式。为了提高一阶展开式的逼近精度,采用函数变换,在函数空间中,对多元函数进行高阶展开的途径,使泰勒展开式由一个推广成无穷个,于是线性逼近也有了曲率。"

把本质上是一阶近似的达芬(Duffin)缩并公式推广到任意高阶,这个问题是吴方先生来大工讲几何规划时,我问他:"有没有高阶达芬缩并公式?"他回答:"没有,你可以试试,做一下啊。"另外,他提出广义几何规划的二阶原算法、累积一阶信息的有理逼近等,这些都是"另起炉灶"。

广义几何规划实用且有效的解法,还是从徐先生倡导的 RMI 原则得到启迪,运用序列映射解法的观念:利用我提出的单项高阶缩并公式得到近似映象规划 A;依据对数空间与对数变换,得到近似映象规划 A 的精确映象规划 B;映象规划 B 按一般二次规划或全二阶二次规划求解。

逼近论是徐先生的重要研究方向之一,我在思考结构优化的模型时,脑子里有逼近论的弦,就特别受益。当然,结构优化需求与逼近论提供的逼近函数并不一致,因此不可能需要什么就从逼近论里提取什么。通常不得不"自己铺路":创建适于结构优化的逼近函数,用于结构优化中建立模型。

徐先生很高兴听我的汇报,他说:"看来,你是抓住了高维,利用一阶,建立逼近程度高的近似?"我答道:"徐先生概括的很好,我除了抓住高维、一阶和高逼近这三点,还抓住累积迭代信息和计算量小这两点。"徐先生笑道:"好,共五点啊。我完全认同你的研究路线。"他称赞我勤于思考和深入思考的精神,鼓励我继续这样努力。

虽然徐先生的研究不属于应用数学,基本上是在纯数学范畴,可是从他与我的交流中,发现他很关注数学的应用,这体现了其学术思想包含的两个方面"把握理论"和"关注应用"。另外,还有第三个方面"总结方法"。

五、从邀请徐老到北工大讲学谈起

星移斗转,我和徐利治先生因循各自的缘分,先后到了北京。于是,我同徐先生互动的故事,从大连转到北京而继续着。首先发生的是我请徐先生两次到北京工业大学讲学的故事。尽管在我请来讲学的国内外专家中,包括母校不少老师:钱令希先生、徐先生、钟万勰、程耿东、林家浩、陈浩然、李洪生、徐循、王希诚等老师,可是两次受我邀请的学者,唯独徐先生一人。

第一次是2002年4月25日下午3:30,在北工大知新园多功能厅,报告题目是《华罗庚、许宝騄、钟开莱等数学大师的学术思想与研究经验——兼谈西南联大几位名师对我的影响》。第二次是2003年10月31日下午3:00,在北工大知新园多功能厅,报告题目是《RMI

方法模式与 RMI 解题机》。两次报告深受广大师生的欢迎。每次我都申请北工大车队的轿车，并且派人（第一次是一位研究生，第二次是徐先生指导过的博士生阴东升副教授）跟车去徐先生家接他到校，报告后共进晚餐，然后派车送他回家。

徐先生两次到北工大讲学，了解到我到北工大以后的发展，他得悉我 60 岁前后，分别担任了校长助理、校学术委员会副主任兼秘书长，因此有条件先后两次邀请徐先生到校做学术报告，徐先生精彩的学术报告赢得了全校师生热烈的欢迎。徐先生还知道我是北工大力学学科首席教授，担任力学部主任，领导团队创建了力学学科博士后流动站和博士点。

徐先生还了解我带领队伍申请获批了国家级工程力学实验教学示范中心、材料力学国家精品课程、基础力学国家级教学团队，我被评为北京市教学名师。他为我获得的这些成绩感到高兴，我告诉他：获得上述成绩，虽然有自己的努力，也同在母校时，所受科研和教学的熏陶有关，其中有从钱令希先生那儿学到的深入浅出讲课方法，有从徐利治先生那儿学到的表现"知识发生过程"的理念。

每有想法同徐先生交流，他都非常认真的倾听，是问题，他非常认真作答；是感想，他则非常热心的回馈。例如，我说："徐先生提醒我从方法上升方法论，我认识到，前面自然还有从数学到方法，后面还应当有从方法论上升到哲学。"徐先生高兴地说："对啊！我就很喜欢自然辩证法、自然哲学。你能不能举个例子？"

我回答道："说两个例子吧。第一个例子是，我在研究结构拓扑优化，于 1996 年提出了 ICM（Independent, Continuous and Mapping，即独立连续映射）方法，命名上的'映射'实际就包含了 RMI 原则。

ICM方法重要的理论基础是：用连续函数逼近离散的阶跃函数。ICM方法把结构优化的研究提升到应用数学规划的层次，又从方法上升到方法论，使数学研究不仅在工具上，有利于力学研究，而且在境界上，会提高研究的水平。"

"怎样提升到哲学境界？我的思考是结构拓扑优化研究的是结构'基元'的'无与有'灭存，而它之前的结构截面、形状或几何优化研究的是结构'基元'的'少与多'的消长；从哲学的概念上看，'无与有'是'离散矛盾'，'少与多'是'连续矛盾'，而用连续函数逼近离散的阶跃函数，则为'离散矛盾'提供了用'连续矛盾'逼近和解决困难的模型。我把自己的感悟分享给相识的哲学学者，他们很赞叹。"

我对徐先生讲了第二个例子："在大工时，您把我从喜欢数学引到喜欢数学史与数学方法论，我很自然地侧移到力学史与力学方法论。等到我于1998年到北工大之后，巧得很，北京大学的武际可教授找我探讨力学史与力学方法论，我们在2003年，成立了中国力学学会下属的二级学会'力学史与方法论专业委员会'，开展了大家感兴趣的学术研讨。我们的活动不仅吸引了老先生参与，而且吸引了不少中青年骨干关注。我的感悟是：科学史与方法论虽然是软科学，但是它会推动作为硬科学的学科发展，软硬科学之间存在良性互动的正反馈机制。"

徐先生饶有兴致地听取我的汇报，可惜，今天我只能向徐先生的在天之灵补充一些情况了。我们的"力学史与方法论专业委员会"今年将举行第13届学术年会。ICM方法经过23年的发展，培养了很多硕士生、博士生和博士后人员，发表了大量文章和获批了许多软件著作权，1996年和2013年分别在大连理工大学出版社和科学出版社出版了两本相关的学术专著,2018 年在 Elsevier 出版社出版了一本关于 ICM 方法的英文专著。

还想向徐先生的在天之灵汇报的,是我写到这里,忽然产生了一个关于 MMMMP 的想法:从 M→M→M→M→P,对于我来说,这是 5 个相关联的概念。4 个 M,依次是 Mechanics,Mathematics,Method,Methodology,P 则是 Philosophy。意思是,在研究中,需要依次向后升华自己的研究成果:第一步,如同蝉蜕,看看力学研究结果脱掉力学背景,能否成为数学成果;第二步,探究一下数学成果的方法实质;第三步,琢磨一下方法能否提升到方法论的高度;第四步,思考一下方法论有没有升华到哲学的可能。

如果我们能够心存"层次"及其"升华"层次的念头,那就会不断地受益。倒过来看:涉及哲学,很少有人去想,更谈不上以道驭术——用哲学演化出方法论、方法的可能性了;往往不知道或忘掉了方法论比方法更可以助益我们,而陷于具体的方法中而不能自拔;至于在运用数学知识解决力学问题的境界,而缺乏对于数学和力学方法的足够重视。

还是回到同徐先生交往的追忆上吧。是的,请他来讲学,只是两次见面,更多的相互联系则是打电话,后来徐先生竟然也有了微信,我高兴地想:这下子可以便捷地交流了。可是他不太会用,只好又改回用电话。我记得有一次打电话问候他,他说:"允康,你也 70 多岁了,你的孩子不是学力学的,考没考虑如何处理书的事情?"我答道:"想到了,是个难题啊。"他说:"是不是捐书对象的困扰?"我答:"是的,我的一些书给了我的一些学生,但是,将来他们也可能有再次捐书的事,最好一次性捐给学校或研究机构。"他说:"咱们想到一块了……"

说到微信,关乎网络,也就想起网络时代之前。那时写文章,常常有些遗忘或不明确的事情需要弄清楚,如果到图书馆去查,不仅效率低,还经常查不到。然而那时,我有两尊活辞典,一位是家父,一位是徐先生。文科需要咨询的事,请教家父;数学需要咨询的事,请教徐先生。二位长辈皆能给我圆满的帮助。现在则是求教网络,我却常常回想起往事。

六、从返回大连祝徐老 90 大寿谈起

尽管我和徐先生的交往已经移到北京,但是还是有一次在大连相见的机会。2010 年 7 月 30 日至 31 日,大连理工大学数学科学学院利用暑假的方便,提前两个月,以召开数学与数学教育研讨会的方式,庆祝徐先生 90 大寿。不仅我们老两口到会,而且大女儿隋晶恰巧从美国回来探亲,也见到了徐先生。我们向徐先生敬献了装裱好的国画,画中寿桃是老伴画的,贺词是我写的。

会前,数学科学学院院长助理于化东老师同我联系,安排我做了一个大会报告,报告题目是《如切如磋如琢如磨的"忘年交"——恭祝徐利治先生九十大寿回忆如烟往事》。我在报告里回忆了:登门采访徐利治先生撰写传记的故事;经常同徐先生进行学术交流的故事,其中包括徐先生支持笔者研究一些数学问题,并且肯定了研究所取得的结果;徐先生学术思想对我研究应用数学规划和结构优化的启迪。

在北京我有不少与徐先生见面的机会,是吉林大学校友提供的。吉大北京校友会的联谊活动开展得很好,每年春节前后会有一个团拜聚餐,不仅因为我老伴是吉大物理系校友,还因为我们老两口都是

吉大北京校友会书画院的院士，我们通常是要参加团拜聚餐的。在那个欢乐的氛围中，最高兴的是能够见到徐利治先生。

在吉大校友提供的与徐利治先生诸多见面的机会中，特别值得一提的是吉大北京校友会物理分会的成立大会。那是2016年9月4日，大会在万寿路汇贤府饭店举行，我带去了装裱好了的小写意国画《徐利治》，该画是我创作的作品，这是一幅4尺大画，画面上徐先生站在清华礼堂前面的操场上。这是我为同年吉林大学70周年校庆的捐画。该画展示给大家看，徐先生和校友们都称赞我这幅画，徐先生尤其高兴，会议主持者拍摄了徐先生与我共同举画的照片。

徐先生90大寿时我和老伴送给他的国画

这幅画上的题词是：

右上角——

恭贺吉林大学七十年华诞敬书徐利治教授　隋允康写于二〇一六年七月廿五日

左下角——

吾老伴近日为其母校敬书寿桃时，策勉我也捐书。念及吉大培育老伴有恩,多次邀我讲学有谊,为报恩答谊,我遂构思且动笔,为徐先生造像,一是因他乃一九五二年去贵校创建数学系的奠基人之一,后任贵校教务长,二是徐先生受大工之邀任双聘教授,廿年间与吾相交甚厚,我曾撰写徐先生长篇传记,选共同发表学术论文,他长我廿三岁,称我为忘年交,徐先生生于庚申猴年,今九十六岁矣!手画大师之容,心悟前人栽树后人乘凉之理。虔祝他老人家福寿绵长、健康吉祥!

北京工业大学力学教授隋允康丙申夏写于北京家中

吉林大学70年校庆时我的捐画

在这之前的7月16日,吉大北京书画院成立,我和老伴参加了成立会,其中一个主题是研讨为吉大校庆捐画事宜。我带去了这幅尚未题字和装裱的画。而在9月4日物理分会成立大会上,吉林大学前来祝贺的一位副校长把书画院赠送的作品带回了学校,其中包括我和老伴的作品。同年9月16日吉大70年校庆,我陪老伴去长春参加吉林大学70周年校庆活动,在校庆书画作品展览上,看到了我画的《徐利治》和老伴叶宝瑞画的《寿桃》。

我知道徐利治先生很喜欢我画他的作品,但是,我和他都认为原作赠送给吉林大学才有可能永世流传。为了使我的画能够时时陪伴徐先生,我用精心拍摄的照片,制作了可以挂在墙上的整幅画缩小版的复制品,以及可以摆放在桌子上的头像复制品。并且在制作好了之后,通过特快专递送给徐先生。同样的复制品我也留有一套。

七、从到翠微路看望徐老谈起

我深信徐先生一定会喜欢我送他的纪念品,果然,在我和老伴去翠微路甲24号的一所院落,到他家看望他时,也看到了我画他作品的缩微复制品。第一次看望他是在2018年1月20日上午,第二次看望他是在2018年10月24日下午。本来早就要去看望他,可是早几年,徐先生还能胜任离京外出讲学,加上我也有学术活动,难找相会的时间交集。现在他基本在京不动,我才在去年有机会两次去看望他。

2018年我与徐先生在他家的合影

第一次到他家,我和徐先生畅谈数学,十分开心,仿佛回到了大工的教授小楼。他掏出一个小本子给我看他对于数学方法论和数学教育的想法火花,他问我有没有兴趣写。可惜我在结构拓扑优化方向上持续的研究实在太忙,无法分享徐先生的思想灵感。于是,我自告奋勇地答应给他找一个年轻人,来继承他的宝贵思想。时间不知不觉的流淌。当我们要辞别时,徐先生要请我们去饭店吃饭,我和老伴坚持在他家吃个便饭,于是我老伴配合做饭,我们几人边吃边聊。

　　第二次到他家,本打算兑现承诺,带一位年轻学者来,可是徐先生大病初愈,身体虚弱,遵医嘱,一是不要带人来,二是谈话不要超过20分钟。于是我就打算待徐先生康复后,再带年轻人来还他的愿。徐先生对我们老两口说,他98岁了,属于长寿了,随时面对死亡,没有留恋,也没有对于死亡的惧怕,静静地等待身体的衰老。他还说:九十不留书。他把别人送他的书,签名后转赠我。我们不忍他受累,15分钟就告辞,依依惜别,未曾想竟是今生最后的一见。

　　当天晚上我们发给北京交通大学赵达夫教授夫妇一条微信:

> 达夫、阿荣好!
> 我们今天下午去看了徐先生,他正在恢复,怕累着他,只待了一刻钟,他恋恋不舍我们离去。他说,正在养病期间,转告想探望的朋友,不要来。衷心感谢杜瑞芝老朋友提供的信息!
>
> 　　　　　　　　　　　　　　隋允康、叶宝瑞

　　赵达夫教授是杜瑞芝教授的大学同班同学,他们是吉林大学数学系68届毕业生,作为徐先生的学生,听过徐先生的课。赵达夫的老伴阿荣其木格是我老伴的同学,她们是吉林大学物理系68届毕业

生,在校就听说过徐先生的大名。

八、从瞻仰徐老遗容谈起

如果说那次是同徐利治先生"生离",那么,2019年3月15日则是"死别"。那天,我们老两口同其他人一起,在八宝山兰厅,瞻仰徐先生遗容,向他三鞠躬。"生离死别"属于佛学所讲人生八苦之一的"爱别离苦",我再一次有所感受,呜呼哀哉!

徐先生遗体的后方亦即会场的正面,大屏幕循环播放着追思视频,看到后感慨万分。我感激治丧委员会在短短的视频里,放进了2018年10月24日探望时,我老伴拍摄的我同徐先生愉快交谈的合影,视频里还放进了我创作的国画《徐利治》。

我们本来打算己亥猪年春节时,去给徐先生拜年,遗憾的是他老人家不得不进住医院。于是,我心中默默为他祈福、求安、延寿,可惜自己的念力微弱,功夫浅薄,回天乏术,未能挽留徐先生继续住世,只得眼睁睁地目送他离吾等飘然而归。

得知徐先生仙逝的噩耗,我转告了母校大工校友工作处邬霞副处长,提醒她务必马上向校领导汇报。郭东明校长和党委姜德学副书记等校领导、数学科学学院领导专程来京组织了徐先生遗体告别仪式,徐先生的弟子们,生前工作过、合作交流过的单位都派专人参加了告别仪式,生前诸多好友也纷纷从外地赴京来送别先生。送别先生我也算尽了自己一份应尽的责任。

徐利治先生同我的"忘年交"故事表明:只要能够注重原创性科学思想的经常沟通,不管学科的不同和年龄的差异,都不会成为学术交流的障碍,相反,还有可能激励思想的火花。今生今世再也没有同徐先生见面的机会了,我失去了又一位可敬可爱、亦师亦友的父辈长者！今生今世再也不能向他求教了，只缘长者驾鹤西去！今生今世再也不可能同他交流谈心了，只缘长者魂归极乐也！为徐先生一悲一喜：悲乎，天人相隔，今世永憾！喜乎？长者厌离娑婆，如今专研数学，心无旁骛矣！

2019 年 5 月 12 日

4. 徐利治与数学的元理论研究

孙宏安[①]

(大连教育学院,大连)

数学的元理论指的是以数学为研究对象的学问,例如数学方法论、数学哲学、数学教育、数学文化等。这些学问的研究显然不能说就是数学研究,数学可以说是这些研究的必要而不充分的条件,这些学问实际上研究的是数学在其他领域甚至是整个文化领域上的投射。换个角度看,可以说是从其他领域的角度来研究数学,所以是以数学为研究对象的学问。例如数学方法论,是从方法论(方法学)的角度研究数学的,数学哲学是从哲学的角度研究数学的,数学教育则是研究数学作为一门科学的教育教学问题的,如此等等。徐利治的研究涉及数学的多个元理论研究领域,他是国内数学方法论研究的首倡者和领军人物,在数学方法论领域有许多开创性工作;在其他数学的元理论领域,例如数学哲学、数学教育、数学文化等也卓有建树,有所发展,有所创新,其研究成果产生了相当深远的影响。

[①] 作者简介:孙宏安(1947—),辽宁法库人,大连教育学院教授.

1. 数学方法论

数学方法论主要是研究和探讨数学的发展规律、数学的思想方法以及数学中的发现、发明与创新等法则的一门学问[①]。主要研究数学思想方法及数学中的发现、发明等问题,其目的是探索数学思想方法的一般原则、数学科学的发展规律及数学中的发现、发明与创新的法则。数学方法论是数学的元理论之一,又是数学理论的基础之一。徐利治的数学方法论研究成果包括:中国数学方法论研究的首倡和奠基,提出关系映射反演方法,创建数学抽象度分析法等。

1.1 数学方法论研究的倡导和奠基

近代的数学方法论研究可以说是从伽利略开始的。伽利略提出了用数学公式表达科学知识,尤其是自然规律的新的方法论原则,他第一次把数学方法和实验方法相结合用于科学研究。笛卡儿对数学方法论做了重要的贡献,提出数学—演绎法,他把数学看作方法的科学,并把数学方法当作演绎推理的工具;他把代数推理方法和逻辑相结合,使之成为普遍的科学工具,利用它,笛卡儿创建了解析几何学。莱布尼茨发展了数学—演绎法,他首次提出科学数学化的思想,并开创了数理逻辑的先河。牛顿从另一个角度发展了数学—演绎法,把它应用于力学研究,从而建立了古典力学体系;他的创举是在自然科学研究中用数学推导代替逻辑演绎,用数学构建科学理论,具有划时代的意义;他创建了微积分学,是一项重大的数学成果,是从应用出

[①] 数学方法论的这个定义是徐利治在自己的《数学方法论选讲》(华中工学院出版社,1983)中第一次提出来的,这个定义奠定了数学方法论的基础,在各种文献中基本上一直用到现在.

发发展理论数学的典范。牛顿之后数学应用的成功使人们仍有一定"依据"地坚持数学直观地符合现实世界、具有必然的真理性的思想。

19世纪非欧几里得几何学的建立反驳了上述思想。人们开始提出并研究数学基础和几何基础的问题。微积分的严格化也提出同样的问题。人们为了证明非欧几何的无矛盾性，采用了"解释"方法，后来这种方法成为数学基础研究以及现代数学中具有方法论意义的方法。对数学理论无矛盾性的探讨取得了两个具有数学方法论意义的重要成果。一是康托的集合论，集合论能对几乎所有的数学理论做解释，因而成为数学的表述基础。康托引入了一一对应，从而在数学中接受了实无限集，使数学成为"关于无限的科学"。二是希尔伯特创建的形式公理体系，具有重要的方法论意义——现代几乎所有的数学理论都是用形式公理体系表述的。19世纪另一个数学方法论成果是伽罗瓦的群论，它使数学从局部性研究转向系统结构的整体性研究阶段。

20世纪初，发现了集合论悖论，数学出现了"危机"，人们从各个方面去寻找解决方法。一是对集合加以限制，由此发展了公理集合论。另一是从整体上对数学的思想方法，对数学理论结构进行新的探讨，由此产生了各种学派提出的方法论观点。各学派的方法虽然都没有排除悖论，但它们的方法论却对数学的发展起了重要的作用。直觉主义提出"能行性"和"构造性"的方法论原则，前者成为现代理论计算机科学的一项基本要求，后者后来发展为一大类构造性数学，如马尔可夫等人提出的算法化为代表、用构造逻辑系统重建的构造性数学。逻辑主义则完成了由传统逻辑向数理逻辑的转化，为数学提供了逻辑基础，希尔伯特的元数学、数学无矛盾性标准、有限构造方法都有着重要的方法论意义,尤其元数学,它第一次使一门数学理论整体地作为一个确定的可用数学方法来研究的对象,其划分理论层次的方法论无论在现代数学、现代科学以至于现代哲学中都有重要的意义。

形式公理体系思想方法进一步发展的一个方向就是数学结构主义,以法国的布尔巴基学派为代表。其方法的要点是:数学以数学结构为研究对象;数学可按结构分类;数学理论的发展就是各种结构的建成、改进和扩充。这些观点已为人们所接受,结构分析成为现代数学的典型方法:在某一同构映射之下对某一基本结构进行分类。柯尔莫戈罗夫表述了这样一个方法论原则:数学的一些专门部分从事于结构的研究,这种结构属于某种结构类型。每一种结构类型由与之相应的公理体系所确定。数学感兴趣的只是从所采取的公理体系推导出来的结构的性质,即只以同构的观点来研究结构。

数学有着十分广泛的应用,应用又促进着数学的发展。概率统计等学科就是在应用中发展起来的。19世纪末,C. F. 克莱因在格丁根大学工作时,第一次提出并开设了"应用数学"课程,从此开始了应用数学作为学科的发展。但由此直到第二次世界大战前,应用数学主要指物理学和工程中应用的数学,其代表作是希尔伯特和库朗的名著《数学物理方法》。第二次世界大战中,应用数学有了飞跃的发展,形成了运筹学一整个学科体系。随着电子计算机的产生和广泛应用,数学应用于更广泛的领域中,产生了诸如控制论、信息论、系统论等一系列新的数学方法论原则,产生了经济数学、生物数学、数理语言学等应用数学的新分支学科,并产生了模糊数学、分形数学、混沌数学这样全新的数学思想方法。应用数学推动了纯数学的发展,纯数学也越来越多地得到实际应用。这就产生了一个著名的方法论问题：应用数学和纯数学有怎样的关系？有人论证了二者本质上是构成统一的数学认识过程的互相联系、互相补充的两个方面。

在数学的发展过程中，人们对数学中的发现及发明、对数学中的创造性思维、对数学思想方法的研究也不断深入，尤以20世纪的研究为突出。例如庞加莱认为数学与物理科学的发现和发明方法是相似的，而发现和发明就是一种"选择"，选择则决定于数学直觉；数学直觉引起的最佳的心智状态为顿悟；他认为数学归纳法是从特殊到一般的工具，有很重要的意义。阿达马发展了庞加莱的思想，论述了选择能力的基础——数学直觉的心理要素，并认为数学直觉的本质就是某种"美的意识"或"美感"等。波利亚指出并分析了数学发现的具体过程和一种数学启发法——合情推理方法，并提出了这种数学启发法（合情推理）的模式，这对数学教学有重要的意义。M.克莱因的《古今数学思想》系统地阐述了古今数学思想的发展史，为数学思想方法研究提供了宝贵的素材。

当代中国的数学方法论研究是徐利治所首倡的，在20世纪70年代末徐利治就在一些高校的数学系、教育学院的教师进修班讲授数学方法论的若干内容，特别是对中学数学教师进行数学方法和方法论教育。1980年由讲稿编辑出版了《浅谈数学方法论》[①]，这是国内第一部数学方法论领域的著作，其中明确地提出数学方法论的意义和掌握数学思想方法对学习研究运用数学的重要意义，概括性地探讨了一些著名的数学方法，特别是提出了一般解题方法的问题和

---

① 徐利治，浅谈数学方法论，辽宁人民出版社，1980；经作者校订后收入：徐利治，徐利治谈数学方法论，大连理工大学出版社，2008：25-60.

解题的概要法则。这一著作在数学和数学教育领域引起强烈的反响,引发了数学、数学教育甚至自然辩证法领域人士对数学方法论的关注。特别是不断有人提出数学方法论系统化、理论化的要求。回应这些要求,徐利治1983年出版了著作《数学方法论选讲》,对数学方法论做了系统的理论描述,建构了数学方法论的理论框架:数学应用的思想方法、数学研究的思想方法、数学理论建构的思想方法、数学结构主义的思想方法、群论的思想方法、非标准模型的思想方法、数学基础问题、数学基础流派及其无穷观、数学中发明创造的心智过程、数学家成功的社会因素等。同时还进行了数学方法论的宏观和微观的分类:宏观数学方法论一般不通过讨论数学的内部因素来探讨数学发展的规律,更接近于数学哲学;微观的数学方法论研究的是进行数学研究所必须遵循的方法与法则,更接近于数学思想和数学方法。这二者的结合就构成了数学的方法论基础。后来的数学方法论研究一般都以这个理论框架体系为基础。这部著作一经出版就受到数学界特别是数学教育界的欢迎,一些高校数学系开始开设数学方法论课程,这部著作成为教科书或者主要的教学参考书。一些青年教师从此走上了数学方法论的研究道路,有的师范高校开始招收数学方法论方向的研究生。此书在1988年由华中理工大学出版社再版,2000年华中科技大学出版社重新出版,2007年大连理工大学出版社增订出版。为了满足高校数学系数学方法论课程的需要,1992年徐利治与友人合编了《数学方法论教程》[①],直接奠定了数学方法论课程的基础。此外在20世纪80年代末,徐利治还主持编订

---

① 徐利治、朱梧槚、郑毓信,数学方法论教程,江苏教育出版社,1992.

了一套"数学方法论丛书",包括十余种中外作者的著作,江苏教育出版社出版。2008年这一丛书纳入"数学科学文化理念传播丛书",由大连理工大学出版社修订重新出版,2016年出第二版。对国内的数学方法论研究产生了巨大而持续的影响。

除了首倡数学方法论研究、奠定数学方法论的结构体系之外,在具体的数学方法论研究中徐利治也有许多创造性工作,其中最为著名的是关系映射反演方法的明确提出和抽象度分析法的创建。

1.2 关系映射反演方法

给定一个含有目标原象 x 的关系结构 S,如果能找到一个可定映射,将 S 映入或映满 S^*,则可从 S^* 通过一定的数学方法把目标映象 $x^*=f(x)$ 确定出来,进而,通过反演 f^{-1} 又可以把 $x=f^{-1}(x^*)$ 确定出来,这样,原来的问题就得到了解决。这种方法就叫作关系映射反演方法(RMI 方法)。

从本质上看,这就是一种把要解决的问题转化成比较简单的或已解决了的问题,通过后者的解来解决原问题的方法。这是数学的一种基本的具有方法论意义的方法。

人们很早就在数学中使用这种方法。例如欧几里得《几何原本》(公元前300年)中把对图形的若干证明转化为"作图"问题来解,从而解决了由于公理不足所产生的证明困难。中国古代的刘徽在《九章算术注》(263年)和《海岛算经》(263年)中一再把各种数学问题——求面积及体积、证明公式、测量原理——归结为图形的拼补(出入相补原理)来解决,取得了重要的数学成果。17世纪初,纳皮尔引入对数,用对数进行乘法计算是关系映射反演方法的一大成就。但直到这时,这一方法还没有成为一种明确的方法论原则,人们还没有自觉地运用它来解决问题。

笛卡儿在其《方法论》(1637年)一书中给出了一个"万能方法":①把任何问题转化为数学问题;②把任何数学问题转化为代数问题;③把任何代数问题转化为方程式的求解。"万能"的说法有些言过其实,但把一个数学问题转化为一个较简单的或已解决了的问题来求解,从此成为数学中的一个重要的方法论原则。笛卡儿身体力行,创立了解析几何学,把许多几何问题转化为代数问题求解,是这一方法论原则的重要示范,而且对数学的发展起了重大的作用:引入变量,促进微积分学的创立。此后数学证明的历史可以说就是这种思想方法的应用和发展的历史。人们开始比较自觉地应用这个方法论原则,但是一直没有名称和准确的定义。

1983年,徐利治在《数学方法论选讲》一书中提出前述定义,把这一方法论原则数学化,并正式提出关系映射反演方法的名称,强调了这一方法论原则的关键所在,把这一方法的发展和人们应用的自觉性推到了新的阶段。1992年在《数学方法论教程》中,徐利治把关系映射反演方法概括为"化归原则",把数学领域中常用的"化繁为简""化难为易""化生为熟""化未知为已知"等思想方法统合起来,使之得到更为广泛的运用。后来,进一步把关系映射反演方法表述为"数学中的矛盾转化法"[1],更把这一方法嵌入到促进事物向合目标的方向发展转化的一般性(哲学)法则之中。多年来,国内运用这一方法或者法则取得了许多数学研究以及数学教育的成果。

《数学方法论选讲》中对数学模型的思想方法做了详细的阐述,

---

[1] 徐利治、郑毓信,数学中的矛盾转化法,大连理工大学出版社,2016年第2版.

其中关于数学模型法的思路图示给人留下深刻的印象(以用数学模型法解决一个物理问题为例),如图1.

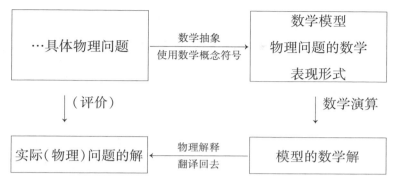

图1　数学模型法的图示

后来这个图示(文字因所解决的问题而略有不同)成为各种阐述数学模型方法及其应用的文献的标准解释图,特别是在后来成为独立学科的数学模型或者数学建模教程中,此图是第一个重要的可视化知识。

在《数学方法论教程》中对数学模型法做了 RMI 方法的解释,把数学模型法纳入一个更高层次的方法论结构中,对数学模型法的数学应用起了重要的推动作用。

1.3　抽象度分析法

抽象度分析法是关于数学抽象的定量分析方法。人们早就指出,数学的特点之一是具有高度的(即比别的科学层次更高的)抽象性,而数学抽象的特点之一则是这种抽象具有层次性:只有极少数所谓"原始概念"是从现实世界或人的实践中抽象出来的,其他数学概念都是在先有的数学概念的基础上抽象出来的,而且数学的发展过程在某一方面也表现为抽象层次越来越高的过程。1985 年,徐利治提出对数学的抽象进行定量研究的方法,即抽象度分析法[①],后来此方法得到不断的研究,在国内外都产生了影响。

抽象度分析法是用数学方法来研究关于数学自身的"元问题"——数学概念、数学命题的抽象度、抽象难度和抽象法则的问题,并以此对数学理论的结构进行分析。实际上,当然也可以推广到对任何一般的抽象理论做定量的结构分析的领域。

称数学概念、数学命题、数学方法、数学证明等为数学抽象物,定义:如果抽象物 B 的构建过程中用到了抽象物 A,如定义概念 B 时必须用到概念 A,或者证明命题 B 时需要用到命题 A,则称 B 比 A 更为抽象,记为 $A<B$,显然"$<$"满足以下两个条件:

(1)若 $A<B, B<C$,则 $A<C$;

(2)若 A 与 B 为任意两个抽象物,则或者 $A<B$,或者 $B<A$,或者 A 与 B 之间不存在这种关系,这三种情况中有一种且只有一种成立。这就是说"$<$"是一个偏序关系。这样,在给定了的"抽象"意义下,一个数学理论中的全部抽象物的有限集(我们所已知的只是有限的)M,便构成一个偏序集$(M,<)$。

设 $A, B \in M$ 且 $A<B$,则称 $A<B$ 为链,若 $A<B, B<C$,则 $A<B<C$ 叫作前两链的扩张链。对给定的链 $P_1<P_2<\cdots<P_m$,若有另一链 $Q_1<Q_2<\cdots<Q_n$,使 $P_m=Q_1$ 或 $Q_n=P_1$,则链 $P_1<P_2<\cdots<P_m$ 被称为可扩张的。若一个链上不能再添加新的抽象物,则称此链是完全的。

---

① 徐利治,张鸿庆,数学抽象概念与抽象度分析法,数学研究与评论,1985(2):133-140;经作者校订后收入:徐利治谈数学方法论,大连理工大学出版社,2008:117-132.

以及:徐利治,从数学结构主义到数学抽象度分析法数理化信息,辽宁教育出版社,1985年(1):1-15,收入:徐利治谈数学方法论,大连理工大学出版社,2008:133-148.

在同一链上的两个抽象物被称为相联,否则为不相联,不相联的抽象物间不存在抽象层次的关系。

定义相对抽象度:设 $P,Q \in M$ 为一对相联抽象物,在 M 中有一条完全链(λ)

$$P < P_1 < \cdots < P_{r-1} < Q$$

则链(λ)的长度 r 就是 Q 关于 P 的相对抽象度,记为 $\deg(Q|P) = r$。如果给定了一个集合 M 中的一个初始概念 v_0,由它作为抽象的起点,则与之相联的任何一个抽象物 $x(x \in M)$ 的关于 v_0 的相对抽象度就记为 $\deg(x|v_0)$,简记为 $\deg(x)$,标志着 x 的深刻性。如果把集合 $(M, <)$ 映射成一个有向图,其抽象物为点,抽象关系为边,抽象出为方向,则还可以定义每个抽象物 x 的出度 $d^+(x)$ 和入度 $d^-(x)$,它们分别表示 x 的基本性和重要性,于是构成一个抽象物 x 的三元指标

$$\mathrm{ind}(x) = \{\deg(x), d^+(x), d^-(x)\}$$

它给出抽象物的全面信息。在此基础上还可以定义抽象难度等概念。

抽象度分析法一般这样操作:对某一数学理论中的全部或部分数学抽象物的集合 M 做抽象度分析,要求:

(1)给出抽象的意义,按此将 M 中的元素排成偏序集,使其中每一条链都表现为不可扩张的完全链。

(2)将偏序集 $(M, <)$ 表示成有向图,标明每一步抽象的性质(强抽象,弱抽象(概括)),必要时应注明抽象时所应用的法则。

(3)将偏序集中的各个极小点作为起始点(v_0)计算各个链上每个点的相对抽象度。

(4)求出图中每一点的出度和入度,做出每一点的三元指标。

(5)求出由每一始点出发各相联点的抽象难度。

对一个数学理论来说,一般是把它的初始概念(或公理)当作一个统一的起始点的,这样,有向图就只有一个最小点,比较简单。

分析数学的抽象度和抽象难度有三方面的意义:

有利于认识数学概念的层次性结构和复杂性程度,发现其层次性结构的规律,从而发现简化概念层次性结构和扩充或精化概念结构的可能性,而这正是数学研究工作所要做的事情。

有利于探讨概念和定理的原型,真正弄懂其含义,掌握理论的来龙去脉,并洞察理论发展过程的全貌,同时了解概念层次结构中每个步骤的难度,对数学教学设计很有价值。

有利于理解抽象思维的能动性法则,促进思维科学以至于哲学的发展。

在进行数学抽象度分析研究的过程中,徐利治提出抽象的两分法分类:抽象分为弱抽象和强抽象,弱抽象是概念扩张式抽象,可以从一个概念获得其属概念;强抽象是通过引入新特征强化原来的结构得到的抽象,可以从一个概念得到其种概念。这两种抽象概念在数学教育中得到了大众的认可和相当广泛的应用,对于理解数学抽象有重要的意义。实际上弱抽象相当于数学中概念的概括,而强抽象相当于数学中概念的限制或者具体化,都是数学中常用的抽象方式。徐利治提出弱抽象的"特征分离概括化原则",是对数学概括方法的总结和数学化,使得进行概括操作时有法则可循,不再处于一事一议的每个概括都要从头开始的被动状态。他提出的强抽象的"关系定性特征化原则"是对概念进行具体化——增加内涵,实际就是定义新的概念的法则,对于运用具体化的方法抽象出新的概念起到指导性的作用。这两个原则都是在数学研究中经常采用的方法论原则。

2. 数学哲学

数学哲学是科学哲学的一门分支学科，是研究数学概念、数学理论和数学发展中的哲学问题的学科，或者说，是对数学的哲学分析。它研究数学的一系列本体论、认识论和方法论问题，例如数学是什么的问题，数学的对象问题，数学的客观性问题，数学的可应用性问题，数学理论的真理性问题，数学思维的特点问题，数学理论的价值评价问题，等等。在一些方面，数学哲学与数学基础和数学方法论有所交叉，对数学的三大理论基础——逻辑基础、表述基础和方法论基础都有重要的影响。

17 世纪起数学有了前所未有的大发展。与此同时，一方面，微积分引发了数学基础的"危机"，另一方面，数学在其他科学、技术、社会中得到成功的应用，这促使人们开始对数学进行多方面多角度的思考研究。这一时期哲学有了重要的发展，自然就会促使人们从哲学的角度去考察数学，这无疑促进了数学哲学的发展。数学哲学的发展反过来对哲学也有着巨大的促进作用，近代的哲学家几乎没有不考察数学的。

19 世纪末 20 世纪初，集合论的建立和发展使数学真正面向了实无限的概念，由此人们进入了无限的非物质的数学世界，但是同时摆脱了神学的自然科学为人们描述的是一个包括人类在内的有限的、物质性的世界，由于数学得到了广泛的应用，自然科学的成就往往是因为充分应用了数学才得出来的。人们从古代的数学哲学出发必然要不断思索数学和世界的关系的问题。比如：是不是真像柏拉图所说的那样，存在着一个独立于物质世界的数学世界？如果真的存在这样一个数学世界，我们作为在有限的物质世界中生存的有限的物质的人类，如何能够实现对于无限的非物质世界的认识呢？如果不存在这样的数学世界，数学完全是人类想象的产物，那么数学是什么呢？数学能够提供客观的知识吗？特别是数学为什么能在现实世界中得到非常有效的应用从而表明它完全符合于有限的物质的客观世界呢？

集合论的建立也使数学达到新的严格性层次，集合论悖论的发现所引起的第三次数学"危机"促进了数学基础学科的建立和发展，同时也使前述数学哲学问题对于数学发展有了深入研究的迫切要求。因此，数学哲学作为一个学科就在这时得以确立，当时基本的数学哲学研究就是数学基础研究，其确立的标志也是数学基础三大学派的形成，从数学哲学的角度看，它们是数学哲学的三大学派（逻辑主义、直觉主义、形式主义），实际上则是数学基础的三大学派。当时进行了剧烈的争论和反复的研究，许多数学家例如庞加莱、希尔伯特、冯·诺依曼、布劳威尔都参与甚至发起了数学基础学派的创立和研究。

到了20世纪三四十年代，由数学基础和数学哲学的争论和研究导致了现代数学的基本程序和研究规范，确定了数学的逻辑基础、表述（集合论）基础和方法论基础，在这个基础之上进行的数学研究得到了数学界的公认——就是所谓的经典数学。20世纪下半叶以来，数学哲学研究基本上不再以数学基础研究为重点了——数学基础研究是"数学基础学科"的任务，数学哲学主要开始对现代数学的实践进行哲学上的反思与分析,试图描述、理解人类自身的数学认识活动。一旦涉及这个问题,集合论建立时人们所提出的那个"数学是不是一个独立于有限的物质世界的一个无限的抽象世界"的问题及由此引起的回答就成为现代数学哲学的核心问题。按照对数学世界的存在性的回答不同,当代数学哲学可以分为实在论和非实在论两大类,与之相关的有柏拉图主义、经验主义、逻辑实证主义、自然主义和构造主义等比较著名的派别,它们对前面说的各种数学哲学问题都进行了相当深入的分析,都取得了关于数学哲学的积极的成果,推动了数学哲学的发展。但是也存在各自的困难,对数学的基本哲学问题未能给出令人满意的解答(如数学的对象、数学理论的真理性等方面)。

徐利治对数学哲学的如上所述许多领域有所研究,得到一些具有创新性的成果,对相关的领域产生了重要的影响,举几个例子。

2.1 数学模式观

关于数学的本体论,徐利治提出"数学模式观",所谓数学模式指的是,按照某种理想化的要求(或实际可采用的标准)来反映(或概括的表现)一类或一种事物关系结构的数学形式[①]。数学模式观这样解决数学的本体论问题:

数学以模式为直接的研究对象,而模式是抽象思维的产物。

由于模式是借助于明确的定义逻辑到"构造"的,而且在严格的数学研究中,我们只能依靠所说的定义,而不能求助于直观,因此一

---

① 徐利治,"数学模式观"与数学教育及哲学研究中的有关问题,天津师范大学,数学教育科学论文集(1988—1989),天津科学技术出版社,1990;经作者校订后收入:徐利治,徐利治谈数学哲学,大连理工大学出版社,2008:143-153.

旦这些对象得到了"构造",它们就立即获得了确定的"客观内容",对其人们只能客观地加以研究,而不能再任意地加以改变,显然,数学的这种逻辑性质正是数学之所以能够成为一门科学的一个必要条件。

模式为抽象思维的产物,然而,并非是思维对于客观实在的直接的反映,而是一种间接的能动的反映。数学对象的逻辑定义就是一种"重新构造"的过程,而并非对于客观实在的直接反映,这种逻辑构造在一定意义上就意味着与真实相脱离,从而就为思维的创造性活动提供了极大的自由空间。因此,不能绝对地去肯定每一种具体的数学理论的客观意义(现实真理性)。

尽管我们不能以一种直接的、简单的形式去肯定各种数学理论的客观意义,但由于理论研究的最终目的是应用,而且,从历史的角度看,形式的数学理论又往往通过非形式的数学理论的"过渡"与客观实在建立较为直接或者较为间接的联系。因此,我们也就应该在同样的意义上去肯定数学的客观意义,即就整体、过程、趋势、源泉来说,数学是对于客观实体量性规律性的反映。

不应把数学对象看成完全独立的存在,而应注意它们与真实世界及思维活动之间的辩证关系①。

这是对数学的对象,即数学认识的客体的论述,具有创造性的地方在于:提出数学中直接处理的对象是数学模式,数学模式是人的思维的产物,作为每一个具体的数学模式,并不是对客观实在的直接的反映,而是通过数学的历史发展和应用整体地表示出对客观世界的

---

① 徐利治、郑毓信,数学模式观的哲学基础,哲学研究,1990(2);经作者校订后收入:徐利治,徐利治谈数学哲学,大连理工大学出版社,2008:155-170.

间接反映。这实际上是指出数学认识的最终客体是客观世界,这是数学认识客体的一个层次;同时指出数学中直接处理的对象是作为思维产物的数学模式,这是数学认识客体的另一个层次。两个层次通过数学的应用或者说通过真实世界及思维活动之间的辩证关系相关联。用认识客体的层次性解决了通常认为数学认识客体直接就是客观世界,或者认为数学认识客体就是数学概念等思维形式所带来的逻辑困难。

2.2 数学与抽象思维及形式化

对于数学认识的主体,主要就是数学思维的问题,徐利治做了相应的研究。由于数学研究的对象是数学模式这样一种抽象思维的产物,人们对模式的研究只能采用抽象和概括的方式。也就是在数学中研究数学模式能不断采用强抽象和弱抽象的原则进行,例如由集合概念定义出新的数学概念一般是采用强抽象方式,而数学的应用则是采用对数学模式向应用领域进行概括的弱抽象方式。通过不断的强抽象和弱抽象,数学理论的抽象度不断提高,数学理论的形式化层次不断提高。形式化就是用一套表意的数学符号体系,去表达数学对象的结构和规律,从而把对具体数学对象的研究转化为对符号的研究。

徐利治指出,数学思维的载体是数学符号,数学符号则是数学抽象的表现形式,人们通过由数学符号组成的数学语言交流数学思想,认识数学模式,并把数学成果运用于现实世界的各个方面。数学符号是数学形式化的基础,数学理论的表述具有形式化的特征,而这种特征是通过一定的符号体系显现出来的。现代数学理论的表述体系基本上是形式化的,当然不同的数学理论的形式化具有不同的层次,

总的来看,形式化的层次是不断提高的。数学理论的形式化具有重要的意义:

形式化有助于在表述数学理论体系时促进数学理论体系的简单化、严格化和系统化,为数学内部的和谐统一提供思想基础。

形式化有助于数学的发现和创造。形式化能够使数学理论体系的基本逻辑结构突出地表现出来,便于人们发现数学前沿的边界,掌握待解决问题的症结,所以形式化本身能够成为数学发现和创造的重要工具。已有数学知识的形式结构,可以为探索和确定未知的数学形式结构提供类比的基础或借鉴的原型。

当然形式化也离不开数学经验和数学直觉,它们与数学形式化两极的平衡发展,才能够保证数学思想的健康和富有活力[①]。

这表示了数学认识主体进行数学活动时的思维活动特点,一方面,数学活动是不断进行的数学抽象思维的抽象和概括,数学抽象的结果及对数学模式的认识采用数学符号组成的数学语言进行表述,在此基础上数学理论出现形式化的特点,随着数学的发展形式化的层次越来越高。另一方面,形式化必须与数学经验和数学直觉相结合,这两者都来自于人们对数学抽象与现实世界之间辩证的思维-实践活动。就是说数学认识主体通过抽象思维——特别是通过符号化、形式化认识数学对象数学模式,与此同时,通过数学经验和数学直觉与现实世界发生辩证的联系。这样才能实现对两个层次数学认识客体的清晰认识。

---

① 徐利治,王前,数学与思维,湖南教育出版社,1990,第二章;经作者对个别文字做了改动后以"略论数学与形式化"为标题收入:徐利治,徐利治谈数学方法论,大连理工大学出版社,2008:61-75.

2.3 数学模式的数学真理观

数学的认识客体是数学模式(一个层次)和现实世界(另一层次),数学的认识主体是通过抽象思维特别是符号化、形式化与数学经验、数学直觉的结合来认识数学的认识客体,这种认识通过数学概念、命题、数学理论和数学理论体系及其形式化的系统表述出来。那么这种(通过概念理论体系等表述的)对数学认识客体的认识是否符合客体的实际就构成了数学认识主客体的一致性问题,也就是数学的真理问题。在这一问题上,徐利治提出了数学模式的数学真理观。

对应于数学认识客体的层次性和主体对于这种层次性的适应性努力,针对认识对象的两个层次,徐利治提出数学真理性的层次结构,对于数学模式的认识,数学模式是创造性思维的产物,但是一旦数学模式得到了明确的结构,就有了相对的独立性,可以在数学中得到应用,就是说具有了"形式上的客观性",由此具有的真理性就叫作"模式真理性"。对于数学最终是与现实世界密切相关,来自于现实世界又可以应用于现实世界,最终是现实世界的反映这一点,数学能够在现实世界得到成功的应用,表示这一模式的数学认识是符合现实世界的,具有真理性。这样得到的真理就叫作"现实的真理性"。如果把数学理论的逻辑合理性也一起考虑的话,数学真理表现出这样的层次结构:

层次1——逻辑合理性;

层次2——模式真理性;

层次3——现实真理性。

层次高的真理性中包含了层次低的真理性。在考察一个数学理论(或者数学模式)X的真理性时,可以运用三元组真理(X) = <平均

抽象度 X_1,模式真理度 X_2,现实真理度 X_3>来做 X 的真理性指标,确定其中的 X_1,X_2,X_3,就能求出这个指标,就能在一定程度上刻画 X 的真理性。

其中的平均抽象度指 X 中所有的原始抽象概念的平均抽象度;模式真理度标识数学模式的抽象程度或者说形式化程度,可以用数学发展的时代标记:$X_2=C$,即《几何原本》的依赖于感性直观的抽象程度;$X_2=B$,即集合论基础上的抽象程度,例如《几何学基础》(希尔伯特)的形式公理化几何学,在数学系统中尽量排除直观,但是集合论本身却依赖于直观;$X_2=A$,即形式系统的抽象程度,例如希尔伯特形式化方案。

现实真理度可以直观地用数学模式在现实世界中的应用程度来表示,应用越多、应用层次越高的数学模式有越大的现实真理度量值。

这样,徐利治就完善了在数学模式观下的数学认识论建构,这方面其最主要的创新是,既吸收了现代国内外关于数学本体论、认识论的许多新的研究成果,又坚持了辩证唯物主义的认识论。实际上在数学认识的领域中发展并丰富了辩证唯物主义的认识论。

2.4 其他数学哲学课题研究

徐利治对前面举出的数学哲学的其他许多领域也有所研究,在所研究的每一领域都能提出颇有创新性的见解,解决一些理论或者实际问题。

例如对数学哲学的经典课题悖论和数学基础问题,对现代数学哲学及其若干派别的问题,对数学中的直觉思维和某些重要的数学思想的源流的问题都进行了探讨,得出了新颖的结论。

2.4.1 悖论研究

悖论问题是数学哲学最经典的问题之一,徐利治对历史上的各种悖论定义进行了综述和评论,指出它们的成功之处和问题所在,认为弗伦克尔和巴克希尔的定义是比较恰当的:"如果某一理论的公理和推理原则看上去是合理的,但在这个理论中却推出了两个互相矛盾的命题,或者证明了这样一个复合命题,它表现为两个互相矛盾的命题的等价式,那么,我们就说这个理论包含了一个悖论。"对一些悖论进行了列举和分析,特别是从认识论的角度对悖论的成因以及各种解决方案进行了综述和评论,对由不同的解决方案引发的经典数学哲学的不同派别(例如三大学派)的基本观点和方案进行了综述和评论,这一点是难能可贵的。还特别指出研究悖论问题的意义:悖论问题在建立现代演绎科学的基础上占有特别的地位,对其研究有利于对现代演绎科学、数学基础的理解,当然在悖论问题已经过去的当下,过分夸大悖论研究的意义也是不必要的。从认识论的角度看,"悖论来源的探讨可以归结为概念形式思维的'不完全性'的分析,偏离客观对象的单相性概念思维和超脱实际的无限制扩张式的抽象思维都是导致悖论出现的必然原因,从这个意义上说,悖论确实具有'不可避免性'"。这是一个创见[①]。

2.4.2 现代数学哲学发展

数学哲学的现代发展指的是从 20 世纪中叶开始的在数学基础

[①] 徐利治,朱梧槚,袁相碗,郑毓信,悖论和数学基础问题(Ⅱ,Ⅲ,补充一),数学研究与评论,1982(4):121-134;1983(2):93-102;1983(3):62;这些文章经作者校订后收入:徐利治,徐利治谈数学方法论,大连理工大学出版社,2008:287-336.

问题和逻辑主义等数学基础流派方面的研究结果的基础上进行的新的数学哲学研究。

首先是对经典的数学基础问题研究的反思,反思的结论一般有两个:其一,认识到数学中并不存在所谓的"基础危机",因而所谓数学基础研究并不具有特别重要的哲学意义,或者说,数学基础问题不应该被看作是数学哲学的主要问题。当然这并不是否认数学基础研究的意义,而只是说"恺撒的归恺撒,上帝的归上帝",数学基础现在成为数学的一门重要分支学科,当然自有其重要的数学意义,例如为数学提供了逻辑基础、表述基础等,而且当年数学基础研究的哲学思考仍然是有积极意义的。其二,现有的数学哲学观点不能令人满意,需要寻找新的发展方向,指的是经典的数学基础、哲学基础各个学派的哲学观点不能令人满意,但是出路何在呢?

然后就是数学哲学的新发展,这些新发展表现出自己的特点:其一,研究立场的转变,由原来的严重脱离实际的数学活动到与数学活动密切结合,这直接导致了许多新的数学观念、新的数学哲学思想的产生,一个重要的新观念、新思想就是前面指出的,徐利治进行了深入研究并取得重要成果的领域——数学模式观、数学模式的真理观和数学真理的层次观;其二,研究的内容和方法由原来的封闭式的数学基础研究转变为具有明显的开放性,特别是由一般科学哲学中吸取了不少重要的研究问题和有益的思想,例如数学活动论的思想、数学社会学的思想、数学的文化研究都是当代数学哲学的重要方向;其三,与实际的数学活动(数学学习、数学研究、数学应用和数学教育)产生了密切的联系,在一定的程度上起到了引领指导的作用,其中数学方法论的研究尤其具有重要的意义,从本质上看,数学方法论就是数学活动的方法论①。前文指出徐利治对数学方法论的研究成果。

2.4.3 对当代数学哲学思想的研究和评论

徐利治对当代科学哲学思想的研究和评论是以数学科学和辩证唯物主义为基础的,在评论中注意有关思想的两个方面:符合辩证唯物主义的方面和存在问题的方面,特别是关注怎样运用辩证唯物主义对有关哲学思想进行改进,使之既能发挥长处又能符合我们的基本哲学观点。以对现代柏拉图主义的评论为例。

徐利治指出,现代柏拉图主义是经由古典柏拉图主义和近代柏拉图主义发展而来的,现代柏拉图主义的重要观点主要表现在本体论和认识论两个方面。在本体论上,继承了古典和近代柏拉图主义数学对象具有客观性的原则,并把数学对象具有客观性归结为"客观实在",进而认为数学对象是一些理想化的结构——这一点已经成为现代数学模式论的基本概念。在认识论方面,认为数学真理是客观存在的,而人们对其认识不可能是完全的。

徐利治指出现代柏拉图主义关于数学对象与数学真理的"客观性原则"是符合科学反映论要点的,同时认为数学公理就像物理学中的基本假设那样,也将随着数学科学的实际发展而加以改变和修正,这又与科学的认识论的基本观点相一致。不过它否认数学对象与感性世界的联系,片面强调心智在数学思维中的作用,这些仍然表现出客观唯心主义的特征。只需向新柏拉图主义中引入科学认识论的一些观点就可以化解它的客观唯心主义的成分:数学实际上是通过人脑机制所产生的反映形式,既然是反映形式,就不是人脑完全主观的

---

① 徐利治,郑毓信,数学哲学现代发展概述,数学传播(中国台湾),1994(1):11-18;经作者校订后收入:徐利治,徐利治谈数学哲学,大连理工大学出版社,2008:73-87.

产物,数学概念及其关系就必然具有客观性,当然是间接的反映,反映结果是不是正确反映了客观世界就是数学的真理性问题①。

3. 数学教育

数学教育是徐利治数学元理论研究的重点之一。实际上数学方法论研究的初衷就是数学教育的需要,从定义来看,数学方法论主要是研究和探讨数学的发展规律、数学的思想方法以及数学中的发现、发明与创新等法则的一门学问。数学发展规律、数学思想方法、数学中发现、发明、创新的法则,这都是数学教育的典型问题。因此数学方法论研究也就在一定程度上包含了数学教育研究。这里我们考察徐利治数学方法论之外的数学教育研究。

3.1 数学教育研究

列举一下徐利治数学教育研究的一部著作的目录②:

数学研究的艺术

数学研究中的创造性思维规律

数学家是怎样思考和解决问题的

直觉和联想对学习和研究数学的作用

数学研究与左右脑思维之配合

Euler 的方法、精神和风格

略论科学计算在理论研究中的作用

漫谈学数学

---

① 徐利治,数学中的现代柏拉图主义与有关问题,数学教育学报,2004(3);收入:徐利治,徐利治谈数学哲学,大连理工大学出版社,2008:223-239.

② 徐利治,徐利治谈治学方法与数学教育,大连理工大学出版社,2008.

谈自学成才

现代数学教育工作者需重视的几个概念

数学方法论与数学教学改革

算法化原则与数学教育

数学直觉的意义及作用——论培养数学直觉应是数学教育的重要内容

关于数学创造规律的断想及对教改方向的建议

数学哲学、数学史与数学教育的结合——数学教育改革的一个重要方向

西南联大数学名师的"治学经验之谈"及启示

谈谈"一流博士从何而来"的问题

谈谈我的一些数学治学经验

原目录分为治学方法和数学教育两部分，其实都是关于广义的数学教育的，所以合到一起列出，可见已经涉及数学教育的各个方面，这里就不进行分析了。

3.2 对数学教育实践的影响

从 20 世纪 70 年代末，徐利治就致力于数学方法论的探讨和在数学教育领域中的传播——对入职后的教师培训和师范院校学生教育以及数学教育工作者的引领指导，这些工作对数学教育的实践产生了重要的影响。

3.2.1 数学思想和数学方法

我国的课程文件中最早是 1952 年的数学教学大纲提出了以数学教学的"数学的思想"为目标的，1978 年的数学教学大纲开始提出在教学内容中"渗透集合、对应等思想"，1986 年教学大纲中改述为

"渗透集合、对应等数学思想"。

1992年颁行的全日制义务教育数学教学大纲中正式把数学思想和数学方法列入"数学知识"之中,"初中数学的基础知识主要是初中代数、几何中的概念、法则、性质、公式、公理、定理,以及由其内容反映出来的数学思想和方法"。这一个时间点与数学方法论的探讨和普及应该有极大的相关性,正是反映着数学教育领域对培养学生数学思想方法有了深入的研究和认识,反映着数学教学的现实需要。此后数学课程文件中对数学思想和数学方法的重视就是一以贯之的。1996年和2000年的高中数学教学大纲承接了这一观点,在教学目的中指出,高中数学的基础知识是指:"高中数学中的概念、性质、法则、公式、公理、定理,以及由其内容反映出来的数学思想和方法。"2001年初中课程标准总目标中则把"基本的数学思想方法""必需的数学知识"和"必要的应用技能"三者并列为第一目标。2011年义务教育数学课程标准又加上一项"基本活动经验"。2003年高中课程标准指出的第一课程目标则是:"获得必要的数学基础知识和基本技能,理解基本的数学概念、数学结论的本质,了解它们产生的背景、应用,体会其中所蕴含的数学思想和方法,以及它们在后继学习中的作用。"2017年高中数学课程标准的"学科核心素养"指出"形成数学方法和思想";"课程目标"提出的"四基"就是指"数学基础知识、基本技能、基本思想和基本活动经验"。

3.2.2 MM教育方式

从《数学方法论选讲》问世以来,各地都出现了在中学数学教学中运用数学方法论改进教学的做法,有代表性的是MM(Mathematical Methodology(数学方法论))教育方式实验,此实验源自1989年江苏省无锡市开展的高中阶段"贯彻数学方法论的教育方式,全面提高学生素质"数学教育实验(简称 MM 实验),1991 年起该课题被先后列为全国教育科学"八五规划"课题和江苏省教育科学"九五规划"重点项目。MM 课题的后续研究项目则是江苏省"十五""十一五"规划的青年专项课题。最初实验和全国课题的主持人徐沥泉先生 30 年后回忆:

"徐利治先生率先提倡用波利亚的数学教育思想和方法论模式指导数学教学。在他的倡导下,大连理工大学、南京大学、曲阜师范大学等许多大学的数学教师先后组织读书讨论班,系统地研究波利亚,有意识地应用方法论的观点设计教学,指导改革。

MM 教育方式,也就是运用数学方法论的观点指导数学教学,即应用数学的发展规律、数学的思想方法、数学中的发现、发明和创新机制设计和改革数学教学的一种数学教学方式。

1994 年第一轮实验结束以后,通过了由江苏省教育委员会委托的,以王梓坤院士为首的专家委员会(注:其成员有徐利治、林夏水、张奠宙、马明等)的鉴定,并给予高度评价。因此,鉴定组认为,这种数学教育方式在大、中、小学以及职教和成人教育中,都是可行的,有效的。值得继续实验和大力推广。中国教育报以《一项数学教育实验通过专家鉴定》为题发布了该鉴定消息[①]。"

这一实验的结果后来在中学数学教育领域得到了很大的反响,运用数学方法论,运用数学思想数学方法改进数学教学的做法逐渐成为数学教学的常规。可见徐利治首倡的数学方法论在中学数学教育教学中发挥了有效的实践指导作用。

---

① 徐沥泉,MM 教育方式简介,徐沥泉的博客网址 http://blog.sina.com.cn/u/6500238602 (2018-08-06 15:10:59),[2019-03-20 引用].

4. 数学文化

徐利治是国内较早进入数学文化研究的数学家,其研究兴趣包括了"文化"这一概念的广阔内涵,最著名的领域有数学科学与现代文明、数学审美意识及其培养等。

4.1 数学科学与现代文明

首先,徐利治是国内较早提出数学科学概念的数学家,在 20 世纪 90 年代就指出数学应该是与自然科学、社会科学、技术科学并列的"大科学",应该称为数学科学,这一观点得到日益广泛的接受。美国科学院国家研究理事会 2012 年关于新世纪数学的内涵、数学的本质及与其他科学的关系和 2025 年数学发展愿景的报告的题目就是《2025 年的数学科学》[①]。

徐利治从数学科学与近现代科学技术的发展、数学科学与文化素养教育、数学科学与科学宇宙观的演变、数学科学与头脑编程、数学科学与美学原则等几个方面探讨了数学科学与现代文明的关系[②]。其中有许多真知灼见,对于数学教育特别是当下的数学学科核心素养培养有着重要的启迪意义。

4.2 数学审美意识及其培养

数学审美意识始终是徐利治数学文化研究的主要着力点,例如在数学科学与现代文明研究中就研究了数学科学与美学原则,他说,"马克思曾明确指出:人类是按照美学规律去改造世界的。……人类的物质生产活动,现代科学技术的发展,都是按照美学的规律而进行

---

① 美国科学院国家研究理事会,2025 年的数学科学,刘小平,李泽霞译,科学出版社,2014.
② 徐利治,朱剑英,朱梧槚,数学科学与现代文明,自然杂志,1997(1):5-10;1997(2):65-71;两文合并并经作者校订后收入:徐利治,徐利治谈数学哲学,大连理工大学出版社,2008:1-30.

的。数学科学也不例外,所以,科学家和数学家依美学的观点去探索和研究客观世界,并有所发明创造,当是一件顺理成章和易于理解的事情"。

徐利治进而指出审美意识的概念:所谓"审美意识"就是人们感受、鉴赏,乃至创造各种美好事物的一种自觉的心理状态。……它也是教育家和一般科学家都必须重视的问题。事物所呈现的简单性、对称性、和谐性(秩序性)、统一性与奇异性等特征,在人们的意识中都符合美感的属性,也往往是人们在生活和工作实践中喜欢去追求或创造的。历史上许多著名的数学家都是具有极高水平的审美意识的人物,反过来,他们的贡献和成就,又足以证明审美意识对寻求科学真理的重要作用。

他用一个简洁的公式说明创造能力与审美意识的关系:

创造力 = 有效知识量 × 发现思维能力 × 抽象分析能力 × 审美能力

因此审美意识的培养就有利于培养创造能力。

人们的审美意识往往是和他们发现、发明、创造的意识连接在一起的,"审美过程往往就是发现、发明的过程,两者常常交融成为同一个过程"。这几乎是一条对科学家和艺术家来说都适用的一般规律。

如何培养审美意识呢? 一个是充分发挥数学的美育功能,因为数学的理论和方法往往高度地、深刻地反映出美的特征,所以很自然地能给人以美的享受,并能使人们在学习、研究过程中潜移默化地遵循数学的审美准则去分析问题和解决问题。因此人们学习和研究数学,最能有效地增长审美意识和审美能力。可知数学有重要的美育功能,因此数学教育成为培养审美意识的有效方式。因而现在提倡的高等教育中的文理结合或者文理渗透可能是培养审美意识的最佳途径。

徐利治分析了审美意识与德智体的关系:审美意识是科学文化

人应该具备的重要素质,这种素质表现为审美能力,直接与创造能力相关联,而创造能力的培养是智育的重要组成部分,所以审美意识的培养就成为智育的重要环节。审美意识与审美能力有助于人们辨识并寻找真善美的事物,而且会在情感上使人们自然地热爱并珍视美好的事物,因此审美意识培养显然是与德育相辅相成。一般来说,人的审美意识的水平越高,则其德行和悟性也就会越高,反过来,很难想象有严重道德缺陷的人能有真正健康的审美意识。审美意识根植于人们灵魂的最深层部分,从而部分地支配着人们的情操、道德价值观念和精神境界。审美意识和审美活动加强了人脑的思维活动,能促进脑的健康和活力的持久保持,与科学思维一道保证人脑的健康,从而维护了全身心的健康,富于审美意识和创造精神的科学家往往长寿就是最好的证明①。这一点徐利治是身体力行的,他自己就活到了99岁高龄!

数学审美意识和审美能力培养能够促进人的德智体的发展,这一结论对于我们在数学教育中落实立德树人的根本任务,发展素质教育,促进学生的德智体美的全面发展有积极的启发意义。

2019 年 5 月 5 日

---

① 徐利治,科学文化人与审美意识,数学教育学报,1997(1):1-7;徐利治,庹克平,关于《科学文化人与审美意识》的补充性注记,数学教育学报,1997(2):1-3;两文经作者校订后收入:徐利治,徐利治谈数学哲学,大连理工大学出版社,2008:31-44;45-54.

5. 徐利治先生 1981 年关于组合数学史的一封信

罗见今[①]

(内蒙古师范大学,呼和浩特)

内容提要:1981 年 3 月 16 日徐利治先生给当时在内蒙古师院读数学史三年级研究生的罗见今写了一封信,肯定了组合数学史研究的大方向,指导他写论文的要点,并且介绍了美国组合学家高尔德教授的计数成就。

徐利治(1920—2019)先生[1]是我国当代具有长期影响和国际威望的前辈数学家、数学教育家、哲学与方法论导师。他在数学分析、渐近分析、数值积分、逼近论、离散数学、非标准分析、数学基础、数学哲学、数学方法论、数学教学论等方面的贡献载入了数学史册。徐先生重视数学史研究,与数学史工作者保持密切联系,给予他们许多帮助和指导。

2019 年 3 月 11 日 11 点,徐先生以 99 岁高龄在平静中离开了我们。3 月 1 日徐先生的传记作者隋允康、杜瑞芝,《高等数学研究》原主编张肇炽诸教授和作者还电话商议徐先生百岁事宜;3 月 8 日作者

---

① 作者简介:罗见今(1942—),河南新野县人,内蒙古师范大学科技史研究院教授.

从海南回京3天,惊悉噩耗,15日代表内蒙古师大科技史研究院参加了在八宝山的告别仪式。

徐先生的许多高才生参加了告别仪式,有的从外地赶来,不少耄耋老人,有的已是著名数学家。可能只有笔者系文科出身,是徐先生的"编外学生"。1966年笔者在大三读俄语,决定偃文修理,自学高等数学,到1978年考上内蒙古师院数学系李迪先生的数学史硕士,方向为组合数学史。李迪先生1954年毕业于东北师大,听过徐先生的课,也是徐先生的学生,所以在20世纪70年代末期,经他的好友、辽宁师大梁宗巨教授介绍,作者就和徐先生联系上了,他很清楚作者的学习背景,愿意接受这样一位事实上仅有"数学爱好者"水平的文科生,并将这一特殊师生关系延续了近40年,体现了"有教无类"的教育理念。这是作者写这篇纪念文章时感悟特别深刻的一点。

作者半生蹉跎,当时已36岁,文转理科,不知深浅。数海博大,初入道时,真是"入溆浦余儃徊兮,迷不知吾所如"。正彷徨四顾,无所适从,亏得有徐先生指点迷津。在徐先生离散数学思想影响下,便与组合数学史结下不解之缘。1983年徐先生组织全国第一届组合数学会,为首任理事长,作者为首届会员,后忝列理事;徐先生主编《数学研究与评论》,作者便在该刊上多次发表组合数学史论文;1984年全国组合数学会推荐包头九中物理教师陆家羲"不相交斯坦纳三元系大集定理"一文申报国家自然科学一等奖,作者提供有关史料并在《数学进展》发文介绍;1985年第二届全国组合数学会在广州召开,作者随行前后,并在《光明日报》做报道,此后多次会议,能和徐先生见面;两次邀请徐先生到内蒙古师大做学术报告;聘请徐先生担任内蒙古师大学术顾问;此外,作者多次到徐宅,亲聆先生教诲。

笔者三生有幸，在自学数学的坎坷道路上，得到徐先生给予的许多指示和帮助。笔者从堆积的十几个资料箱中寻找那些珍贵的历史记忆，因偏处塞上，在近40年中，徐先生寄给我几十封信和他的论文、著作，希望我明了数学和计数组合学的发展大势。能找到的最早的一封是1981年3月16日的来信。

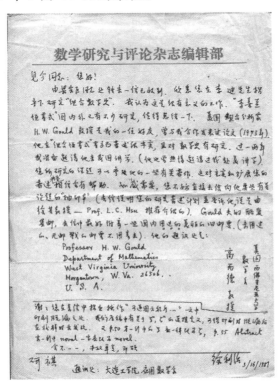

1981年3月16日徐先生的来信

原文和注释如下：

见今同志：您好！

由梁宗巨[1]同志处转来一信已收到。欣悉您在李迪[2]先生指导下研究"组合数学史[3]"，我认为这是很有意义的工作。"李善兰恒等式[4]"国内外已有不少研究，值得总结一下。美国组合分析家H. W.

Gould[5]教授是我的一位好友,曾与我发表过论文(1973年)[6],他在"组合恒等式[7]"等方面著述很丰富,且对数学史有研究[8],过一两年我准备邀请他来我国讲学(他也曾热情邀请过我赴美讲学)。您所研究的课题[9]可以参考他的一些有关著作,这对扩展和充实您的著述内容相信会有帮助。如感需要,您不妨直接去信向他要些有关论题的"抽印本"(去信说明您的著述研究计划并告诉他,说明是由徐某教授——Prof. L. C. Hsu 推荐介绍的)。Gould 夫妇酷爱集邮,去信中最好附寄一些国内用过的美丽的旧邮票(未用过的、无邮戳的邮票不用寄去)。他的通讯处是:

美国西弗吉尼亚大学数学系高尔德教授

Professor H. W. Gould

Department of Mathematics

West Virginia University

Morgantown, W. Va. 26506

U. S. A.

──────────

谢谢您在来信中指出拙作"可逆图示程序……[10]"一文中印刷脱漏之处,我们原稿中有关于 ξ'',ζ'' 的递推定义,可惜印刷时脱漏,后在校样时未发现。又 p.50 第一行中的 ξ 应一律改为 ζ,p.55 Abstract 末一行中 nowal 一字应改为 nowel。

余不一一,专此草复,即颂

研祺!

徐利治 1981-3-16
通讯处:大连工学院 应用数学系

注释

1 梁宗巨(1924—1995):广东新会人,我国著名科学史家、数学史家、数学教育家。1946年毕业于北碚复旦大学化学系。辽宁师大教授、中国数学会数学史分会两届副理事长、中国科学技术史学会副理事长、全国政协委员。著《世界数学史简编》(1980),主编《数学家传略辞典》,前者是我国第一部世界数学史专著,担任《中国大百科全书·数学》的编委和数学史分卷副主编,并有较多社会任职。梁先生与徐先生过从甚密。

2 李迪(1927—2006):吉林伊通人,我国著名科学史家、数学史家、数学史教育家,中国数学会数学史分会副理事长,国际科学史研究院(IAHS)通讯院士。1954年毕业于东北师大数学系,1956年支边到内蒙古师院,创立内蒙古师大科技史学科点。发表论著400余种,主编几种数学史专著,开辟少数民族科技史研究方向,创办《数学史研究》《物理学史》《少数民族科技史》等连续出版物,编写《中国数学史大系》等。

3 组合数学(combinatorial mathematics)史:组合学(combinatorics),即组合分析(combina-torial analysis),组合论(combinatorial theory),是离散数学(discrete mathematics)的重要内容,计算机科学的数学基础。其计数思想在人类文明初期即已萌芽,在东方具有悠久而丰富的历史。1666年莱布尼茨著《论组合的艺术》创立近代组合学,1966年国际《组合论杂志》创刊,现代组合数学兴起,1977年之后,在中国开始引起重视。

4 李善兰恒等式:李善兰(1811—1882)《则古昔斋算学》之四《垛积比类》四卷(约1859),是早期组合数学的杰作,其中由数学家章用据原著推出"李善兰(李壬叔)恒等式"

$$\binom{n+q}{q}^2 = \sum_{k=0}^{n} \binom{q}{k}^2 \binom{n+2q-k}{2q}$$

章用、匈牙利杜兰·巴尔(Turan Pul)从20世纪30年代就发表文章,杜兰、华罗庚各给出两个证明。此外著名组合学家 Jhon Riordan 等六七人也做过不同的证明,近年还有研究者。作者据徐先生指示,在学位论文中列为重点,1982年发表"李善兰恒等式的导出[2]"。

5　H. W. Gould(高尔德,1928—　):美国著名数学家,计数组合学(enumerative combinatorics)的创新者之一。生于弗吉尼亚州朴次茅斯,毕业于弗吉尼亚大学数学系,1956年为硕士,1969年在该校晋升教授。1972年因出版《组合恒等式》包含组合数的500个公式而获研究奖、杰出学者奖。1962年开始,多年任数论杂志《斐波那契季刊》编辑,1967—1970年任美国数学协会(MAA)讲座教授,后任美国《数学评论》评论员、学报主编等。70岁时《离散数学》杂志出版受邀论文选集表示祝贺。1965年与徐利治教授建立学术联系[3]。

6　此文系高尔德和徐利治两人合作,名为"若干新的级数反演关系",在《杜克数学杂志》上发表[4],产生了重大影响:据美国《数学评论》数学科学网截至2014年的统计,该文被索引达40次(教材中的引用不在该统计之中),以"高尔德-徐反演公式"(Gould-Hsu inversion formula)著称于世,高尔德-徐反演获得较多关注和应用,成为两人合作成功的标志。这是中美关系解冻后发表的两国学者合作的数学论文,引人注目。

7　《组合恒等式》[5]1972年出版,搜集了历史上至现代的、二项式系数的500个恒等式,作者出版,在摩根敦的一家有限公司印刷。许多公式都有其特殊的历史来源,例如,该书收录了李善兰恒等式。该书给他带来巨大声誉。高尔德在回答 S. H. 布朗教授的访谈时说:"我对组合恒等式有多年研究,特别是广义的朱(世杰)-范德蒙恒等式。我发现了数论中一些相当有趣的结果[3]。"1976年夏他应邀在多伦多组织了关于组合恒等式的特别会议。

8 "高尔德对数学史的研究":高尔德乐于在专栏中为中学生解释三个古希腊问题(三等分角,化圆为方,倍立方),引起他们的好奇心和对数学的兴趣。20世纪60年代发表了12篇文章,被广泛转载,如"贝尔数和卡塔兰数书目""柯西积分定理编年书目"等。1976年在首届数学史年会上讨论了柯西对分析的贡献。高尔德研究哈代(G. H. Hardy)的学生列昂纳德·卡利兹(Leonard Carlitz,1907—1999),提供的出版物多达773种,并予诠释[3]。

9 "您所研究的课题":得到了徐先生计数组合论前沿研究的启发和他亲自的指导,作者感到不胜荣幸。当时作者是研三学生,在钱宝琮、章用诸先生方法的基础上,正在用组合数学的观点做硕士论文《李善兰〈垛积比类〉新探》[6],在徐先生那里,用组合符号表达中国古代二项式系数是不争的基本要求,作者学位论文的一部分"李善兰对Stirling数和Euler数的研究"经梁宗巨先生推荐,1982年在徐先生主编的《数学研究与评论》[7]中发表。

10 此文系徐先生和蒋茂森所撰《获得互反公式的一类可逆图示程序及其应用》,1980年在《吉林大学自然科学学报》[8]发表。当时作者搜集徐先生的论文仔细阅读,发现有一处上下文不衔接,缺少关于 ξ'',ζ'' 的递推定义,就按照原文上下的内容,将两定义补出,写信向他求教,问是否印刷脱漏。这封信得到肯定的回答。事虽小,诚如《论语》所说,"君子之过也,如日月之蚀焉,过也,人皆见之;更也,人皆仰之",作者不胜感荷。

1981年3月16日的这封信内容高度浓缩,可谓字字珠玑,句句生辉。作者当时仅仅是一个内蒙古师院数学系三年级的研究生,徐先生就这样认真指导,真令作者喜出望外,如获至宝,对信中每句话都认真推敲,促使我努力撰写学位论文,提高到学术前沿的水平。实际上,这封信不仅是给我本人的,徐先生肯定了组合数学史研究的大方向,具有普遍意义。

徐先生重视与高尔德教授的学术友谊,信中用不小篇幅予以介绍。从那时起,作者就关注高尔德教授的工作和他与徐先生的友谊。他们两人合作发表"高尔德-徐公式",成为国际上中美数学家合作攻关的典范;徐先生四次赴美,三次与高尔德教授会见;徐先生邀请高尔德担任《数学研究与评论》副主编;他们在七十、八十寿辰纪念文集中相互发表学术论文以示祝贺;……这些都促进了计数组合学的发展。

高尔德教授在研究计数组合学中的恒等式、级数反演等获得了杰出的成果,半个多世纪以来,他关注朱(世杰)-范德蒙公式,阐发其广泛的应用,直到2015年,还在《中国科学·数学》中发表论文"类Vandermonde恒等式的新组合恒等式[11]"。

作者在2017年11月8日曾到北京徐宅访问,见到徐先生,已经97岁高龄,两人相见,言笑晏晏,其乐融融。我这个"编外生",跟随徐老近40年,在李迪先生的支持下,坚持计数组合学史的方向①,世

---

① 作者从事的秦汉简牍年代学是计数组合学原则在历史年代学中的应用,属于数学考古。

事沧桑,心无旁骛,也已75岁。他还像几十年前一样,立即给作者把着手,讲了一堂计数组合学的课,令作者感慨不已。这个老学生还像以往一样做笔记、拍文献照片,据美国《数学评论》数学科学网[9]截止于2014年的引文数据库,检索出徐利治英文数学论文产生了明显的国际影响。此后,作者为介绍徐先生的这一成就,撰成1.1万字的"计数组合学的创新者:徐利治和高尔德[10]",当作我最后缴给他的一份作业,没有来得及请徐先生过目,他就不幸逝世,成为作者永久的怀念。

2017年11月18日徐利治先生在北京宅中与作者合影

作为后学,我们铭记徐先生的谆谆教诲,深入学习徐先生的治学精神,沿着他开辟的学术道路,带动新人,使得徐先生终生追求的数学事业日益发展。

参考文献

[1] 王元,钱伟长.20世纪中国知名科学家学术成就概览:数学卷 第二分册[M].北京:科学出版社,2011:116-123.

[2] 罗见今. 李善兰恒等式的导出[J]. 内蒙古师范大学学报(自然科学汉文版), 1982(2): 42-52.

[3] Gould H W, Brown S H. An interview with H. W. Gould[J]. The College Mathematics Journal, 2006, 37(5): 370-379.

[4] Gould H W, Hsu L C. Some new inverse series relations[J]. Duke Math. J., 1973(40): 885-891.

[5] Gould H W. Combinatorial identities[M]. Morgantown: Published by the author. Printed by Morgantown Printing and Binding Co., 1972.

[6] 罗见今. 李善兰《垛积比类》新探[D]. 呼和浩特: 内蒙古师范大学硕士学位论文, 1981.

[7] 罗见今. 李善兰对 Stirling 数和 Euler 数的研究[J]. 数学研究与评论. 1982(4): 173-182.

[8] 徐利治, 蒋茂森. 获得互反公式的一类可逆图示程序及其应用[J]. 吉林大学自然科学学报, 1980(4): 43-55.

[9] 美国《数学评论》的数学科学网: Math Sci Net of Mathematical Reviews.

[10] 罗见今. 计数组合学的创新者: 徐利治和高尔德[J]. 高等数学研究, 2019(即发).

[11] Gould H W. 类 Vandermonde 恒等式的新组合恒等式: 第一部分[J]. 中国科学(数学), 2015, 45(9): 1505-1512.

2019 年 5 月 9 日

6. 缘系口述史：缅怀徐利治先生

郭金海[①]

（中国科学院自然科学史研究所，北京）

2019年3月11日中午，我打开手机的微信，忽然看到袁向东先生发来徐利治先生逝世的噩耗："金海，刚接到江医生电话，徐先生于今天上午11点去世。很怀念徐先生！"从2004年开始，我和袁向东先生合作做徐先生的访谈，历时五年于2009年整理出版《徐利治访谈录》。这是我国第一部数学家口述史著作。因口述史，我们与徐先生结缘，并建立深厚的友谊。而且徐先生平易近人，没有架子，视我这个年轻人为可以结交的朋友。因此，2009年后我们还经常联系，每年我都会和袁先生去他府中看望。3月11日下午，我与徐先生的老伴江医生通了电话，证实了这个噩耗。江医生说，她赶到医院时，徐先生已经快不行了。当听到江医生叫"徐利治"时，徐先生微微睁眼看了一下就走了。徐先生走得很平静，逝世前曾对保姆说，在讣告上不要写徐利治是著名数学家等文字。听完这话，我的双眼湿润了，内

[①] 作者简介：郭金海（1974— ），天津市人，中国科学院自然科学史研究所研究员、博士生导师。

心久久不能平静。虽然徐先生逝世迄今已有50余天,但在我心中他似乎仍未离去,与先生访谈、与先生交往的一幕幕场景,时时浮现在眼前。

2004年,我在中国科学院自然科学史研究所刚工作一年,当时希望做一些口述史工作,但对该工作怎么做还一知半解。当年我抱着试试看的态度,与徐先生取得联系,已84岁高龄的徐先生慨然应允,令我喜出望外。同时,袁向东先生是做口述史经验丰富的数学史家,极力支持,促成此事,并积极参与其中。这样,我们三人不定期地在自然科学史研究所进行访谈。那时自然科学史研究所尚未迁至中关村中国科学院基础科学园区,坐落于朝阳门内大街137号原清代孚郡王的府邸——孚王府。所址虽然地处喧嚣、繁华的市中心地段,但研究所内幽静宜人、古色古香,似与外界隔绝,是做学问、促膝谈心、回忆学术往事的理想之所。

每次访谈前,我先去翠微路甲24号把徐先生从家中用出租车接到自然科学史研究所。徐先生见到我,总是热情接待,令人有一种亲切感。在路上,徐先生经常讲一些亲身经历、数学界的往事,或国家大事。这使我在每次访谈前就已开阔了眼界。徐先生不仅记忆力好、思维敏捷,而且对待访谈极其认真和耐心。每次访谈前,他不是在我们提供的采访提纲上密密麻麻地写满事先回忆的内容,就是另纸列出谈话要点。在访谈过程中,徐先生除了尽可能细致地回忆采访提纲上的问题,还随时耐心地回答我们就新出现的线索而提出的问题,有时还会就某个问题与我们展开讨论。徐先生在访谈中有时还会就某一历史细节加一些动作予以说明,十分生动。如他回忆陈省身先生曾指出民国时期浙江大学数学系每年发表很多文章,说到

2007年7月袁向东(左)、郭金海(右)与徐利治先生在中国科学院自然科学史研究所进行访谈

"好像是一架机器似的,放进去,一摇出一篇文章;放进去,一摇又出一篇文章"的时候,加了当年陈先生讲此事时所做的"摇"的动作。我对此印象深刻。徐先生在访谈中非常坦诚。他毫不回避走过的弯路,公开自己的"天真"行为。他对他的师长充满感激之情,但又不掩饰自己所了解的情况。每次访谈中午休息的时候,我们都到距离自然科学史研究所很近的"九爷府酒店",吃一顿清淡的午餐。用餐过程中,徐先生不时会在喧闹的餐厅中提高嗓门讲一些"秘闻"。饭后徐先生经常会与我们返回孚王府续谈。每次访谈后,我们整理好访谈稿,徐先生都会逐字逐句认真修订。至今回想起这些往事,我深深认识到当时徐先生和我们的目标很一致:尽可能准确、具体、详细地复原历史。

徐先生对于我们的要求,即使很过分,他也总是有求必应。如我们希望他找些他早年的照片和信件,他当即爽快地答应了。要知道经过多次政治运动和搬家,想找到这些旧东西谈何容易。而徐先生不辞劳苦,利用一次从北京回大连的机会,从老屋里整理出一些残存的照片和一批信件寄给我,作为第一手研究资料。其中,信件不下数十封,包括陈省身、华罗庚、段学复、钟开莱、田方增、亨利·高尔德(H. W. Gould)、爱尔特希(Paul Erdös)等致徐先生的信,弥足珍贵。除了华罗庚致徐先生的信后来由徐先生捐献给老家张家港市档案馆外,其余信件至今保留在我手中。徐先生曾对我说:"你正在做研究,这些信保留在你手中对你有用。"这令我十分感动。

2006年湖南教育出版社计划出版《20世纪中国科学史口述史》丛书,由著名科学史家樊洪业任主编。樊先生希望将徐先生的访谈整理成一本著作纳入这套丛书,我和袁向东先生都表示同意。但由于徐先生不是院士,湖南教育出版社内部对是否纳入徐先生的访谈录存在不同意见。当时徐先生愿意将其访谈录纳入,认为"如能对记录中国近现代数学发展史略做贡献,将是十分欣幸愉快的事[①]"。但他淡泊名利,对是否纳入看得很开,并不十分在意。2006年7月26日,徐先生在写给我的信中说:"同意您与袁向东同志意见,湖南教育出版社的'出书项目'中如能纳入,则甚好。如无机会,则也无所谓,不必勉强。对我来说,最重要的事,就是要努力做一些真正具有永恒性价值的东西流传给后代。"在这封信中,徐先生还特别说明他对数学基本理论、数学方法论,以及数学思想研究的重视,并谈了晚年的打算:

---

① 2006年8月2日徐利治致郭金海信。"记录"在信中原为"纪录",今依当今用法改正。

2006 年 7 月 26 日徐利治致郭金海信(说明了对数学基本理论、数学方法论,以及数学思想研究的重视,谈了晚年的打算,表示了对访谈录能否纳入湖南教育出版社《20 世纪中国科学史口述史》丛书的态度)

"我特别希望我的数学方法论研究与数学哲学思想……能介绍给年青一代。所以,在将来我们座谈时,希望能较为系统地和你们谈论'方法论和数学哲学'(其中有不少深刻而有趣的问题)。

"近两年来我继续有技术性数学专题论文(与海外同行合作),不时在国外知名刊物(SCI 刊物)发表。但我认为那些都是次要的,不会对后代真有影响。真正能有深远影响的,还是基本理论研究,数学思想、方法论,etc.

"如果健康一直良好,我计划于 90 岁前写出一本《论无限——关于无限的哲学与数学》著作。我手头有一本 R. Rucker 的名著《Infinity and Mind》(《无限与心智》,美国普林斯顿大学,1995 年版)[①],340 页,内容题材很丰富,有一系列引人入胜的有趣题材。而我要写的书,将在许多方面超越它。在我最后的有生之年,将专注于基本理论研究。特别,对数学的永恒主题——"无限"——做一番力所能及的彻底的分析研究(注:Godel 不完全性定理 etc. 都与无限性有关)[②]。"

这封信反映了徐先生晚年的追求:要做对后代真正有影响的工作。他计划 90 岁前写出的《论无限——关于无限的哲学与数学》后来如期完成,定名为《论无限:无限的数学与哲学》于 2008 年由大连理工大学出版社出版,实现了他的夙愿。《徐利治访谈录》被纳入《20 世纪中国科学史口述史》丛书,于 2009 年顺利出版。徐先生晚年对这本访谈录很看重。这与书中记录的徐先生曲折而丰富的人生经历和数学思想可能会对后代产生积极影响,有一定的关联。

---

① 此书即 Rudy Rucker. Infinity and the Mind:the Science and Philosophy of the Infinite. Princeton:Princeton Unversity Press,1995.

② 按 2006 年 7 月 26 日徐利治致郭金海信照录,括号中文字均为原信内容。

JMRE

数学研究与评论
JOURNAL OF MATHEMATICAL
RESEARCH & EXPOSITION

Address:
Department of Applied Mathematics
Dalian University of Technology
Dalian, 116024
CHINA
Tel: (86)-(411)-8707392
e-mail: jmre@dlut.edu.cn
http://jmre.dlut.edu.cn

金海：您好！

奇耒 选题表及附件，已收阅多日，因阴雨未去邮局，致迟复为歉。

选题表填写内容及访谈提纲都拟订得很好，我很同意和认可访谈提纲，兹随函寄回。（我已签字）

"20世纪中国口述科学史"丛书应该是一套很有价值的丛书，我乐于作为访谈对象，如能对纪录中国近现代数学发展史略作贡献，将是十分欣幸愉快的事。

多年前美国Stanford大学终身荣誉教授钟开莱（Kai-Lai Chung）曾对我说过，能受到国外（国际）科学基金资助，应邀在国际学术会议上作报告（特别是主题讲演），才是真正学术荣誉。这又使我联想到，在述及我的简历时，是否还可将下列三条补述进去：

"我曾应邀在国际(数学)专业性学术会议上作过学术讲演：

① 1983年春应邀在美国 Texas A&M 大学举行的 <u>国际函数逼近论学术会议</u> 上作一小时主题讲演（得到 <u>美国科学基金会 NSF 资助</u>）。

② 1982年夏应邀在德国 玻恩（Bonn）举行的 <u>国际数学规划学术会议</u> 上作专题报告（得到 <u>德国科学促进会</u> 资助）。

③ 1992年夏应邀在英国 圣安竹(St.Andrews)举行的 <u>国际Fibonacci数的应用研究会议</u> 上作专题讲演（得到 <u>伦敦数学会 资助</u>）。"

上邮寄给您"我的简历"（《东方之子》人物约稿）复印件一份，谅已收见。因字数规定不超过1500字，所以上述三条~~也~~也就不提了。

我与老伴拟于8月中旬左右回大连一次，今后再会，专此即颂

工作顺利

徐利治
2006/08/02 京

PS 本市来信，一般隔日即收到。方便时希来信。
并向家门各处请代问好。
我们收发室老王(临付) 电话：010-6685 1294。（遇事他能立刻找我们接电话）

2006年8月2日徐利治致郭金海信（表示愿意将访谈录纳入《20世纪中国科学史口述史》丛书，在个人简历中补充了三次应邀在国际学术会议做报告的活动）

我和袁向东先生与徐先生的最后一次见面,是在2019年2月2日,地点是在北京世纪坛医院。当天是腊月二十八,还有两天就到春节了。躺在病床上的徐先生见到我们十分高兴,说我们来看他对他身体有好处,并用力紧紧地握住了我的手。我能感觉到他是真心地欢迎我们。当时徐先生虽然身体已经相当虚弱,但还念念不忘数学,与我们谈了他的数学工作和对中国组合数学史的看法。这次袁先生为我和徐先生拍了合影。徐先生说这可能是我们最后一次合影了。没想到,此话竟成了现实。

2015年12月13日袁向东、郭金海与徐利治先生合影(地点:徐先生家附近酒店)

回顾与徐先生大约15年的交往,我所得到的东西很多。不仅仅是合作完成《徐利治访谈录》,对徐先生的人生经历与他经历的数学史有了深入的认识,提高了做口述史的水平,更重要的是徐先生对数学的执着和热爱、工作的勤奋精神、做事的认真态度、做人的坦诚风范感染了我。不仅如此,徐先生经常鼓励我在学术上取得进步,多次

2016年12月31日郭金海与徐利治先生合影(地点:徐先生家门口)

慷慨地送我资料,使我受益匪浅。对于这些,我均铭感难忘。至今,我依然怀念徐先生。

2019年5月5日

7. 徐利治先生给我的教益

刘洁民[①]

(北京师范大学,北京)

2019年3月11日,惊闻徐利治先生逝世,痛感我们失去了一位杰出的数学家和数学教育家,失去了一位慈祥、睿智的良师益友。现在,我愿借徐先生纪念文集出版的机会,表达我对他的深切怀念和敬仰。

数学方法论与数学哲学的引路人

我最初是从研读《数学方法论选讲》知道徐先生的。在此之前,我已经读过波利亚《怎样解题》和《数学的发现》的中译本,还读了威克尔格伦《怎样解题》的中译本,这几本书使我超越了过去所理解的"解题术",大有耳目一新之感,当时我头脑中还没有"数学方法论"的概念,只是觉得在这些书中有更深刻的数学思维。随后我见到了徐先生的《数学方法论选讲》。或许是在这本书中,我第一次见到

---

① 作者简介:刘洁民(1958—),北京市人,北京师范大学副教授.

"数学方法论"的提法,书中的内容完全不是具体的解题方法,而是数学中最根本的思想和方法,包括数学模型方法、公理化方法、关系映射反演原则、数学的结构主义、伽罗瓦的群论思想方法、数学发明创造的心智过程等专题。其中第一讲是"数学方法论引论",徐先生对宏观和微观两个层次的数学方法都有精辟的概括和解说,其中关于数学方法论与数学史关系的看法使我深受启发。

这一讲的结尾是对有兴趣钻研数学方法论的青年数学工作者的几点希望和建议,包括:(1)最好能抽出些时间主动阅读一点数学发展史,以加深对数学发展宏观规律的认识。(2)尽可能选读一些著名经典作家(数学家)的全集或选集中的若干代表性作品,以便领会某些卓越的心智活动法则和规律。(3)在可能范围内,最好能在数学科学(甚至是自然科学)的广阔领域中博览群书,以开拓自己的知识疆域,俾利于发展自己的理解能力和想象能力。(4)宜通过辩证法的学习,尽早确立科学的反映论观点[2]14。徐先生的建议是给数学工作者的,认为要学好数学方法论有必要学习数学史和数学经典,还需要在数学和科学领域博览群书,以及需要学习辩证法。我的专业是数学史,徐先生的建议使我认识到,学习数学方法论对学习和理解数学史具有至关重要的意义和作用,学习数学史同样需要博览群书,至于第四条,由于早些时候我已经开始研读约翰·洛西的《科学哲学历史导论》和罗素的《西方哲学史》,所以我把徐先生的建议扩展到更一般的科学哲学及哲学史。这样的四个方面后来一直伴随着我的学习和研究,使我至今仍然从中受益。直到很晚我才知道,早在1980年,徐先生就出版了《浅谈数学方法论》,遗憾的是,我始终没有机会拜读这本书。

另外需要指出的是,《数学方法论选讲》中所论述的数学公理化方法、数学的结构主义、悖论与数学基础诸流派及其无穷观,早已超出了通常方法论的层次,进入数学哲学的核心领域。在读到徐先生的这本书之前,我虽然读过罗素的《数理哲学导论》,但基本上是一知半解、半生不熟,读了徐先生的书,我开始对数学哲学有了较为明确的认识,并且产生了十分浓厚的兴趣,它同样一直伴随我的学术生涯。

2008年,徐先生的《论无限:无限的数学与哲学》出版,其中深入讨论的两种对立的无限观——潜无限和实无限,自古希腊时代直到今天都是数学中极度引人注目的重大问题。徐先生集数学、数学史、数学哲学三方面的广博知识和精深研究于一身,系统深入地对两种无限观在数学研究中的地位和影响及在数学史、数学哲学中的深刻意义进行了研究。这些工作对我思考和研究这两种无限观在数学史上的发展线索和深远意义具有难以替代的启发性。

可以毫不夸张地说,徐先生是我在数学方法论和数学哲学方面的引路人。

《数学方法论丛书》对我的影响

20世纪80年代末至90年代初,由徐先生主编的《数学方法论丛书》陆续出版,据我所知一共出版了三辑14本,每一本我都认真阅读过。丛书中包括了徐先生与郑毓信先生合写的两本:《关系映射反演方法》和《数学抽象方法与抽象度分析法》。

关系映射反演方法,有时候也叫变换—求解—反演法,是数学中的基本方法之一,其最常见和最基本的应用,可以举对数和解析几何为例。《关系映射反演方法》中分析了包括这两个例子在内的多个重要案例,并结合数学史上的经典工作做了分析。类似地,《数学抽象方法与抽象度分析法》中同样研究了数学史和科学史上的一些经典案例,例如牛顿的万有引力定律,门捷列夫的化学元素周期律,希尔伯特完善后的欧几里得几何公理系统、虚数、无穷远点、非欧几何等。如前所述,徐先生的本意是结合数学史案例讲解数学方法,但对我来说,却是运用数学方法论对数学史上的重要问题和方法进行分析的基本案例,这些案例及其进一步讨论实际上构成了数学思想史研究的重要内容。

1995 年,在此前连续十年讲授中外数学通史课程的基础上,我设计了一门全新的课程"数学思想史专题",从那时候开始直到如今,我一直为数学专业本科生讲授这门课程,其中的专题经过一系列修改调整,其核心部分包括:数系的扩充与奠基,几何三大难题,平行公设与非欧几何,数形结合,高次方程的公式解与群论,无穷小方法的历史进程,从古典概率论到现代概率论,集合论的创立与发展,程序化与构造性,公理法的四个发展阶段。

我在这门课的导论部分写道:

"'数学思想史专题'课程不同于那种按年代顺序陈述数学历史事件的编年史,而重在对数学问题与方法、概念与体系及其演变的分析。"

"本课程通过少量精选的专题论述数学中一些重要的问题、方法、思想、概念和分支产生的数学内在背景和社会文化背景;它们为什么会在历史上长期受到关注;它们演变的大致脉络和原因;它们的时代特征及区域特征;它们之间的相互关联及与现代数学的联系;历史上一些大数学家的工作范例;近代以来自然科学与社会科学的数学化;数学在人类文化中的地位与价值。"

"这些专题涉及数学系本科的大部分课程,其中体现的数学思想与方法往往是本质的和深刻的,现代数学中许多最富创造性的成果正是由这些基本内容发展、深化而来的。通过对这些内容的学习,对于领悟数学的真谛或可起到以易驭难、以偏概全的作用。"

"数学不只是一些定理、命题和推论的机械而简单的罗列,也不仅仅是一些技巧和工具,它是自有人类文明以来,人类在认识自然、完善自己和适应改造自然与社会的过程中一种高度智慧的结晶。我们不能只讲述知识和技巧,更要讲述数学思想:新的概念为什么要引进?定理是如何想出来的,有什么作用?与此同时,还要特别关注其中所运用的数学方法,因为在绝大多数情况下,没有对数学方法的理解,理解数学思想就会成为一句空话。"

在很大程度上,我希望"数学思想史专题"更像一门数学课而不是一门历史课。虽然形成这门课的设计和讲授思路受到多方面因素的影响,但无论如何,自 20 世纪 80 年代末至 90 年代前期研读徐先生的数学方法论著作,对我形成这门课的基本思路的影响是非常重要的。

我所了解的徐先生的数学教育观

1. 数学史与数学教育

如前所述,徐先生认为,为了学好数学,为了做一个合格的数学教师,都需要学一点数学方法论,而为了学习数学方法论,需要对数学史有基本的了解。在这里,数学史与数学专业的关系是较为间接的,以数学方法论为中介。另一方面,根据我所了解的情况,最迟从1994年开始,徐先生在一系列论著和报告中直接提出,为了学好数学,为了做一个合格的数学教师,需要学习数学发展史和数学思想史。在他的"数学史、数学方法和数学评价"及"数学哲学、数学史与数学教育的结合——数学教育改革的一个重要方面"中都明确提出了这样的观点,并且在他的《徐利治论数学方法学》中进一步加强这种观点。

在《数学史、数学方法和数学评价》一文中徐先生写道:

"充满启示作用的'数学方法论'和'数学思想发展史'势必将成为培育新一代数学家的重要课程[6]56。""我想,大多数数学工作者(包括数学教师们)都会承认,从数学教育的观点看,数学思想发展史比一般的数学史更为重要。理由是,前者向人们揭示了数学创造性思想的萌芽、成长、发展的客观的历史过程,同时也反映了数学成果(一般表现为数学模型及其建构)的发现、发明、创制的动力、契机及其增殖发展的规律,从而将能启发年轻一代的数学家们,顺应客观历史规律,总结并扬弃前一代数学家的思想方法,为人类的数学文化事业做出继往开来的新贡献[6]57。"

虽然我很早就开始学习徐先生的数学方法论著作,但在很长时间里并没有见过他,因而也没有当面向他请教的机会。从2000年开始,我多年参与教育部《初中科学课程标准》的研制工作,其前期调研中包括一项"中国科学家对未来中国公民科学素养的期望"的调研。由于多方面原因,这项工作实际调研的科学家比原计划大大减少。2001年1月10日,我和内蒙古师范大学的罗见今教授一同前往徐先生家拜访他,并邀请他到北京师范大学参加一个小型座谈会。从当天早上八点多钟我们到徐先生家,直到午饭后我们送徐先生回家,在总共大约六小时时间里,徐先生滔滔不绝、侃侃而谈,就我们预先提出的12个问题逐个回答,发表了十分精辟的见解。

在访谈中徐先生谈到,他从年轻时代就对科学史、数学史感兴趣,然后一再强调说:"我认为数学专业的人,不管是理科大学还是师范专业的,数学史的课程应该开设,这是我一贯主张的。""我认为理工科学生应该学科学发展简史。数学专业的人,除了科学发展简史以外,还应该专门学数学史。我很强调学习数学发展史,到了高年级或者研究生,我认为还应该读一读、学一学数学思想史,这个思想史可以在研究生阶段学,但是大学生学数学的一般发展史是必需的。"

2. 对数学教育的一般看法

徐先生历来关心数学教育。他的《漫谈数学的学习和研究方法——献给青年数学爱好者》(1989)中就包含了他对数学学习和数学教育的很多精辟见解。另外,在他的文集《徐利治论数学方法学》中,至少有六篇文章是直接论述数学教育的。

在我和罗见今教授对他的访谈过程中,他谈到当今数学发展有两个十分值得注意的特点,第一个是追求统一性和简易性,第二个是重视应用。"我认为从数学科学来讲是追求简易化,追求统一,同时是追求应用,在应用中才能发现新问题。""总而言之,要把烦琐的东西淘汰掉,精要的东西提炼出来,这是科学发展的方向,我想数学发展更应该如此,这是发展趋势。……要在应用中寻找新的生命,而且理论结果要回到应用中去。要追求简单、优美。"然后他指出:"我觉得数学教育应该符合总的发展方向,也要追求简易,追求统一,教材中要简单化,把枯燥的东西搞简单,把烦琐的东西搞简单,把难的东西搞容易。所以我这里讲过,在教育方面,几十年前,我做过华罗庚先生的助教,他跟我讲过,好的数学老师应该能够把烦琐的东西讲简单,把难的东西讲容易。反过来,如果把简单的东西讲复杂了,把容易的东西讲难了,那是低水平的表现。"关于如何学习数学、教授数学,徐先生说他最初概括了四条经验,后来扩展为六条:培养兴趣,追求简易,重视直观,学会抽象,不怕计算,爱好文学。

作为杰出的数学家和数学教育家,徐先生的上述意见无疑是非常重要的。在此后的十几年中,我本人无论是作为一个数学教师,还是作为一个数学教育和科学教育研究者,都从这些意见中汲取了十分重要的养分。

无尽的遗憾和怀念

在2001年那次访谈之后,我还有几次和徐先生直接见面的机会,有幸聆听他的殷殷教诲和精辟见解,但遗憾的是,由于各种原因,这些内容都没有留存下来。最令人遗憾的是,2018年初,隋允康教授向我转达了徐先生的一个口信,说他对数学史有一些思考,形成了一些问题,希望和我谈谈,看我是不是有可能加以研究。由于一些现在看来无足轻重的原因,这次见面一直未能实现。到2018年10月,隋教授再次向我转达了徐先生的口信,邀请我面谈,但由于徐先生随即病重,不再适合讨论这样的问题,直到他逝世。在徐先生的告别仪式上,我望着他的遗像,在深切缅怀这位可敬长者的同时,心中涌起无尽的遗憾。这种遗憾,大概再也没有补救的机会了。

参考文献

[1] 徐利治. 浅谈数学方法论[M]. 沈阳:辽宁人民出版社,1980.

[2] 徐利治.数学方法论选讲[M].武汉:华中工学院出版社,1983.

[3] 徐利治.漫谈数学的学习和研究方法:献给青年数学爱好者[M].大连:大连理工大学出版社,1989.

[4] 徐利治,郑毓信.关系映射反演方法[M].南京:江苏教育出版社,1989.

[5] 徐利治,郑毓信.数学抽象方法与抽象度分析法[M].南京:江苏教育出版社,1990.

[6] 徐利治.数学史、数学方法和数学评价[C]//严士健.面向21世纪的中国数学教育:数学家谈数学教育.南京:江苏教育出版社,1994.

[7] 徐利治,王前.数学哲学、数学史与数学教育的结合:数学教育改革的一个重要方面[J].数学教育学报.1994,3(1):3-8.

[8] 徐利治.徐利治论数学方法学[M].济南:山东教育出版社,2001.

[9] 徐利治.论无限:无限的数学与哲学[M].大连:大连理工大学出版社,2008.

[10] 波利亚.数学的发现:第一卷[M].刘景麟,曹之江,邹清莲,译.呼和浩特:内蒙古人民出版社,1979.

[11] 波利亚.数学的发现:第二卷[M].刘景麟,曹之江,邹清莲,译.呼和浩特:内蒙古人民出版社,1981.

[12] 波利亚.怎样解题[M].阎育苏,译.北京:科学出版社,1982.

[13] 罗素.西方哲学史:上卷[M].何兆武,李约瑟,译.北京:商务印书馆,1982.

[14] 罗素.西方哲学史:下卷[M].马元德,译.北京:商务印书馆,

1982.

[15] 洛西.科学哲学历史导论[M].邱仁宗,金吾伦,林夏水等,译.武汉:华中工学院出版社,1982.

[16] 威克尔格伦.怎样解题[M].汪贵枫,袁崇义,译.北京:原子能出版社,1981.

2019 年 5 月 18 日

8. 我心目中的徐利治先生

姜东光[①]

(大连理工大学,大连)

一、徐利治印象

1982年前后,作为物理系的学生和年轻教工,对来到大连理工大学任教的徐利治先生了解不多。后来,他的研究生的描述让我对徐老师有了鲜明的印象。

当时,吉林大学、大连理工大学和华中科技大学都对徐老师虚席以待,殷切希望徐老师安排更多的时间在本单位工作。华中科大的朱九思校长最为殷切,请徐老师对图书馆藏书和管理等工作提出看法,朱校长会在第一时间去落实徐老师有关的合理化建议。徐老师的研究生看到了图书馆的工作人员,甚至用午休时间去楼上楼下搬运杂志。组合数学方向的研究生,像候鸟似的跟着徐老师来回奔波于大工与华中科大之间。这些同宿舍楼的年轻人,聊起导师徐先生,

---

① 作者简介:姜东光(1955—),江苏连云港人,大连理工大学物理学院教授.

目光炯炯,敬佩之情满满地洋溢在脸庞。

徐老师重视学术交流,请蜚声中外的数学家钟开莱(Kai Lai Chung,1917—2009)到大工讲学。我在挤满了学生的讲堂,听着钟先生的报告,兴奋不已。不过,数学专业的内容听懂的不多,但是钟先生对徐老师的褒奖有加的溢美之词,却是留下了深刻的印象。

我最难忘的是,徐老师请来了世界顶尖级的数学家陈省身(Shiing Shen Chern,1911—2004)做报告,在大工六角楼的大阶梯教室里,过道上也站满了学生,气氛十分热烈。陈老简述了大范围微分几何的基本思想,为了让基础不同、专业各异的听众都有所感悟,陈老提及微分几何在生物学DNA长链分子结构上的应用及其他例子,如地球表面风的"不动点理论"。陈老还特别提到了当年的学生杨振宁,微分几何纤维丛概念在他的规范场论中有重要应用。聆听这次报告留下了终生不忘的印象,仰慕陈先生,感谢徐先生!

二、徐利治教学思想与陈省身杨振宁顶尖级工作

这次报告之后,我去查阅了如下资料:对于陈省身在大范围微分几何的贡献,杨振宁曾经这样描述自己的感受:

"1975年,规范场就是纤维丛上的联络,这一事实使我非常激动。我驾车去陈省身在伯克利附近的家,我们谈到友谊、亲朋、中国。当我们谈到纤维丛时,我告诉他我从西蒙斯①那里学了漂亮的纤维丛理论,以及深奥的陈省身-外尔定理。我说,令我惊异不止的是,规范场正是纤维丛上的联络,而数学家是在不涉及物理世界的情况下搞

---

① J. Simons,1938年生.

出来的。"

又说：

"这既使我震惊，也令我迷惑不解。因为，你们数学家居然能凭空想象出这些概念。"

他立即又反对说：

"非也，非也，这些概念不是想象出来的。它们是自然而真实的。"

数学和物理学之间有如此深刻的联系，似乎这两个学科之间应有很多的重叠部分。然而，这是不对的。它们各自分别有自己的目标和风格。它们具有截然不同的价值观，以及不同的传统。在基本概念层面，它们令人惊讶地共同分享某些概念，但即使在那里，两个学科仍然按照各自的脉络生长着[1]711。

且看陈省身对这件事有什么记述：

"1954年、1955年我从芝加哥休假，去普林斯顿一年，振宁在彼。我们见面常谈学问。很奇怪的，杨-米尔斯场论发表于1954年，我的示性类论文发表于1946年，而我于1949年初在普林斯顿讲了一学期的联络论，后来印成笔记，我们竟不知道我们的工作有如此密切的关系。20年后两者的重要性渐为人所了解，我们才恍然，我们所碰到的是同一大象的两个部分。"

"在物理上重要的一个特别情形，振宁与米尔斯（R. L. Mills，1927—1999）能独立看出这些深刻的数学性质，这是十分惊人的。1954年杨-米尔斯的非阿贝尔规范场论是一个大胆的尝试。现在大家公认，物理上的一切相互作用场都是规范场[1]714。"

言及至此，似乎有些跑题了。但我以为所述紧扣主题，原因有二。

一是人物关系密切。杨振宁的父亲杨武之是陈省身的老师,也是陈省身与郑士宁女士婚姻的介绍人。杨武之和陈省身是徐利治的老师,陈省身又是杨振宁的老师,杨振宁和徐利治为西南联大的校友,而杨振宁也是陈省身的女儿陈璞和著名物理学家朱经武(Paul Ching-Wu Chu,1941—)婚姻的介绍人。

二是这里有一脉"起承转合"的"隐秘"关系:

起:就是杨-陈两人对"规范场就是纤维丛上的联络"的重要评价。

承:就是杨-陈两人都提出质疑,在1949年至1954年之间,二人多次同时同地在心仪的学术问题上相谈甚欢,但彼此关于对方最重要的工作却毫无所知!

转:"振宁与米尔斯能独立看出这些深刻的数学性质,这是十分惊人的。"真实的情况由米尔斯与杨振宁逐渐透露出来,表现出这一重大进步的艰难与曲折!

在1982年为狄拉克(P. Dirac,1902—1984)和杨振宁庆生的纪念大会上,以及在1984年庆祝杨-米尔斯理论发表30周年的大会上,米尔斯有相近的叙述:"杨振宁是一位才华横溢,又是非常慷慨引导别人的学者。我们不仅共用办公室,杨振宁还让我共用了他的思想。"杨振宁自述:大约是在昆明跟着王竹溪、吴大猷学习时,通过泡利(W. E. Pauli,1902—1984)的评论性文章,了解到外尔(H. Weyl,1885—1955)电磁规范场论的实质。为了成为电磁规范场的"自然的"推广,杨振宁一直企图消去新方程中的非线性项。"这样一来,我便走入困境,不得不罢手。然而,基本的动机仍然吸引着我,在随后的几年里我不时回到这个问题上来,可每次都在同一个地方卡壳[1]31"。是米尔斯的合作及一点建议,使得杨振宁调整了思路,便迅速完成了这一划时代的杨-米尔斯规范场论!如前所述,"上帝的鞭子"——泡利,早就接触到这一工作领域,但并没有得到杨-米尔斯方程!

不难设想,多少偶然事件都可能完全改变历史的进程:

1. 泡利再坚持一下,或者对自己不要太苛刻,他可能也会完成规范场论。

2. 如果没有在布鲁克海文实验室碰到米尔斯,杨振宁的这一工作也可能再次中途罢手。

3. 如果在1954年前的某一天,杨振宁把自己的重大工作与陈省身聊上一聊,也有可能提前5年完成这一工作,而且命名为"杨-陈规范场论"。行笔至此,禁不住浮想联翩:对于"欧高黎嘉陈①"中的陈省身,和跻身牛顿(I. Newton,1643—1727)、麦克斯韦(J. C. Maxwell,1831—1879)与爱因斯坦(A. Einstein,1879—1955)之列的杨振宁,可能创造出的"杨-陈规范场论",应该具有怎样高的格调啊!

合:最后的结论是徐先生致力于数学方法论的研究与宣讲,其重要意义是无论怎样高估,也不为过。如果让《数学方法论选讲》这一类好书穿越到20世纪50年代,并引起杨振宁的关注,一种惊天逆转就完全有理由横空出世!

---

① 杨振宁纪念陈省身的时候曾经写出"千古寸心事,欧高黎嘉陈",意思是说陈省身与欧几里得、高斯、黎曼、嘉当等伟大的几何学家齐名.

三、我听数学方法论二三事

下面,我要谈及在数学方法论选讲这门课上我的感悟。

大学期间,我们物理专业的一位授业恩师——金百顺先生,因为出身不俗(王大珩院士是他的系主任,王承书院士是他的研究生导师),所以我们的理论物理课程不少是由他讲授的。在他的理论力学、狭义相对论等课程中,多次提及物理分支的公理化和佯谬等问题。一位留学哥伦比亚大学的同学,曾经转述了哥伦比亚大学一位著名物理教授的评价:"你们的相对论课程提及对称性与相互作用的关系,在世界各著名大学中也不多见。"以上学业基础,加之对徐先生的崇敬之情,我来到了徐先生的研究生课程——数学方法论选讲,成了一名旁听生。

记得数学方法论选讲这门课程学时并不多,好像四五十个学时。包括数学模型方法、关系映射反演原则、公理方法、结构主义数学、伽罗瓦群论思想、非康托型自然数模型、悖论问题、数学的三大流派、数学发明创造的心智过程,以及附录:抽象度概念与分析。教材是徐先生的同名专著,不足 200 页,其内容却十分丰富。先生有一个备课本,有时本子里还夹着几页资料,先生却很少翻看。他的课生动有趣,一支粉笔、敏锐的眼神,再加上爽朗的笑声,似乎就够了,一次课就轻松地讲完了。下课后,我常常陪着先生走上十来分钟。我会把自己的理解和问题简要说出来,以求得先生的确认或指点。有时,先生兴之所至,也会就某一问题发挥一下,让我受益匪浅。

1. 公理方法在物理研究中的重要性

因为选学数学方法论,我注意到公理方法在物理中的应用。吴大猷的量子力学就比较早地把公理体系写出来。杨-米尔斯理论的影响是巨大的,他们提出的"对称性决定相互作用",目前成为物理学的终极架构,也相当于粒子物理的公理体系。例如,可由 U(1) 群描述电磁场的对称性,由此可以确定麦克斯韦方程;如果对称性是 SU(2) 群,那么可以确定杨-米尔斯方程;如果用以上两个群的叉积来描述对称性,那么可以确定弱电统一理论。

弱电统一理论由美国格拉肖、温伯格和巴基斯坦萨拉姆三位理论物理学家完成,他们共享了 1979 年诺贝尔物理学奖。弱电统一理论所预言的 W^+, W^- 和 Z^0 粒子,由意大利鲁比亚和荷兰范德梅尔领导的大规模实验发现,他们因此分享了 1984 年的诺贝尔物理学奖。在这 5 位物理学家之外,还有荷兰物理学家霍夫特与其老师韦尔特曼获得 1999 年诺贝尔奖;比利时理论物理学家恩格勒和英国理论物理学家希格斯,因希格斯玻色子(上帝粒子)的理论预言,获 2013 年诺贝尔物理学奖。杨振宁具有公理方法色彩的规范场论,不仅为这 9 位诺贝尔奖得主做了理论上的铺垫,并为其后的量子色动力学(QCD)、大统一理论、超统一理论、超弦理论和 M 理论提供了研究的范式。

笔者不揣冒昧地猜测,如果"杨-陈规范场论"真的早几年问世,其后的物理学历史必定改写。不难想见,徐先生的数学方法论这类课程一定可以在数学家和物理学家之间架起一座桥梁,帮助他们彼此了解对方的目标、风格、传统和价值观,他们是怎样分享某些基本概念的,以及这些概念各自的生长脉络。

考虑到互联网平台的迅猛发展,许多科普作家的影响一定会越来越大。比如,物理学家费曼(R. P. Feynman,1918—1988)的师妹张天蓉,她的科普出版物销量不错,前期都在网络平台上发表过,好评如潮。而新晋的美国国家科学院外籍院士、生物学家颜宁,她的科普文章在微博上动辄阅读量直击千万。不难想见,在未来日新月异的互联网时代,徐先生数学方法论这类课程一定会大行其道,必定以其跨界知识、创新思想和博大智慧,显现其超凡魅力,从而广泛影响各类群体,加快人类知识更新的速度。

2. 公理方法在物理教学中的重要意义

公理方法在物理学中当然是非常重要的。牛顿力学三定律,热力学三定律加第零定律,麦克斯韦方程组,狭义相对论两条基本原理,广义相对论两条基本原理等,显然具有公理方法的背景。但是,物理学中的传统似乎有点随遇而安,理论能解决实际问题就行,对公理的结构一般较少探讨。著名教育家赵凯华曾直接写出量子物理的公理体系:力学量的算符假设,测量值假设,平均值假设,波函数的演化遵从薛定谔方程[2]65。像这样引领师生去欣赏公理方法的内容简洁与逻辑美的学者,在有影响的教育家中为数不多。

有一套在国内非常有影响的教材——伯克利物理学教程,在其第一卷力学中,曾经提及牛顿力学公理体系的独立性问题。著者的原文是:"有关第一定律内容的哲学讨论,例如,第一定律的内容是否已经全部包含在第二定律中,不在这里讨论[3]75。"上帝啊!好不容易提及牛顿力学公理体系的独立性问题,却不予展开,不置一词,一笔将其归结为所谓"哲学讨论",真是令人扼腕叹息!

其实,在伽利略《关于两大世界的对话》等经典著作中,已经把力学第一定律与空间、时间的操作定义联系起来!著名物理学家惠勒(J. A. Wheeler, 1911—2008)有一句名言:"时间定义的使运动看起来简单。"具体的讨论这里从略,我们只给出结论:力学第一定律不是第二定律的特例,因为它给出了空间、时间的操作定义。光速不变原理不是狭义相对性原理的特例,因为它给出了高速运动下空间与时间的操作定义。

根据我们的教学经验,在物理学公理方法中,完备性与相容性(或自洽性)不难介绍,而独立性问题的讨论颇费唇舌。解决的方法可以是:时间、空间、质量、温度等基本量,应该结合相应学科的独立公设给出操作定义。如果物理教师能够放下顾虑和包袱,轻松讲授每一物理分支的公理方法,一定是教师和学生双方的幸事!

3. 关系映射反演原则

且看徐先生的第3讲下的小标题:何谓关系映射反演(RMI)原则,数学中的RMI原则,若干较简单的例子,几个较难一点的例子,用RMI原则分析"不可能性命题",关于RMI原则的补充说明。怎么样?是否感觉到不紧不慢、错落有致的一种节奏!为什么力、电场等物理量可以写成数学定义的矢量,为什么物理规律总是由数学公式表达,理论推演出的结论为什么总要回到实验接受检验?可以说,物理学整个就是应用RMI原则的一个案例。这一讲细读下去,也可以对物理学的数学表达不断升级,有所感悟。

一天,刚好讲完RMI原则这一讲,我跟徐先生一同离开教室。我提及和物理有关的两位科学哲学家:库恩和他的《科学革命的结构》,K.波普尔和"证伪主义"。徐先生不经意地说出自己的见解:科学哲学也可以看成"关系映射反演原则"的一种应用,既不需要盲从迷信,也不必贴上标签加以排斥。关键是看这一哲学体系的内部架构,哪些重要问题方便映射进来,通过"定映"手续,可以得出什么结论,解决了哪些重大问题……

很多年过去了,时至今日我还记得,饱经沧桑的徐先生却还是怀着赤子之心,说出直抵人心的深刻见解。

参考文献

[1] 杨振宁. 杨振宁文集[M]. 上海:华东师范大学出版社,1998.

[2] 赵凯华,罗蔚茵. 量子物理[M]. 北京:高等教育出版社,2001.

[3] 基特尔. 力学[M]. 北京:科学出版社,1979.

2019 年 5 月 18 日

9. 徐利治与吉林大学计算数学的创建

王　涛[①]

(中国科学院自然科学史研究所,北京)

2018年1月6日,国家天元数学东北中心启动会暨揭牌仪式在吉林大学举行。国家天元数学中心由国家自然科学基金委数学天元基金在2017年设立,首批项目包括西北、西南和东北三个中心,其中东北中心以吉林大学为依托单位,主要围绕计算数学、大分析和统计学展开活动,由此可见计算数学在现代数学与吉林大学中所占的重要地位。

关于吉林大学的计算数学,专家们的评价很高。在2017年吉林大学召开的计算数学高层研讨会上,袁亚湘院士说道:"在中国一提到计算数学,就会想起吉林大学。"江松院士也提及:"吉林大学的数学,特别是计算数学是有光荣传统的,当年我们读大学时学的数学分析和计算数学的一些课程,用的都是吉林大学编写的教材[1]。"而拥有悠久历史与辉煌传统的吉林大学计算数学,其创始人正是本书的

[①] 作者简介:王涛(1988—　),河北武安人,中国科学院自然科学史研究所助理研究员.

主人公——徐利治!

一、中国发展计算数学的背景

计算数学是现代数学的一个重要分支,是20世纪40年代末随着电子计算机的问世,而快速发展并逐渐引人瞩目的一个学科[2]。虽然计算数学这门学科诞生较晚,但它的起源可以追溯到很早的一个时期,古巴比伦时期即有关于数值计算的研究。中国古代数学有着悠久的数值计算传统,但宋元之后开始衰落。近代以来,随着解析几何与微积分的诞生,数值计算也取得了相应的进步。很多大数学家如牛顿(I. Newton)、欧拉(L. Euler)、拉格朗日(J. Lagrange)、拉普拉斯(P. Laplace)、傅里叶(J. Fourier)、勒让德(A. M. Legendre)、高斯(C. F. Gauss)等人在从事理论研究的同时,也投身于数值方法的开拓之中[3]。

19世纪以来,纯粹数学逐渐与应用数学分离,并迅速占据了数学的主流位置,使得数值计算处于次要的地位(另一方面也受制于社会规模与计算工具)。20世纪初,一些计算方法被相继发现,开始有一些有影响力的应用数学教授席位及专门的研究机构,如克莱因(C. F. Klein)、龙格(C. Runge)、库朗(R. Courant)领衔的哥廷根应用数学学派,意大利还成立了一个数值分析的研究所(INAC),但仍不足以支撑计算数学成为一门独立的学科[4]。

第二次世界大战的爆发改变了这一情形,不少数学家投身其中,促进了应用数学的发展。1946年,世界上首台电子计算机 ENIAC 问世,大数学家冯·诺依曼(Von Neumann)对该机的研制有很大贡献。不仅如此,他还在1947年研究了高阶矩阵的求逆方法[5],提出了舍入误差、条件数的概念,使得计算数学作为一门学科正式诞生。

这一时期,中国已逐步将纯粹数学的主要分支引入,但在计算数学方面仍是一个空白。然而,实际上,我国数学家很早就注意到这门学科的重要性。早在抗日战争时期,华罗庚就开始提议发展计算数学,并注意搜集相关的文献与情报。新中国成立以后,华罗庚又在数学所先后组织了计算机科研小组与计算数学小组[6]。在华罗庚的建议与争取下,计算数学被列为中国科学院数学研究所重点发展的学科。

与此同时,受意识形态、社会发展、国防建设的影响,中国政府也开始考虑立足自身、全面发展的问题,发展薄弱或空白的科学技术。1956 年,国家开始向科学进军,制定《1956—1967 年科学技术发展远景规划纲要》(简称"十二年科技规划"),计算数学被纳入计算技术规划当中,成为一项国家战略。计算技术规划对于中国计算数学的发展起到了非常大的推动作用,吉林大学计算数学的创办则是其中一个非常重要的组成部分[7]。

二、吉林大学发展计算数学的契机

吉林大学的前身是东北行政学院与公立哈尔滨大学,早期并没有数学系。直到 1952 年高等院校院系调整以后,王湘浩、徐利治、江泽坚等来支援吉林大学①,数学系才得以创建,可以说条件先天不足。何以在短短的数年之间,吉林大学便创办了计算数学这一学科,并成

---

① 那时叫东北人民大学,1958 年更名为吉林大学. 为避免混乱,本文不再区分而统一称为吉林大学.

为中国计算数学的发源地之一？徐利治教授对此做出了重要贡献。

计算数学虽然属于应用数学的范畴，但却是建立在纯粹数学坚实的基础上，这个基础就是逼近论。无独有偶，徐利治在西南联大担任华罗庚的助手时，便已开始从事渐近分析的研究，并很可能受到了华罗庚发展计算数学设想的影响。来到吉林大学以后，徐利治开始从事逼近论与数值积分的研究，并开设了泛函分析方面的课程，与计算数学逐渐接近。

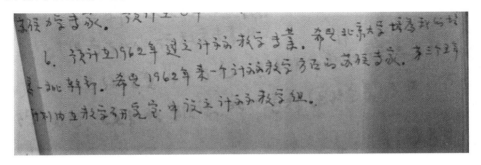

1955 年吉林大学数学系的发展规划

鉴于这种情形，徐利治开始提议在吉林大学发展计算数学。档案显示，在 1955 年吉林大学数学系制定的研究规划中已涉及计算数学，并计划在 1962 年聘请一位苏联专家帮助建立计算数学专业。恰好这时苏联要召开"全苏泛函分析及其应用会议"，并向中国科学院寄发了通知，中国科学院又将通知转发给国内各所大学。

当时国内从事泛函分析研究的只有曾远荣、田方增与关肇直等少数几位数学家。曾远荣是我国最早学习泛函分析的数学家，长期从事希尔伯特空间及其上线性算子的研究。早在 1933 年芝加哥大学的博士论文中，他已提出了算子广义逆的概念，在国际上被誉为曾逆。田方增与关肇直则在 20 世纪 40 年代后期先后留学法国学习泛函分析,分别受教于嘉当(H. Cartan)与弗雷歇(M. Fréchet),回国后合作研究赋范环论。

考虑到国内泛函分析的实际情况,经科学院与高教部合议,中方决定以中国科学院的名义派一个代表团[8]。代表团成员为曾远荣(南京大学)、田方增(中国科学院)和徐利治,其中曾远荣为领队,他在这次会议上做了"逼真解与广义逆变换"的报告。关于这次会议的具体经过和详细内容,田方增有专门的文章介绍[9]。

特别地,田方增提到了泛函分析在近似方法中的应用,这主要是列宁格勒大学坎托罗维奇(Л. В. Канторович)①教授的工作。坎托罗维奇是苏联著名的数学家,1912年出生于圣彼得堡,1926年进入列宁格勒大学数学系学习。当时正值苏联数学发展的黄金时期,由切比雪夫(П. Л. Чебышёв)开创的圣彼得堡学派与鲁金(Н. Н. Лузин)领导的莫斯科学派交相辉映。坎托罗维奇从列宁格勒大学的讨论班上学到了鲁金的工作后立即开始研究,在大学毕业之前已发表了近10篇论文。

1930年坎托罗维奇毕业后留校从事教学和研究工作,1934年晋升为正教授。1935年苏联恢复学位制,坎托罗维奇不经答辩即获得博士学位。这时,泛函分析获得了飞速发展,坎托罗维奇在希尔伯特空间中引入了理想函数,而且独创地提出了完备化方式及一类具有完备性的半序空间,这些结果总结在他1950年的专著《半序空间泛函分析》中。

---

① 列·维·坎托罗维奇(L. V. Kantorovich,1912—1986).

4. Л. Э. Эльсгольц. «Вариационные методы для уравнения с запаздыванием».
5. Ю. Г. Борисович. «О критических значениях некоторых функционалов в банаховых пространствах».
6. Ю. А. Каазик. «О приближенном решении нелинейных операторных уравнений итеративными методами».

Б. Секция: Спектральная теория операторов

1. В. А. Марченко. «Теоремы тауберова типа в спектральном анализе дифференциальных операторов».
2. А. Я. Повзнер. «О разложении по собственным функциям задачи рассеяния».
3. М. С. Лифшиц. «О применении несамосопряженных операторов в теории рассеяния».
4. Б. М. Наймарк. «О полноте системы собственных и присоединенных функций».
5. М. Г. Нейгауз. «Определение асимптотики потенциальной функции по спектральной функции дифференциального оператора».
6. В. Б. Лидский. «Некоторые вопросы спектральной теории систем дифференциальных уравнений».

19 января, утро

1. Л. В. Канторович. «Приближенные методы решения функциональных уравнений».
2. Б. М. Левитан. «Спектральная теория дифференциальных операторов».

19 января, вечер

А. Секция: Численные методы, теория возмущений.

1. Н. Н. Мейман. «Некоторые применения метода конечных разностей в дифференциальных уравнениях».
2. Ю. Л. Далецкий. «Интегрирование и дифференцирование эрмитовых операторов».
3. М. К. Гавурин. «Приближенное разыскание собственных чисел и теория возмущений».
4. Б. А. Вертгейм. «О некоторых методах приближенного решения нелинейных функциональных уравнений в пространствах Банаха».

会议日程中坎托罗维奇的报告

坎托罗维奇还是苏联计算数学的创始人之一。在电子计算机问世之前，发展解析的近似方法十分重要，这也是通往计算数学的必由之路。从20世纪30年代起，坎托罗维奇致力于将泛函分析的方法应用到函数方程的近似求解上，并将其系统化。经过十余年的努力，他成功地将牛顿法推广到函数空间，创立了现代文献中所称的"牛顿-坎托罗维奇"方法，并因此获得了1949年的斯大林奖金。

在"全苏泛函分析及其应用会议"上，坎托罗维奇做了"解函数方程的近似方法"（П-риближенные методы решения функциональных уравнений）的报告。徐利治对泛函分析在近似方法中的应用十分感兴趣，会议期间多次向坎托罗维奇请教这一问题，并代表吉林大学向后者提出了学术交流与合作的愿望。坎托罗维奇非常热情，推荐了自己的学生梅索夫斯基赫（И. П. Мысовских）[①]到中国讲学，帮助吉林大学创办计算数学专业，吉林大学计算数学的发展迎来了一个不小的契机。

三、徐利治迎接苏联专家的准备

从苏联返回后，徐利治立即开始做准备工作。1956年3月，他在数学系首次开设了近似方法专门化。为了响应"向科学进军"的口号，在国家《十二年科技规划》的指导下，吉林大学于1956年5月制定了规划，计划成立物质结构和特殊材料性能、计算数学等六个理科研究室。据李荣华先生告诉笔者，计算数学研究室后来确实成立了，该室的主要任务是从事计算数学方面的研究工作，其负责人就是徐

[①] 伊·彼·梅索夫斯基赫（I. P. Mysovskih, 1921—2007）.

利治[10]。

1956年10月,数学系主任王湘浩、副主任徐利治向匡亚明校长打了一个报告,请示邀请一名苏联专家。他们还对邀请专家的类型进行了描述,比如专家所研究的学科必须是计算数学中的近似方法,所属的学派应为坎托罗维奇学派(列宁格勒大学学派)。虽然没有点名道姓,但实际上这个专家指的就是坎托罗维奇的学生梅索夫斯基赫。

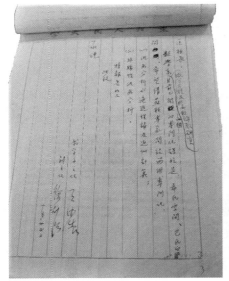 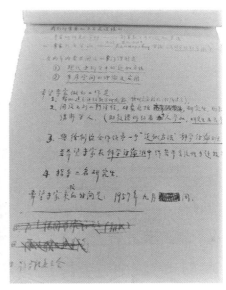

聘请苏联专家的请示报告与具体内容

梅索夫斯基赫是坎托罗维奇在计算数学方面培养的研究生。他1921年出生,1938年进入列宁格勒大学数学力学系学习,其中数学分析课就是由年轻的坎托罗维奇教的。1941年苏德战争爆发,为了保卫家园,梅索夫斯基赫参加了苏联红军。经过几年的艰苦战斗,他跟随苏联红军不仅收复了国土,还一路打到了柏林。

但是,梅索夫斯基赫最牵挂的还是数学。1945年战争一结束,梅索夫斯基赫立即复员回到列宁格勒大学数学力学系学习,他的毕业论文是由坎托罗维奇指导的。毕业后,梅索夫斯基赫留校任助教。在系里的推荐下,他于1947年开始在坎托罗维奇的指导下攻读研究生,1950年毕业后在数学分析教研室任助理教授。1951年,数学力学系成立了计算数学教研室,梅索夫斯基赫调到了该室任副教授。

吉林大学收到数学系的报告后高度重视,立即向高教部提交,经高教部的核准,并通过外交部正式向苏联政府提出照会。当时正值中苏关系的蜜月时期,苏方很快就同意了中方的请求。1957年9月,受中华人民共和国高教部的聘请,梅索夫斯基赫从苏联的列宁格勒出发,穿过广阔的西伯利亚,乘坐火车到达长春。

为了迎接苏联专家的到来,徐利治和数学系做了精心的准备,选派了青年教师李岳生和冯果忱去学习俄语,准备担任翻译并跟随苏联专家学习计算数学。大约从1956年的下半年开始,李岳生和冯果忱开始到吉林大学俄文系学习俄语。与此同时,为了更好地应对苏联专家的讲学,数学系还成立了计算数学教研室,计划由徐利治担任主任。苏联专家梅索夫斯基赫到来以后,徐利治与他一起工作。为了加强向苏联专家学习的力量,数学系又于1957年12月将李荣华调入计算数学教研室,出任教研室副主任。

四、师资培训班与计算数学专业

利用梅索夫斯基赫来讲学的机会,吉林大学数学系还举办了一个师资培训班,在全国范围内招收了一批学员。当时为了最大限度地加强向苏联专家学习的力量,高教部在聘请苏联专家的同时,还向全国部分高校发出了通知,要求他们选派教师到吉林大学进修。就在苏联专家到达长春的同时,进修教师也分批到达了。

计算数学师资培训班初期成员

最先到达的进修教师有北京大学的许卓群和徐萃薇、兰州大学的王德人、复旦大学的蒋尔雄、武汉大学的康立山、厦门大学杨春森、山东大学的杨培勤、云南大学的莫致中等。吉林大学跟随梅索夫斯基赫学习的主要是李荣华、李岳生和冯果忱三个人,他们的身份是苏联专家的研究生。此外,还有近似方法专门化的本科生、研究生以及其他教师。后来又陆续来了一些进修教师,比如清华大学的李庆扬是1958年3月份到的。学员人数最多时大约有50多人,以至于老数学楼东南角的教室都坐满了。

在师资培训班上,梅索夫斯基赫系统讲授了"计算方法"与"积分方程数值解"等课程。其中"计算方法"课程的讲义被翻译成中文出版[11]。在系统讲授这些课程的同时,他还组织了"高等分析近似方法"和"解数学物理问题的变分法"两个讨论班。这些课程与讨论班极大地开阔了学员们的眼界,为进一步掌握计算数学的近代成果,起到了十分显著的作用。

吉林大学计算数学培训班还强调研究，这是培训班具有研究生性质的一个明显特征。梅索夫斯基赫不仅自己做研究，还积极指导培训班的学员开展研究工作。1958—1959年，《吉林大学自然科学学报》先后刊载了多篇由梅索夫斯基赫、冯果忱、李荣华、李岳生等人撰写的论文，内容涉及泛函方程、积分方程近似解法的研究。

培训班的其他学员收获也很大，这些学员学成后陆续回到了原单位，参与创办或发展计算数学学科。比如许卓群和徐萃薇回到了北京大学，壮大了北大计算数学教研室的力量；李庆扬回到清华大学后，与赵访熊在工程力学数学系创建了计算数学专业；蒋尔雄回到复旦大学后，立即给学生开设了"计算方法"和"数学物理方程中的变分方法"的课程；武汉大学的康立山回去后从事并行算法的研究，在国内可以说是最早的。

此外，梅索夫斯基赫还特别注重实习，为此数学系特地向学校申请，从唐敖庆教授那里划拨了大约20台计算机。唐敖庆的研究领域是理论化学，需要大量地搞计算，因此他那里有一些计算机。数学系在得到这批计算机后，成立了一个实验室，设置了两个专门的实验员管理计算机。这些计算机中有手摇计算机，也有电动的，这在当时是挺珍贵的。

在吉林大学讲学期间，梅索夫斯基赫工作认真踏实，兢兢业业。在苏联专家的帮助下，吉林大学制定出了开设计算数学专业的教学计划。1957年12月，数学系向吉林大学提交了报告，陈述成立计算数学专业的条件已经具备。学校在收到报告后迅速向高教部进行了汇报。1958年，高教部批准吉林大学成立计算数学专业。当然，计算数学专业能够迅速获批，与当时科教战线倡导理论联系实际的时局也有很大的关系。

梅索夫斯基赫的聘期原为两年，也就是1959年8月到期。然而在1959年春节期间，由于喝醉酒及后续的一件十分偶然的事情，使得他不得不提前回国。1959年3月31日，梅索夫斯基赫离开长春返回苏联，很多师生都去长春火车站送他。即使后来中苏交恶，双方仍保持有联系。1990年，吉林大学再度邀请梅索夫斯基赫到中国来访问，很多当年的学员都来看他，这足以说明苏联专家与中国学员建立的感情是十分真挚的。

虽然苏联专家没有完成两年的聘期，但数学系基本上达到了邀请专家来的目的。当时吉林大学计算数学的师资力量已经比较强了，徐利治自不必说，李荣华、李岳生与冯果忱等也都能独当一面，此外数学系还选派了徐立本、金淳兆到中国科学院和苏联学习程序设计，吉林大学计算数学基本发展起来了，在当时高校中的实力是非常强的。

吉林大学不仅完成了计算数学的创建，还成为中国计算数学的发源地之一，这主要是通过吉林大学计算数学师资培训班来实现的。经过培训班的训练学习，学员们的收获很大，他们打下了较为扎实的基础，初步掌握了某些方向的基本文献，成为我国计算数学较早的一批师资，推动了计算数学教育在中国高等院校中的展开。

五、结语

20世纪50年代，在一些数学家的提议和《十二年科技规划》的推动下，中国开始创建计算数学（组建研究机构、设置教学专业）。吉林大学于1956年开设了计算方法专门化课程，1957年邀请苏联专家讲学并成立了计算数学教研室，1958年正式创办了计算数学专业。

通过组织计算数学师资培训班,吉林大学成为中国计算数学的发源地之一,在一定程度上影响了其后北京大学、清华大学、复旦大学、武汉大学计算数学的发展。

在吉林大学创建计算数学的过程中,徐利治做出了奠基性的贡献。他在1955年便提议发展计算数学,1956年利用到苏联参加学术会议的机会,与苏联计算数学界取得了联系。从苏联返回后,徐利治积极向吉林大学提出申请,并通过高教部成功邀请到苏联专家来校讲学。他积极安排青年教师学习俄语,为苏联专家的到来做了充分的准备工作。此后由王湘浩、李荣华等人继续努力,并最终完成了创建工作。从整个过程来看,徐利治具体设计了吉林大学计算数学的创建路线与方案,并完成了其中的主要步骤,他是吉林大学计算数学当之无愧的创始人。

由于创建较早,吉林大学的计算数学奠定了在全国的领先地位,为国家培养了大批人才。1981年,吉林大学计算数学被确定为首批有博士学位授予权的学科点,1988年被确定为首批国家重点学科。2017年,国家天元数学东北中心又落户吉林大学并以计算数学为主要研究方向,这可以说是对徐利治在吉林大学创建计算数学一个非常好的纪念。

参考文献

[1] 吉林大学. 院士袁亚湘、江松、张平文等业内大咖把脉我吉数学学科发展[EB/OL]. http://mt.sohu.com/20170420/n489661082.shtml.

[2] GOWERS T. The princeton companion to mathematics[M]. Princeton:Princeton University Press,2008.

[3] GOLDSTINE H H. A history of numerical analysis from the 16th through the 19th century[M]. SPRINGER-VERLAG, 1977.

[4] BENZI M. Key moments in the history of numerical analysis[EB/OL]. http://history.siam.org/pdf/nahist_Benzi.pdf

[5] VON NEUMANN J, GOLDSTINE H H. Numerical inverting of matrices of high order[J]. Bulletin of the American Mathematical Society, 1947, 53(11): 1021-1100.

[6] 王涛. 华罗庚与中国计算数学[J]. 数学文化, 2016, 7(2): 11-27.

[7] 王涛. 计算数学在中国: 黄鸿慈教授访谈录[J]. 科学文化评论, 2018, 15(5): 68-79.

[8] 徐利治, 袁向东, 郭金海. 徐利治访谈录[M]. 长沙: 湖南教育出版社, 2009.

[9] 田方增. 记参加1956年全苏泛函分析及其应用会议的经过[J]. 数学进展, 1956, 2(2): 729-732.

[10] 王涛. 回顾吉林大学早期的计算数学专业——李荣华、冯果忱教授访谈录[J]. 中国科技史杂志, 2016, 37(3): 383-392.

[11] 梅索夫斯基赫. 计算方法[M]. 吉林大学计算数学教研室, 译. 北京: 人民教育出版社, 1960.

[12] 王涛. 吉林大学创办计算数学专业的人和事[J]. 数学文化, 2016, 7(3): 38-51.

2019年5月13日

10. 做恩师数学思想方法的继承者和发展者

阴东升[①]

（北京工业大学，北京）

2019年3月11日下午，我在微信朋友圈看到师弟孙怡东转发了一篇来自公众号"奇趣数学苑"的文章《一代才子徐利治先生，一路走好》，文中简单介绍了徐先生的经历和学术成就，但只字未提先生去世的事。由于那几天总感觉哪儿有事，但就不知道是什么事，见到文章标题突然意识到恩师出事了。于是便马上联系师弟求证。他说他刚联系了于化东老师，证实了消息。我说："你是怎么想到徐先生出事的？"师弟说："昨晚做梦梦到的！"孙怡东教授（大连海事大学）是徐先生的关门弟子，或许老人家在给他托梦？！

我第一次见到徐利治先生是在他67岁（与会代表登记表记载）的时候。当时，我是山东曲阜师范大学数学系基础数学"数学方法论"方向的硕士研究生（1987级）。那一年，在我的论文导师徐本顺教授的操持下，学校主办了第一届"全国数学方法论学术讲演会"。

---

① 作者简介：阴东升（1964— ），河北容城（今雄安新区）人，北京工业大学应用数理学院教授.

作为国内数学方法论的创始人,徐利治先生自然是会议最重要的讲演者!

考虑到年龄差异,为了区分,我一直称徐利治教授为徐先生,称徐本顺教授为徐老师。

全国首届数学方法论硕士研究生共有我们四名同学,另三位是当年从报考其他方向的同学中录取的。本专业方向的课程设置及任课老师的聘请都非常棒。其中,"数学方法论""数学哲学"的外请教师是徐利治先生和东北师范大学的谢恩泽教授。徐先生主要给我们讲他自己富有创造性的工作:弱抽象、强抽象理论,抽象度分析法,关系(relationship)—映射(mapping)—反演(inversion)原则(简称RMI原则),数学的模式观,双向无限的理论,等等。这些内容,现在已经成了数学方法论这一领域的基础性知识。

徐利治先生不仅给我们上课,传播他的数学方法论思想,而且他也是我们毕业论文的评阅专家、答辩委员会主席,1990年5月26日,他主持了我们四位同学的毕业答辩,我的论文《数学中的一般与特殊及其在代数领域中的应用》被评定为优秀。在徐老师的帮助下,论文经过扩充发展,作为徐先生主编的《数学方法论丛书》(第三辑)的一本,《数学中的特殊化与一般化》一书于1996年2月在江苏教育出版社出版。以此书为学术交流媒介,1999年9月,我获得了美国著名数学哲学家、新墨西哥大学的Reuben Hersh教授的赠书 *What is Mathematics, Really?*(1997),此书对我后来在有关数学哲学问题的思考和《数学思想方法选讲》《数学文化选讲》等课程的教学方面都起到了重要作用。

徐先生主持完我们的答辩后,由我和徐老师陪同,在山东淄博农业机械化学院、淄博师专等学校进行了讲学,并参观了齐国兵马俑。讲座题目之一是:数学家的思维方式纵横谈。当时我对讲座内容做了较详细的笔录,并根据徐先生的意见,后来将其整理成了同名论文。在经过了徐先生的长子徐达林老师(时任教于张家港南丰中学)的进一步加工后,文章于1992年6月在山东《滨州师专学报》署名"徐利治,阴东升"发表。徐达林老师做了默默奉献!

徐利治先生倡导的数学方法论是结合具体数学内容的学习和研究的方法论,不是空洞的思想讨论。研究数学思想方法,目的之一,即在于促进学习效率和研究效率!表现在研究生的培养上,就是要为学校培养高素质的老师和研究人员。我在毕业后的工作中,遵循的即是徐先生的这一思想路线,我把它提炼为:以方法论研究为中心,以数学教育和数学研究为应用的一"心"二"用"原则;具体的数学教育教学的研究与实践、具体的数学研究与具有普遍性的方法论的研究相互促进发展。

在首届"全国数学方法论学术讲演会"上,武汉某重点大学的一位与会讲演者(现已去世),在会议中间休息时,跟我们四位同学谈了他对硕士期间攻读数学方法论的看法:年轻人在硕士期间,由于具体数学研究阅历浅、没有什么影响力,即使你研究出了理论上有价值的思想方法,数学界的具体研究人员也不会听你的,你工作的意义和实际价值因此也就难以体现。对此,我持有不同观点。我认为,如果徐先生倡导的数学方法论研究的含义得以正确理解,方法论的研究能力得到真正提高,那么,这种有方法论背景的人去做教学和研究,应该会比其他人更有效率、更为出色。基于这一认识,在工作了几年并多次被评为学校优秀(青年)教师之后,我决定再亲自去做个具体研究方面的实验:去读一个具体数学领域的博士学位!徐本顺老师在知道了我的想法后,就和徐利治先生进行了联系。当时,徐先生在国外讲学,他同意我报考他1996级计算组合数学方向的博士生。由于徐先生对我已有所了解,知道我发表了一些代数方面的论文,并出版有数学方法论的专著,所以,当我根据大连理工大学研究生院的免试要求提交了相关科研材料后,审核通过,免掉了除英语外的考试。对此,我非常感谢徐先生和王军教授(也是师兄)的帮助,感谢大连理工大学的免试政策,由于这些因素的存在,才使我有更多的时间复习外语。1996年5月12日,参加英语考试,之后参加面试。成绩出来后,过关!9月份入学,从此开始了学习、研究的新征程。

徐利治先生"对学生的指导是全程的"。入学前、入学后、毕业后都会给予有针对性的指导。在9月入学之前,他就写信告诉我去找有关Riordan array的两篇文献(当时成果比较新)进行研读:一篇与代数有关,一篇与渐近分析有关。我有些代数基础,对美国的Shapiro和意大利的Sprugnoli有关Riordan群和组合恒等式的工作比较感兴趣。暑假开始文献学习;入学后,集中其中的一点进行破解,然后再扩大破解面。由于我有较好的一般化(推广)能力(硕士期间的主要研究对象就是"一般化",并运用研究成果写了几篇代数论文),因此工作进展比较顺利。在毕业就业导师意见中,他建议我去从事与计算机有关的研究工作,因为他认为,我论文中的一些思想或许有助于计算机领域中一些问题的进展。遗憾的是,截至目前,我在这方面还没做任何具体的工作,但我已经意识到了徐先生的前瞻正确性。

徐利治先生"对学生的指导是逐步深入的"。我每做到一定程度都会向他汇报,以便听取他的指导意见。他会告诉我下一步该干什么——当然,主要是思想方法性的指导意见。我们主要谈思想,具体的工作需要自己去做。由于我的方法论根基还算不错,所以交流起来一直很顺畅(这跟我们都喜好哲学思考有关)。

徐利治先生"对学生的指导是艺术而富有激励性的"。有士气,才会有干劲;有干劲,才会出成果。当你与徐先生请教时,他总是倾向于用带有激励性、开放的语言来与你交谈。对我而言,我的相对优势就是方法论背景和还算说得过去的代数基础(本科阶段下功夫最深的两个领域就是哲学和代数)。大部分情况下,徐先生都是用这两个领域的语言或相近的语言来谈组合学的问题,而且强调:很多人并不懂方法论:"数学匠"居多,有思想的"数学家"很少。其言论的目的,无非是鼓励我发挥自己的长处,避免受外在的不良影响。其实,每个人能追求的也仅仅是"做尽可能好的自己"而已。"做最好的自己"是个虚无的概念:因为,在没有完结的发展过程中,"最好"这个概念难以"实在"地定义。

徐利治先生"对学生的指导是非常富有责任心的"。印象深刻的有两件事情。其一是:1997年底至1998年底,徐先生受聘于菲律宾大学一年。期间,在指导论文的不同阶段,他给我写了至少三封内容丰富的信(我找到了三封),时间分别是:1997年12月21日,1998年02月22日,以及1998年09月26日。前后两封很长:对其中每一封的解读,都可以写一篇很好的数学思想方法论文。在这两封信中,他

都谈到了如何看待"方法论"的问题。摘录两段如下:

> 国内有些人对"方法论"有看法,这是正常的。在国外来说,一般"数学匠"也大都是无能力弄通方法论的。国内一般所认为的"数学家"正如多年前华罗庚先生所说的,"充其量只是'数学匠'"(有些还不够"数学匠"),若要他们理解"方法论"当然更困难了。

> 一般说来,有很大创造才能而又有哲学思维头脑的数学工作者(包括优秀的数学教师)是很自然地会理解、赏识、重视并运用方法论的。

为集中精力于具体的组合问题研究和博士论文写作,徐先生建议,暂时不必分心于"数学方法论"研究:

> 方法论研究是一长期课题。可留待将来(五年后、十年后)进行长期研究。但具体的、技术性的研究工作中,自觉地运用方法论思考原则,将会事半功倍!(许多"数学匠"不懂此理!)

其二是:1999 年 4 月,我完成了博士论文《影子演算和 Hsu-Riordan 阵》的初稿,到北京徐先生的家中,把论文打印稿送给了他。过了一些日子,他让我去取。我拿到文稿翻看后,感慨万千。

他对整篇论文都用铅笔和红色圆珠笔进行了认真批阅、注解了修订意见。由此可知,审阅论文花费了恩师不少时间。他还当面跟我讲,在他看来,什么是好的英文?怎样写出好的英文作品?当时他重复强调多次的是:"句子要简短,内容要凝练,尽量少用从句。"并举例说明,令我印象深刻。此文稿我一直珍藏着。

大连理工大学博士学位论文摘要

记号表示法(影子演算)和 Hsu-Riordan 阵

专　　业　　计算数学
研究方向　　计算组合数学
研 究 生　　阴东升
指导教师　　徐利治教授
答辩日期　　1999 年 7 月

概略地讲,本文由五部分组成.第一部分(第一章)给出了记号表示法的一般思想.第二部分(第 2,3,4,5,6 章)给出了 Hsu-Riordan 阵(偏 monoid)的理论.它是系统运用下述记号表示法的产物:用 4 或 2 维函数向量表示一类(无穷)矩阵.第三部分(第 7 章)考虑了 Riordan 阵的一些代数内涵.第四部分(第 8 章)给出了一些有关记号表示法的新应用.第五部分(第 9 章)提出了一些供进一步研究的问题.

具体些讲,第一章不仅给出了记号表示法的一般思想,而且给出了它的一个简单分类.这里记号表示的思想是 John Blissard 有关方法(E.T.Bell 称之为影子方法)的一个推广.常用的取系数的方法可以看作是记号表示法的一种具体形式.作为它的一种应用,本章给出了 Bera 恒等式的一个推广和简单证明.

第二章给出了 Riordan 群的一种推广——相对 Riordan 群的概念,给出了 Lagrange 型 Bruno 公式的一个例子;不仅证明了新恒等式的存在性定理,而且也证明了 Hsu-Riordan-Stirling 数偶.

第三章建立了比相对 Riordan 阵(群)更一般的 Hsu-Riordan 阵(偏 monoid)的理论.众所周知,偏序集的概念在组合学中具有重要地位.类似地,偏代数结构的概念在组合学中也是一个有力的工具.本章和第 7 章给出了一些这种结果.具体而言,本章对徐利治的两类扩展型广义 Stirling 数偶理论给出了一个统一场景——Hsu-Riordan 偏 monoid,它是 Shapiro 的 Riordan 群的一种一般化;证明了徐—王(Hsu-Wang)转换定理,Brown-Sprugnoli 转换定理和广义 Brown 转换引理,它们提供了对不同类型 Hsu-Riordan 阵和恒等式进行转换的方法.

第四章给出了介于 Riordan 阵和 Hsu-Riordan 阵之间的一个概念—(c_k, b_n)-Riordan 阵的基本思想;著名的 Gronwall 求和矩阵便是其典型例子之一;

— 1 —

徐先生对我博士论文初稿的批改(1)

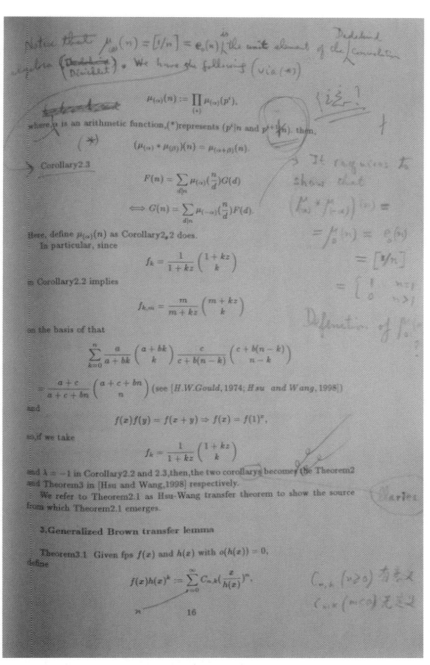

徐先生对我博士论文初稿的批改(2)

徐利治先生"对学生的指导既有言传,更有身教"。对徐先生的这一特点,令我印象深刻的一件事是:在大连读书期间,有一次到科学家公寓徐先生的家中讨论我的论文,我问他是否可署上他的名字,对此有以下对话:

(X代表徐先生,Y代表我)

X:不能署我的名字。

Y:文章引用的重要文献和最初的思路都是您提供的,应该署您的名字。

X:这是导师应该做的。不能说指导了学生,就要署上老师的名字,这样署名的风气不好。

Y:那在什么情况下您同意联名署自己的名字呢?

X:自己做的工作超过三分之二。

他是这么说的,也确实是这么做的。他的学术正气深深地影响了我。我指导学生多年,学生的论文我也是从不署名的。

三年充实的博士研究生时光很快过去了。1999年7月6日上午,在张鸿庆教授主持下,经过长达两个小时的答辩,我的论文最终被答辩委员会(七位专家)一致评定为:"是一篇优秀的博士论文。"

作为导师,徐先生对论文的学术评语的结论是:"这篇学位论文可以认为是具有'框架建构性'的上乘之作。"

至此,"去读一个具体数学领域的博士学位"的愿望得以实现。

徐先生对学生的关心是全程的。在我毕业离开大连前,1999年7月13日,我到大连科学家公寓22层徐先生家中看望他,他给我提了一些以后发展的建议,赠送了几篇他过去发表的有关反演理论、组合数学的发展趋势,以及数学基础等方面的论文,并在中午乘出租车到黑石礁酒楼一起吃饭。

2000年我到北京师范大学跟沈复兴教授做博士后,也得到了他的有力推荐;在办理博士后流动站进站手续的过程中,在学校还没给安排住处时,我还在徐先生北京的家中住了两天,得到了悉心的照顾。

在我博士后出站到北京工业大学工作后,沈老师曾建议我申请立项写一部徐先生认可的传记。现在想起来,当时没去做这件事情,真是十分遗憾!

徐先生最后二十多年主要生活在北京和广州(冬天去广州较多)。在广州时,徐先生会写信给我,谈一些工作设想,或寄他新发表论文的抽印本。

2007年徐利治先生在我家书房电脑上认真阅读文献

徐先生对数学研究总是充满着极大的热情,我去看望他时,他总会讲他的一些新的数学思想;看论文时,他总是要念出来——特别是英文文章,这有助于活跃大脑思维,对身心健康有帮助。与他交流,总是能让人感到一种蓬勃向上的力量。

徐先生是个有社会责任感的人。他很关注各种"人尽其才"的问题。他认为,社会上各类人的才华如果能尽可能地得到发挥,那么社会整体创新发展的能量与活力就会大大增强。结合自身的实际情况,他曾于2000年1月20日给当时教育部的领导写信,建议在大学中为老专家、老教授"设置专用基金,给予配备得力助手,帮助整理修订他们的文集著作,发展他们的科研成果及重要思想。这对深化科教兴国大业,必将产生深远影响"。徐先生说,"我写此信之主旨,实是热诚期望在已来到的新世纪里,能给国内卓有成就与贡献的老科学家与老专家们以合适的生活待遇与工作条件,以期使他们在走完人生的最后一段旅程期间,能把毕生玉成的才、学、识奉献给我国的科教兴国大业"。

断断续续,在随徐先生学习三十余年——特别是在北京近二十年的时间里,在他身上我学到了很多,有太多的感触、感激与感恩!当然,也免不了遗憾。2005年,徐先生和我曾多次讨论合著一本《数学定理赏析》和一本有关组合数学的专著的事,并于2005年4月2日在他翠微路的家中给了我一批有关组合数学的文献,但由于琐事排挤,预定的计划未能在先生生前完成。虽说2015年在科学出版社我出版了一部献给他的著作《激励教育与数学认知非离散思想》,但实事做得还是太少了。

徐利治先生于2019年3月11日上午11点走了,带着他想整理出来奉献给这个世界、但再也没时间整理的思想宝藏走了——临终前他说:"我还有很多东西没整理出来啊……"

缅怀恩师,少说空话,多干实事。做恩师数学思想方法的传承者、实践者和发展者!

我与徐先生合影

2019 年 5 月 14 日

11. 读博记——追忆恩师徐利治先生

王 毅[①]

（大连理工大学，大连）

2019年1月30日，一早得知先生昏迷送了医院，我随学院领导从大连赶去北京铁路总医院看望。下午先生已经醒来，思维一如既往的清晰，也跟平素一样健谈。晚上校长郭东明院士到ICU看望，他很欣慰，继续为学校的发展建言献策。不幸的是3月11日，先生永远离开了我们，享年99岁。3月15日，在北京八宝山兰厅参加了先生追悼会。回到大连，看着办公室先生遗墨，抚今追昔，感慨万千。谨以回忆跟随先生读博经历一文，寄托对先生的深深思念。

1981年徐先生调入大连工学院（现大连理工大学）应用数学系，并开始举办数学方法论系列讲座，我们79级学生有幸成了首批听众。先生时为一级教授，且正当壮年，风度翩翩，气宇轩昂，令人肃然起敬。先生讲课不疾不徐，字字珠玑，为我们的基本数学素养打下了厚实的基础，我一直受益至今。我们791班也去徐先生住的东山小楼帮助收拾书籍，当时年少无志的我并没有想到，若干年后竟有幸成为徐先生的入室弟子。

---

① 作者简介：王毅（1964— ），江西吉安人，大连理工大学数学科学学院教授、博士生导师.

大学毕业以后我去北京电力研究所计算机室工作了五年，1988年调回已更名大连理工大学的母校。1990 年 9 月起我去北京大学数学系进修了一年半，其间参加了丁石孙先生牵头、徐明耀教授实际主持的讨论班。徐老师是群论专家，功底深厚，知识渊博，当时研究 Cayley 图，不过他却自谦不懂图论。讨论班上的活跃分子是王鲁燕，他 14 岁初二时就在全国数学竞赛中获得第 15 名而保送上了北大，跟张益唐是同学。徐老师当时刚从加拿大访问 Alspach 回来，大家一起读 Alspach 一篇关于 Hamilton 圈的论文，王鲁燕很敏锐，一眼就发现了证明有问题。后来我写了一个补正，这是我第一次做图论问题。我也去听了丁石孙先生讲述的代数数论课。丁先生当时已卸任北大校长，但还没就任全国人大常委会副委员长。丁先生讲课如行云流水，40 个学时选讲了三本数论名著。课间我喜欢跟丁先生聊天，有一次我说自己没学代数几何可能做不了代数数论的研究，丁先生说他也不懂代数几何。他说王鲁燕想学代数几何，就去讲这门课，从而搞懂了。又一次丁先生谈到他下学期准备开《类域论》，我说自己没有机会听了，得回大工去。丁先生也就跟我聊起了在大工做组合数学的徐先生，他俩都算是清华人，徐先生稍长几岁。丁先生说他在 20 世纪 70 年代为了搞编码曾经读过 Marshall Hall 的《组合论》，并给我写下了书名和作者。跟丁先生的聊天，萌发了我回去跟徐先生从事组合数学研究的想法。但我回到大工时，徐先生已经去国外了，他没有同意我读博的请求，理由是我没有念过硕士。

1992 年 7 月徐先生赴英国参加第五届 Fibonacci 数及应用学术研讨会，其间 Singmaster 提出的不定方程"和 = 积"的解数问题引起了徐先生的兴趣。1994 年徐先生结束了为期一年半的环球学术之旅后回到国内,在多个高校做报告时都讲到了他与薛昭雄先生关于Singmaster猜想的研究结果,并猜想不定方程"和的幂=积"有无穷多个解。我很侥幸,证明了后面的猜想。徐先生把我做的这点工作,加进了他和薛先生之前的合作论文,于是我收获了第一篇学术论文。不久徐先生让我到他家,问我是否还想考他的博士。我自然是一万个愿意。徐先生担心我底子薄,特意在他的名著《数学分析中的典型例题选讲》(第一版)中勾出几道题,让我备考《高等微积分》时用。1995年秋季,我以北大进修经历为同等学力,考取了徐先生的博士生。同学有来自武汉数理所的谢四清,研究方向是逼近论。还有春季入学来自四川大学的孙平,研究方向是组合论中的概率方法。

2013年我与徐先生的合影,餐桌上热烈讨论学术问题

孙平和谢四清博士念得都很顺利,三年即毕业,而我则念了四年多。其间,徐先生在菲律宾带了一对博士生 Roberto 和 Cristina 夫妇,研究方向也是组合学。徐先生曾发来传真,建议我选择特殊函数论中的组合分析或有限集合的组合数学为研究方向。此前我已读过先生1993年的手稿《组合数学的发展趋势及关于发展研究的建议》,其

中第一条就是关于有限集合的组合数学的研究："在这一方面的一个著名结果就是 Erdös-Ko-Rado 定理。爱尔特希自己就说过,在他的所有著作中,含有上述定理的论文是被同行们引用最多的。正因为上述定理能启发人们按各种方式,各个方向去进行类比、拓广或精化,因而很自然地就成为近年来大量论文的共同来源。"先生也具体指出,"关于有限集合组合数学的许多重要结果,已在 I. Anderson 于 1987 年出版的一本书中做了系统的论述"。我下功夫读了 Anderson 的《有限集合上的组合学》,取得了一点成果,并在此基础上撰写了极值集合论方面的博士学位论文。先生阅后写了整三页的评论,从论文的写作技巧和措辞、内容的选择和编排以及论文的评阅人组成等方面做了详尽的指点和建议,并评价"总的看来,我认为本文是一篇堪称优秀的博士学位论文"。我顺利答辩后,开始申请博士启动基金和联系博士后,徐先生都为我写了很强劲的推荐信。徐先生在外对我亦不乏溢美之言,使得我此后的发展比较顺利,改变了我的人生。先生大恩,没齿难忘。

先生一辈子热爱数学,他多次提到"数学使我快乐,数学使我健康,数学使我长寿"。93 岁时,有一次思考一个长期没想通的问题到半夜两点,终于考虑清楚后,特别高兴。95 岁时,独立发表了两篇学术论文,但表示 95 岁以后述而不作,并写了两页纸的研究大纲给我。97 岁时,先生还特意为我写了一页纸,提供研究不定方程"和的幂 = 积的幂"的思路。先生做研究很擅长把一些乍看无关的结果系统化。例如,他在组合数学方面最著名的成果"Gould-Hsu 反演"就是把 Gould 的一系列公式统一成了一个公式。我后来的研究工作主要是从事组合不等式(而不是组合恒等式)的研究,但也同样继承了先生这种研究方式。先生知识渊博,独具慧眼;学生耳闻目睹,受益良多。先生在,学问尚有问处;恩师去,此情只剩追忆。

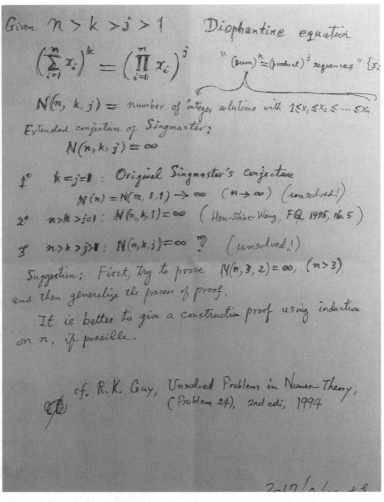

2017 年徐先生提供给我研究不定方程"和的幂=积的幂"的思路

2019 年 5 月 15 日

12. 难忘的两件事
——怀念徐利治先生

王青建[①]

（辽宁师范大学数学学院，大连，116029）

1985年4月9日，辽宁师范大学自己授权的第一届硕士研究生毕业和学位论文答辩会隆重召开。答辩委员会主席是徐利治先生，而第一位登台进行答辩的研究生就是我。这是我与徐先生的首次见面，场面庄重，意义非凡。

我的导师梁宗巨先生与徐利治先生是多年的好友，徐先生受梁先生的邀请主持答辩。徐先生当时已在数学方法论方面取得很高声望，对数学史也很有兴趣。我的论文题目是《自然环境与社会条件对记数法的影响》，在大量原始史料佐证下，得出记数符号的形状和记数方式主要受地理、气候等自然环境和其他客观条件的影响，记数符号的变化及传播主要受各种社会因素的影响等结论。徐先生不仅就我论文的具体内容提出问题，还从文化、历史和科技背景方面提出建议。如罗马为什么不用位值制？记数法与科技水平有没有必然联

[①] 作者简介：王青建(1955—)，山西霍州人，辽宁师范大学数学学院教授．

系？会后我们参加答辩的学生与徐先生和梁先生共同合影,留下永远的纪念。(条幅中的"八二届"应为"八二级")答辩后,我们顺利拿到了硕士毕业和学位证,开始了此后三十多年的专业研究与教学生涯。可以说,徐先生是我们人生道路上的贵人。

1985年4月9日于辽宁师范大学合影
(左起:马丽、杜瑞芝、徐利治、梁宗巨、王青建、陈一心)

1991年4月中国科学技术协会组织编写《中国科技专家传略》,徐利治先生是第一批入选专家。中国科学技术出版社为此专门成立了《传略》编辑室,下发了详细的撰稿要求和编写条例,并提供了已故与在世的两位专家的样稿。此前,徐先生已有多篇传记或介绍面世,如《吉林科技精英》(1988)中的《徐利治传》,《高等学校计算数学学报》(1990年12月)的《徐利治教授学术小传》,《张家港人物选录》(1991年2月)的《我国一流的应用数学家徐利治》等,还有吉林大学专门为徐先生70华诞贺寿出版的 *A Friendly Collection of*

Mathematical Papers Ⅰ(1990)中的外文小传"A Brief Biography of L. C Hsu(Lizhi Xu)"。但面对这一"国家级"编写与出版的要求,徐先生感到需要"另起炉灶",重新撰写。徐先生找到梁宗巨先生求援,梁先生推荐了我。一来我参加过梁先生主编的《数学家传略辞典》(1989)的编写,并且是主要撰稿人之一;二来我在《数学的实践与认识》(1988)发表过数学家傅里叶的传记,且正在为科学出版社《世界著名科学家传记·数学家》(1990—1994)撰稿,有一定基础。由此,我参与了撰写徐利治先生传记的工作。从1991年4月18日至1991年9月15日,我先后四次与徐先生见面,其中有三次是到他在大连理工大学的家里采访,留下难忘的回忆。

2010年7月30日我与徐利治、隋允康在大连理工大学合影

(左起:隋允康、徐利治、王青建)

在我接手写徐先生传记之前,时任大连理工大学力学研究所的副教授隋允康先生已经写了一份五千字的徐先生传记。据隋先生手

稿文末的注解,这份传记初稿完成于1988年7月底,1990年1月压缩过,1991年2月再次压缩。隋先生手稿行文流畅,文笔优美,打下很好的基础。徐利治先生希望我按照这次编写与出版要求进行修改。他还为我提供了大量原始资料,包括相关的论文、书信、照片等。我也多次修改撰写提纲,罗列需要了解与核实的问题与徐先生沟通。徐先生温文尔雅,十分健谈,有问必答,耐心、细致、认真。有些问题一时回答不了,徐先生就仔细记下,回头查阅资料,下次再见时为我详细解答。徐先生还将他1990年出版的两部新作《数学与思维》和《数学抽象方法与抽象度分析法》送给我,上面工整地写着"青建同志指正",下面署名并写上赠送日期,成为我永久的珍藏。

我从数学家传记角度将徐先生的史料进行考证、梳理和分类,重点阐述徐先生开拓多维渐进积分研究,提出一般无界函数逼近的扩展乘数法,创立某些计算方法的新途径,开展组合分析学研究,倡导并发展数学方法论研究和发展数学教育,培养专业人才等方面的突出贡献。传记分析了徐先生成果的来龙去脉,展示了他创立的多个公式和数值,用事实说明他在国内外学术界的巨大影响。传记成稿后一万一千多字,署名隋允康、王青建。后来几年中,我又进行过进一步完善和补充。1996年该文收入《中国科学技术专家传略·理学编数学卷1》(1996)发表。2000年4月,这篇传记获得中国科学院颁发的"优秀篇目奖",荣誉证书上有曾任中国科学院院长、时任中国科学技术协会主席周光召院士的署名。2009年《徐利治访谈录》出版时,作者袁向东先生和郭金海先生在"后记"中提到我们的文章为他们的工作提供了好的参考系。我为能在宣传徐先生方面做出过一点工作而感到自豪和欣慰。

中国科学技术专家传略

2019 年 4 月 16 日

13. 回忆与恩师徐利治先生相处的往事

卫加宁[①]

(武汉理工大学,武汉)

我和徐利治老师相识相处五十多年时间,后来发现我与徐老师的学术圈、朋友圈竟有很密切的不解之缘。在师从徐老师学习及参加各种学术会议等活动中,感受到徐老师与其他科学界老前辈如唐敖庆院士、李国平院士、程民德院士等人之间的深切情谊,也见证了徐老师和数学界一大批后起之秀的密切交往,除了徐老师的早期助手或弟子王仁宏教授、周蕴时教授,还有厦门大学陈文忠教授,杭州大学王兴华教授、施咸亮教授,华中科大王能超教授等,他们都非常尊重徐老师,学习吸收徐老师的学术理论与思想方法并加以创新。徐老师也对这批当年比较年轻,已在学术界取得许多重要成果的优秀学者寄予厚望,经常十分亲切地和他们交流。

徐先生是我一直敬仰的著名数学家,也是我读硕士研究生时的第一导师。另外两位指导教师王仁宏教授、周蕴时教授都是徐先生20世纪60年代的优秀助手和弟子,我和他们很熟悉,报考徐老师的

---

① 作者简介:卫加宁(1946—),山西沁水人,武汉理工大学理学院统计学系教授.

研究生也是王仁宏教授介绍的。

我弟弟的岳父,华科大同济医学院专家袁树声教授是徐老师中学时代的同窗好友,每次徐老师到华科大工作与讲学都是袁伯伯转告我。去年八月,吉大北京校友会王轶民秘书长帮我联系上徐老师,并通了电话,和徐老师谈起往事。徐老师虽已 98 岁高龄,但非常健谈且记忆力惊人,我都不记得袁伯伯全名了,徐老师立即就说出来了,而且 20 世纪 80 年代,他招收的硕士生、博士生的名字他都记得清楚。

一、读研之前和徐老师的几次相见

我第一次见到徐老师是在 1964 年 9 月,作为吉林大学数学系 1964 级入学新生和同学前往图书馆办理借书证。忽然一位同学碰下我胳膊肘低声道:"看,那位就是徐利治教授!"只见徐教授正微笑地与图书管理工作人员在谈着什么,而他面前叠放着七八本有一尺多高的一摞书。过了一会,徐教授夹着这一大摞书,迈着矫健的步子走出图书馆的大门。我是武汉高校环境中长大的,来到著名的吉林大学,徐老师是我所见到最年轻的一位教授,而且他的赫赫成果也早已听闻。

1979 年三月我回校读进修班,李杰同学约我一起去拜访徐老师,此时徐老师也是回到学校重新工作不久。这时徐老师非常忙,来访者也络绎不绝,但徐老师在百忙之中依然抽时间接待了我们。

我和李杰是大学同学,在二年级上学期期末考试中,我们的数学分析都获得 100 分,但多年荒疏学业总还是让我们感觉到信心不足。徐老师对我们的素质、能力感到很欣慰,他十分亲切地鼓励我们,说我们还很年轻,现在国家科技人才很紧缺,所以在这几届招回许多研究生、进修生。他希望我们继续深造,成为科研和教育方面的优秀人才。临别告辞时,徐老师忽然招呼我们等一下,然后将我们的姓名及来访时间记录在日历表上。这让我们很受感动,徐老师名气很大却如此平易近人,实在是大师风范。后来我们随徐老师去大连理工大学学习期间,我再次看到徐老师在接待一位普通工作人员时,他掏出一个小本子认真记下了相关的事宜。

在读进修班期间,我们还一起去听了徐老师的数学分析大课。当年我们的数学分析、高等代数等基础课程是由江泽坚教授、谢邦杰教授和吴智泉、张淑芝老师讲授的。吉大数学系对基础课程教育十分重视,一大批教师讲课水平很高,安排这些教授们上课使学生们终身受益。大家听说徐老师讲课水平很高,都希望去感受一下。那天阶梯教室后面站满了人,大家不仅是在欣赏徐老师的讲课艺术,也会将这种教学精神和方法铭记于心,因为我们自己本身也是从事教育工作的。

二、师从徐老师攻读硕士研究生

在报研之前,王仁宏教授找我谈话,比较详细地介绍了徐老师的前沿性学术成果、研究方向及计划。吉林大学数学研究所1980级硕士生一共招收了4人,其中我和朱安民、何甲兴在徐老师及王仁宏教授、周蕴时教授作为导师攻读数值逼近专业,杨晓云则录取为吴智泉教授指导的统计学专业硕士生。

在近三年的学习中,我们根据指导老师们的安排,除了专门的课程和专著,徐老师要求我们自己再选择一些专著和论文阅读。学术讨论班主要由周老师带领主持,其间王老师虽出国与崔锦泰合作进行多元样条基函数构造工作,也时将研究最新结果和思想方法资料寄回来给大家。在读研期间徐老师还一再告诫我们,自己撰写投稿的论文不得写他的名字及帮助等词语,我们都非常注意遵守徐老师的这个约定。

我与徐利治、王仁宏(戴黑框眼镜的是我)

已经到大连理工大学工作的徐老师在1980年得到去辽宁兴城疗养院疗养一个月的机会。我返回吉大读书前是在兴城市第一高中任教,当时家也还在兴城市。系领导告诉我徐老师在兴城疗养,并嘱我前往探望徐老师,还说唐敖庆校长可能会去拜会徐老师的。我回兴城休假,就去疗养院拜访徐老师,恰恰遇上唐校长来看望徐老师,表达吉林大学挽留他的意愿。徐老师很兴奋地为唐校长介绍我是他招收的本届硕士生,交谈中我则向两位最尊敬的师长介绍了点兴城的特别风情。唐校长主要是和徐老师谈科研、学科建设等重要问题,所以我只待了近半小时就告辞了。不久听说徐老师与吉林大学签下了"君子协议"——5年之内不要完全离开吉林大学，每年在吉林大学工作一个学期。

我们还随徐老师去往大连理工大学、华中科技大学研读及参加1981年黄山召开的全国数值逼近年会。在这个过程中，看到徐老师不仅是吉大数学系建系元勋之一，也为大工、华中科大应用数学系的学科建设做出了巨大的贡献。

在此期间，我们也认识了许多数学界前辈及中年的后起之秀，以及与徐老师交往很深的学术同行。厦门大学陈文忠教授经常到徐老师这里，也和我们亲切交谈。我比较注意杭州大学王兴华、施咸亮两位教授，原因是徐老师开创的经典研究工作之一的激烈振荡型积分的渐近展开，由周蕴时、王兴华、施咸亮分别发展了几个方面的十分重要的成果。我在研读徐老师及他们这方面的一系列论文时，发现有重要后续课题工作可以做。后来我和徐老师谈起周蕴时的论文解决了振荡函数含有限个导数零点的展开，而施咸亮的论文给出函数可分段的统一展开式，并指出，若函数在其中一个任意小区间取常数则不可展。问题指向很明确，假如函数存在可数甚至不可数的导数零点，在什么条件下振荡积分可展？根据施咸亮的结果，只能研究这种奇异点为零测度情形，徐老师觉得这个问题值得研究。我对徐老师讲，一般的实变理论我比较熟，还没查到可以解决的方法。徐老师鼓励我再多查阅些相关学科资料，把问题研究下去。在徐老师指导下，两年后我终于利用函数单调重排理论解决了可展性条件问题。

三、李国平院士作画赠送徐利治教授

毕业后，我到现武汉理工大学工作，除了参加多次全国函数逼近

会议和国际学术会议中会见到徐老师外,每次徐老师到华中科大工作讲学,我都会去拜访徐老师。徐老师工作十分忙,到访的学术界前辈也很多,还包括许多慕名而来的中青年教师。

1985年,我去华科大拜访徐老师,恰恰遇到武汉大学教授李国平院士到访。李院士拿出一幅自己画的梅花国画赠送给徐老师,两位老前辈展开画作欣赏着。徐老师称赞李先生高超的画技,一边念着画上题词,对李先生和我说:"这画很美,字也写得很好。"李院士说:"字是请别人写的,年岁大了手劲不足啊!"我看着数学界两位著名前辈这幕场景,才想起若带着照相机给拍下来该有多好啊!后来在参加湖北省数学年会时,再次见到李院士,他在会议上还介绍他创建的外微分理论。提起徐老师这位学术界深厚故友,他说本来我是另有机会结识的。记得1966年放寒假从吉大回武汉,高中一位同学好友曾约我去拜访李院士,她父亲是华中农业大学教授,与李国平教授一家十分交好。她对我说:"你这位数学才子,我带你去见见李院士吧。"那时我比较怯生,有点傻乎乎地,对她说:"我还是一个普通学生,连家对面屋住着的数学教授都不敢去找聊天,怎么好意思去打扰这么著名的数学家呢!"尽管如此说,但我相信自己将来会考研,跟着吉林大学某位著名数学家深造的。最终我考上了徐老师的硕士生,而这一天迟到了十余年。

四、与徐老师哲学思想交流轶事

徐老师除了在多个数学领域研究中有杰出的贡献,他还对相关数学哲学理论、数学思想与方法有许多精辟的论述。他培养的弟子朱梧槚成为优秀的数学哲学家,徐老师的《数学方法论选讲》就是一部经典之作,他和朱的一些哲学论文我也读过一些,很受启发。

在华中科大,经常遇到的徐老师另一位至交是王能超教授,他是复旦大学谷超豪院士20世纪60年代初期的研究生。到华中科大后研究并行算法与小波理论,成为研究并行算法的先驱者之一。徐老师经常和该校这些学术骨干一起探讨科研教学方面问题,都顾不上休息,可见徐老师对华中科大应用数学系的学科建设、人才培养非常尽心尽力。

王能超在数学哲学思想方面也颇有见地,因此经常和徐老师一起谈笑风生,十分默契。王老师写了一本诠释中国古代数学家刘徽割圆术算法的著作《千古绝技"割圆术"——刘徽的大智慧》(华中科技大学出版社,2003年第二版)。他用简单的数学术语讲清楚刘徽在千年之前设计的算法就是现代计算数学中最常用的外推法,即误差补偿加速算法。徐老师听得十分专注,对王能超古文辨析大加赞赏,也为一千多年前刘徽所设计的符合现代计算数学的精妙算法表示惊叹。为此,徐老师在解释这个问题时,也谈了许多数学哲学思想与方法论的看法,我和王老师也为徐老师的精辟见解频频点头。由于徐老师很忙,我也没好意思邀请徐老师来武汉理工大数学系及统计学系做场报告。但我们与华科大的校际学科建设合作却是由于徐老师的推动而发展起来的。

我常向徐老师汇报自己新的研究方向和工作,徐老师对这些新研究方向很感兴趣,并给以鼓励和指导。20世纪90年代初期,我曾对徐老师讲振荡函数积分有非常大的应用背景,徐老师很兴奋地问:"你说有很多实际应用背景,那你详细说说有关内容?"我从船舶兴波理论、机械振动、电磁振荡一直到现代物理中基本粒子运动、量子力学等,都可以看到振荡函数及其积分的数学模型。我们又谈起样条函数、有限元含有的物理特性、斯托克斯定理的物理意义,觉得振荡函数积分可能含有很特别的物理学意义。徐老师认为这里有不少新的内容,可以对某些问题进行研究。但后来由于多个基金项目工作繁重,以及忙于多方面事务,这方面的问题就被暂时搁置了下来。

2019 年 5 月 19 日

14. 深切缅怀徐利治先生

杜瑞芝[①]

(辽宁师范大学,大连)

2019年3月11日,得知恩师徐利治先生去世,十分悲痛!2018年春节,我打电话给徐先生拜年,听到他那洪亮的声音,说他现在身体健康,思维清晰,还能做一些数学研究,争取活到120岁。10月份听说他因病入院,朋友们传过来的照片,一次比一次衰弱,我和老伴的心情也越来越沉重。年底我们给他寄去一些营养食品,心中默默地祈祷,期盼出现生命奇迹。2019年春节再打电话他就不能接听了,噩耗传来真是哀痛不已!

我虽然不是徐先生的正式学生和弟子,但徐先生于我,有着亦师亦父的情感。回想徐先生几十年来对我的指导和帮助,不知怎样表达悲痛及感激之情。谨以此文追思追忆往事,以寄托哀思,不忘师恩。

[①] 作者简介:杜瑞芝(1946—),天津市人,辽宁师范大学数学学院教授.

一、最初印象

我是1963年9月入吉林大学数学系学习的,徐先生没有教过我们,但是他的名声在外,同学们都认得他。1957年,他从人生事业的巅峰跌入谷底,被撤销行政职务、教授连降两级。按当时的政策他只能给本科生上数学分析习题课。记得他给我们上一届学生上过课。每到他的课,学生都挤得满满的,有不少是别的年级"蹭课"的。出于好奇,我偶尔也去"蹭课",常常是只能站在后排。徐先生讲课十分有特色,深入浅出,他先从比较浅显的道理讲起,然后逐渐引导到深刻的理论,使学生豁然开朗。他板书工整漂亮,语言风趣,教态洒脱。他的《数学分析的方法及例题选讲》是我们学习数学分析的重要参考书。有不少学生偷偷崇拜他。

从1966年春夏之交开始,一场风暴席卷全国,高校领域问题多,是重点清理区域。我们眼看着那些受尊敬的老师被打倒,被批判。徐先生因为历史问题,无论揪出谁,他都要陪着。我此时是刚满20岁的青年学生,面对铺天盖地的各类口号,有些慌乱,不知还要发生什么。一个个本来是德高望重的老师被批得灰头土脸,但徐先生似乎是个例外。听说批斗会后,他回家竟然自己刻钢板,印刷论文。我们偶尔也看见过他散发论文油印本。虽然很多事情看不明白,但是却能感觉到徐先生是与众不同的,他内心有定力,是打不倒的。这是我对徐先生的最初印象。

二、对阿拉伯数学史研究的肯定和鼓励

再见到徐先生已到20世纪80年代,由于在20年的人生低谷期

间坚持数学研究,当科学的春天到来时他已经走在数学研究的前沿,成为国内著名的数学家了。

  我于1979年考入辽宁师范大学现代分析研究生班,毕业论文是《一类二阶常微分方程的极限边值问题》。留校工作后由于工作需要转到数学史方向。我边工作边跟随1982年入学的数学史硕士研究生,听梁宗巨先生的数学史课,并在其指导下开始尝试研究阿拉伯数学史。开始很困难,我要学习关于阿拉伯-伊斯兰文化的知识,参考俄、英文等语种的第二,甚至第三手数学史的文献,研读、甄别及比较工作都是很吃力的。到1985年我终于提交了题为"中世纪阿拉伯国家代数学发展概述"的学位论文。答辩时聘请当时已经在大连理工大学工作的徐先生担任答辩委员会主席。我的论文在对阿拉伯代数学发展做出综述后,对阿拉伯数学的历史作用提出自己的看法。具体地说,是针对许多数学史文献对阿拉伯数学的简略叙述,对其历史作用缺乏全面认识,甚至有意无意地贬低的情况,我提出了自己的独立见解。比如,M.克莱因所著《古今数学思想》第Ⅰ卷(第224页)上对阿拉伯数学的总结是:"阿拉伯人在数学上没有做出什么重要的推进,他们所做的只是吸收了希腊和印度的数学,把它们保存下来,并终于(通过以后要叙述的事态发展)传播给欧洲。"概括起来就是:吸收,保存,传播。可是我在深入研究多种文献后,感觉他的结论有失偏颇。我在学位论文中写道:"我们是不能同意M.克莱因的这种观点的。事实上,科学文化是人类所共同享有的,数学也不例外。……中世纪穆斯林对外来数学古籍,不是简单地从事翻译,他们对这些古籍还进行了大量的考证、勘误、注释、诠释的工作。这些历史事实是彰明较著,无可否认的。阿拉伯人在保存和继承了古代数学遗产之后,发展了它们并做出了自己的创造。……阿拉伯数学传播到欧洲去之后,对欧洲数学的发展产生了决定性的影响。综上所述,我认为用下面几个词句来概括阿拉伯数学的历史作用更为恰当:保存、继承、发展、创造、传播。"我的论文得到答辩委员会的一致好评,特别得到徐先生的充分肯定,他指出研读数学史文献要有批判的精神,通过比较、甄别,得出自己的看法。他强调当前国内对阿拉伯数学史的系统研究还比较少,有待开展,鼓励我在阿拉伯数学史方面做进一步的研究。徐先生,当然也包括我的导师梁宗巨先生的肯定和鼓励给了我很大的研究动力和克服困难的勇气。之后我陆续发表阿拉伯数学史的研究论文多篇。

由于有了这些研究基础,在 2002 年吴文俊先生设立数学与天文丝路基金时,我以"中世纪中国与阿拉伯数学的比较与交流研究"课题得到项目资助。截止到 2006 年退休,我共发表关于阿拉伯数学史的专题研究论(译)文 16 篇,并参加编写几部数学通史著作中的阿拉伯数学史部分。

值得欣慰的是,在我参加 2015 年全国数学史的年会时,有一位中科院自然科学史研究所的年轻学者,拿着我的几篇论文到处寻找"白发苍苍的杜老师"。他告诉我,我以往的工作对他很有参考价值。他是通过丝路基金的资助攻读了阿拉伯语,通过阿拉伯文原始文献来研究阿拉伯数学史的,比我的起点高。不久他又寄给我他的阿拉伯数学史专著。看到我多年前的工作还有参考价值,看到我国阿拉伯数学史研究后继有人,我真是由衷的高兴。徐先生对我的指导和帮助是我克服困难、继续坚持的重要动力。

三、积极支持并参与电视教学片的制作

1991年我调到大连理工大学工作，与徐先生联系多了些，才发现徐先生是一位非常热情、随和、谦虚又乐于助人的长者，本来还有些敬而远之的感觉消失了。1993—1995年，应用数学系与电教中心合作，由我牵头组织制作了三部数学电视教学片，其中有两部片子请徐先生担任主讲。在拍第一部《微积分的创立》时，他看到我的解说词和搜集到的许多珍贵的数学史资料图片和数学家的图片时，十分赞许，说"数学题材的电视片很少见，这件事情非常有意义，我愿意支持你们，看看我能做什么"。我们说全是图片拍出来好像是幻灯片，表示希望他担任主讲，把这些资料串联起来。他毫不犹豫地表示没问题，乐意参与。其间我们又请苏志勋老师制作了几个描述微积分原理的精彩动画穿插在片中，还请到大连广播电台最佳主播汪冰配音。徐先生多次来到制片组，不厌其烦地反复试镜，直到满意为止。这部片子无论是内容还是制作，在当时都获得了评审专家们的一致好评。我们制作这部三十多分钟的电视片没有任何经费资助，克服了许许多多的困难。全体编制人员完全是出于对这项工作意义的认识以及被徐先生的工作热情所鼓舞。该片1994年由高等教育出版社出版，在与兄弟院校的交流中获得广泛好评，还获得省、市和原国家教委的多项奖励。紧接着又拍摄了《高等数学绪论》，徐先生出现的镜头更多了，他仍然是积极愉快地参与拍摄（详见传记部分第七章第五节）。制片组的同事们时常回忆起大家和徐先生共同度过的那些紧张而愉

快的美好时光。

2013年夏徐利治先生与《数学史辞典新编》主要编者合影

（左起杜瑞芝、徐利治、孙宏安、王青建）

四、对数学通史研究的长期支持

我和我的团队从20世纪80年代末开始数学通史的研究,缘起还是为完成大型数学工具书《数学辞海》(2006)的撰稿任务。1991年我们在修订和大比例扩充了辞海的编撰内容后,在山东教育出版社出版了《简明数学史辞典》(82.1万字)一书,该书是在我们的导师梁宗巨先生(1924—1995)支持下完成的,他还为辞典写了序言。这部简明辞典2000年扩充为由我主编的《数学史辞典》(126.7万字),我们请了几位著名数学家和数学史家为学术顾问。当我们邀请到徐先生并希望他为辞典作序时,他欣然应允,并对辞典的整体框架及一些需要加强的部分提出中肯的意见。例如他针对我们参与编写的《数学家传略辞典》(1989)的内容,强调对历史上比较著名的数学家,在写他们的传记时,注意介绍他们的思想方法,也可以把他们的名言录入传记。真是英雄所见略同,当我们拜访王梓坤院士时,他建议我们在《数学史辞典》中增加"数学名言"部分,我们一一采纳了他们的建议。该辞典出版后得到专家和读者的广泛好评,吴文俊院士来信称此书"极为有用",王梓坤院士称之为"十分有用的工具书""在国际上也很少见"。钱令希院士题词"业精于勤奋,功成于坚韧"。该辞典于2001年获得国家辞书奖二等奖。

  15年后,我们再次修订《数学史辞典》,把它扩充为《数学史辞典新编》(192.9万字,2017年出版,以下简称《新编》)。在编写《新编》的过程中,我们几次征求徐先生的意见。他再次强调数学史、数学哲学和数学教育的关系,为此我们在原"数学教育与数学方法论"门类中增加了论述数学文化价值的词条。此外,他还建议我们尝试对数学史特定方面的发展概貌给出横向的、交叉性的描述,而我本人也正有这方面的想法。为此,我们在《新编》中增设了一个新的门类"数学的传播与交流",虽然只有不到20个词条,但已成为《新编》的亮点之一。95岁的徐先生不仅为《新编》亲笔作序,还挥笔题词"集数学史事大观,览数学古今风貌"。我们备受鼓舞,也深为感动。

  徐先生虽驾鹤西去,但他的科学精神永存,他对我的帮助和对数学史研究的鼎力支持我会永远铭记。继承先生遗志的最好方式就是把数学史研究坚持下去,以慰藉先生在天之灵。谨以此文缅怀徐利治先生。

序言

自进入 21 世纪以来,人们已进一步认识到,"数学史"在科学文化教育中有着不可替代的重要作用。因此,随着数学文化之进入课堂,广大中学数学教师以及大专学校理工科师生们,对于数学史知识的需求已明显大增。而且,近20年来数学学科本身以及数学史的研究,也有了引人注目的许多新进展、新发现。正是由于这些新现象的出现,所以在山东教育出版社的策划下,在原有辞典基础上,现已由杜瑞芝与其他合作者王青建、孙宏安等编写成这本《数学史辞典新编》(简称《新编》)。

《新编》对15年前的原书辞条或增加内容,或作了修改,或重新编写。此外,增加了近300个新辞条,主要表现在如下几方面:1. 与前两部辞典相比,增多了中国数学史的比例;2. 新收录了20世纪近30部经典数学著作的辞条;3. 增加了一个新的门类"数学的传播与交流",那是对数学史特定方面的发展概貌给出了横向的、交叉性的描述;4. 在"数学哲学和数学方法论"门类中增加了数学文化以及与数学新课标相关的一些辞条。

可以查知,《新编》中的某些辞条是任何国外类似的辞书中都无法找到的,这种"独到之处"是理应继续保存和发展的。

我相信,这部在题材上具有相当全面性与综合性的数学史工具书,将会在中国不断深化的数学教育改革事业中,以及在培育优秀科技人才的事业中,起到应有的一份历史性作用。因此我乐愿视贺这本《新编》的问世并作序。

徐利治

2014年10月于大连(时年95岁)

徐利治先生为《数学史辞典新编》作序草稿

集数学史事大观
览数学古今风貌
贺数学史辞典新编出版
徐利治敬贺（时年九十五岁）

徐利治先生为《数学史辞典新编》题词

2019 年 5 月 18 日

15. 父亲的沙中情节

徐达林[①]

(张家港市乐余高级中学,张家港)

父亲是一个非常念旧的人,自从他在 1978 年平反后,就一直希望回老家张家港市小时候生活与读书的地方看看,更希望能去沙洲中学看看。

年轻时只知道父亲是从东莱小学以全省第一名的成绩考上无锡洛社乡村师范,正常毕业后回老家做小学教师。可是在 1937 年冬季日本军队打到无锡附近时,学校已经放不了一张平静的课桌了,无奈之下,校长就给每个学生发了几块大洋,让学生各自逃命,浪迹天涯,于是父亲就有了到大西南的流亡历史。父亲在流亡中继续努力求学,几经周折,在 1940 年考上了西南联大的数学系,有幸成为华罗庚、杨武之等数学家的弟子,并且毕业后被华罗庚举荐留在西南联大任教,成为西南联大数学系的最后一名留校学生。

以前我并不知道他与沙洲中学还有一段渊源,他平反后第一次回老家时,就要求我骑自行车带他去沙洲中学看看,这才知道父亲在沙中的一段经历。

1945 年抗战胜利,1946 年组成西南联合大学的北京大学、清华大学与南开大学各自回北京与天津复校,因为搬迁与修缮需要时间,

---

① 徐达林(1948—),江苏省苏州市张家港人,张家港市乐余高级中学高级教师,徐利治长子.

父亲就回到了老家,当时寄住在合兴西南面他的一个表哥家。抗战刚胜利,国家百孔千疮,百姓们都缺衣少食,父亲回老家的几个月也要想办法工作挣钱,赡养我的奶奶。于是,暑假后就带着西南联大的毕业证书,到当年的大南中学(沙洲中学前身)求职,当时的校长看到西南联合大学的毕业证书就眼睛一亮,非常高兴地接纳并聘用了父亲,让我父亲教高中物理。

父亲教了几个月,清华大学来了信,指示父亲回清华大学复课教书。父亲只能辞职离校,大南中学给了两袋米(约200斤)作为上课的薪酬。父亲跟我说,当时给米比给钱好,因为钱贬值得很快,而米能果腹。收到这些米,我奶奶很高兴。

很快,北京大学与清华大学复课,父亲也就结束了这段不平常的高中物理教师生涯。这段经历虽然短暂,但父亲非常珍惜,几十年来一直魂牵梦绕,几乎每次来张家港都要去看看他以前任教过的大南中学,悉数着当年的记忆。2011年沙洲中学建校70周年时,他欣然为学校题词表示祝贺。

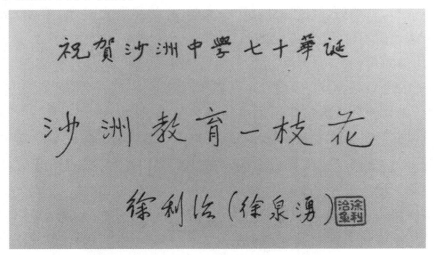

父亲为沙洲中学建校70周年题词

2017年,97岁的父亲回到张家港,又兴致勃勃地到沙洲中学旧址走了一圈,与学校的老师、领导畅谈并合影。

2017年5月父亲于沙洲中学旧址留影

2017年5月父亲与沙洲中学的老师、领导合影

张家港市原称沙洲县，1986年撤县建市，称为张家港市。1986年夏，父亲回张家港时，看到家乡的发展变化十分高兴，挥笔为家乡撤县建市30周年题词："迎接新时代，力争现代化"。

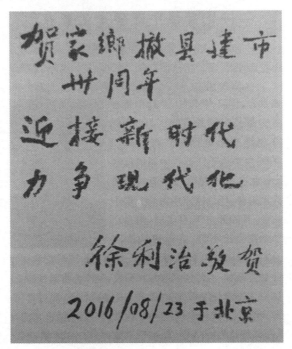

父亲为家乡撤县建市30周年题词

2018年的父亲节，我与父亲通了电话，祝他父亲节快乐！他还说如果明年（2019年）身体许可，还想回张家港市，看看张家港市日新月异的发展，看看他工作过的大南中学。

然而，父亲在今年（2019年）3月11日与世长辞，没能实现百岁重回家乡，重回沙洲中学旧址寻觅年轻时的足迹。但可以告慰父亲的是，他的家乡——张家港市在腾飞，在全国的百强县中名列第三位；他工作过的大南中学，现在的沙洲中学，一片朗朗的读书声，莘莘学子在为中国的腾飞努力地学习。

◎ 编辑手记

　　加拿大学者曼古埃尔的《阅读史》(2002 版)，开篇就引用了法国作家福楼拜 1857 年的一句话："阅读是为了活着。"

　　每个人对怎样活着，怎样度过一生都有不同的理想与追求，窃以为作为一个文化人能够像本书传主徐利治先生那样在研究数学中度过漫长的一生岂不快哉！正是这样的人生观、价值观使得本书再次与读者见面。因为本书的初版已于 20 年前就在哈尔滨出版社出版了，责编也是笔者，主要作者也是杜瑞芝教授。那个时候这类选题并不被看好，20 年后的今天情况有了些许改变。

　　IT 界名人陆奇的一句座右铭是：

do more, know more, be more.

　　——做得更多，知道更多，成就更多。

　　徐利治先生的一生还要加一个 live more，堪称完美。

徐先生是中国数学家中的长寿者,资历非常老,最近笔者看到一个资料,说杨振宁自《杨武之先生纪念文集》(清华大学应用数学系编,1998年)蓝仲雄先生的文章中看到《南开大学校史》一书中曾引用他父亲1946年写的一篇文章。后经南开大学葛墨林教授的努力,自该校档案中找到此文的原手稿,其中就有关于徐先生在西南联大的记载。文中写道:

> 北大、清华、南开三校既奉部命迁长沙,合为西南临时大学,乃于廿六年十一月在长沙正式开课。当时因交通梗阻,为时仓促,三校数学系同人未能全到,然到者亦已为数不少,计北大教授有江泽涵、申又枨、程毓淮、赵淞,助教有樊㷳、王湘浩、孙树本、李盛华,南开教授有刘晋年、蒋硕民,助教有孙本旺,清华教授有赵访熊、陈省身、杨武之,教员有戴良谟,助教有段学复、闵嗣鹤诸位。匆匆上课,设备全无。不过抗战初起,教师和学生备感兴奋,学风距平时尚不相远。

> 留长沙一学期后,学校复奉部令迁昆明,更名西南联合大学,于廿七年五月开课。数学系同人之在长沙者悉随校来昆。是年暑后,姜立夫、张希陆、郑桐荪、曾远荣、华罗庚诸教授皆到校,助教增加徐贤修、刘斯年两位。

> 民国三十年,因日人窥伺滇边,有入侵之势,学校奉部令作迁川之准备。于是在叙永设分校。数学系同人先往者有程毓淮、赵淞、刘晋年、蒋硕民、曾远荣诸先生。一年后分校撤并昆校,诸先生乃返。

> 自廿六年秋迄卅五年夏,前后九年之间,三校数学系同

人之在校服务时间各有参差,大致如下:

江泽涵(民廿六—卅五)

申又枨(民廿六—卅五)

程毓淮(民廿六—卅四)

许宝騄(民廿九—卅四)

赵　淞(民廿六—卅二)

孙树本(民廿六—卅五)

王湘浩(民廿六—廿八,民三十—卅五)

钟开莱(民卅一—卅四)

王寿仁(民廿六—卅五)

栾汝书(民廿六—卅五)

李盛华(民廿六—廿八,民三十—卅一)

龙季和(民廿八—卅二)

冷生明(民卅一—卅五)

姜立夫(民廿七—卅四)

刘晋年(民廿六—卅五)

蒋硕民(民廿六—三十,民卅四春—卅五)

张希陆(民廿八春—廿九)

孙本旺(民廿六—廿八,民廿九—卅五)

刘欣年(民廿七—三十)

伉铁健(民廿八—廿九)

崔士英(民卅四—卅五)

郑桐荪(民廿七—廿九)

杨武之(民廿六—卅五)

赵访熊(民廿六—卅五)

曾远荣(民廿七—卅一)

陈省身(民廿六—卅二)

华罗庚(民廿七—卅五)

戴良谟(民廿六—廿九)

段学复(民廿六—廿九)

徐贤修(民廿七—卅二)

闵嗣鹤(民廿六—卅四)

朱德祥(民卅二—卅五)

田方增(民廿九春—卅五)

施惠同(民三十—卅五)

颜道岸(民三十—卅五)

吴光磊(民卅二—卅五)

胡祖炽(民卅二—卅五)

徐利治(民卅四—卅五)

自廿六年秋迄卅五年夏前后九年之间,在联大数学系研究院毕业者共5人：

王湘浩(北大,民国三十年毕业)

李盛华(北大,民国三十年毕业)

钟开莱(清华,民国三十一年毕业)

彭慧云(清华,民国三十一年毕业)

王宪钟(清华,民国三十三年毕业)

九年之间毕业于联大理学院及师范学院数学系者共67人：

北大数学系有：

王寿仁、刘绂堂、陆庆乐、王彝祥、解于魁、裴尚行、马德

田、王联芳、张耀、谢才俊、栾汝书、青义学、蒋观河、谭文耀、李珍焕、杨兴楷、冯泰昆、陆智常、于家乐

清华数学系有：

朱德祥、施惠同、田方增、高本荫、唐绍宾、陈镇南、朱有圻、高有裕、钱圣发、徐贤议、颜道岸、钟开莱、蓝仲雄、洪宗华、王宪钟、周振堡、宣化五、杨鸣、张朝楚、范宁生、严志达

南开数学系有：

伉铁健、萧伊莘、刘玉佩

联大理学院数学系有：

陈为敏、邓汉英、王曾贻、冷生明、张景昭、王浩、吴光磊、胡祖炽、段霞波、李永嘉、汪志华、褚沈英、阙本岑、徐利治、黄崇智、薛景星、陈国才、方侃、江泽培、欧阳权、聂灵沼、刘世超、张之良

联大师范学院数学系有：

蔡福林

本来笔者准备出版徐先生的全集，为此还带人去大连理工大学出版社商谈版权，可惜因种种原因没能如愿。不过能出版这本纪念文集也算了却了笔者作为一个徐先生粉丝的愿望。在笔者心中数学是崇高的，尽管我们强调所有职业都是有价值的，地位都应该是平等的，但在人们心目中还是有各自不同的评判标准。

前剑桥大学校长（1996—2003年期间）亚力克·布鲁斯（Alec Broers）在读本科时曾拿到了一个在苏格兰当滑雪教练的工作机会，但他的父亲强烈反对说："接受了这么多年的高等教育，最后你告诉我说，你只是打算踩两块破木板在某个山林子里滑来滑去吗？"

回想起早年读数学时曾读过的徐先生的著作与后来几十年的人生经历，正如古代诗人苏东坡的一阕《西江月》："世事一场大梦，人生几度秋凉。夜来风叶已鸣廊，看取眉头鬓上。酒贱常愁客少，月明多被云妨。中秋谁与共孤光，把盏凄然北望。"

虽然有些悲观，但基本符合心境。三十多年前徐先生应邀来哈尔滨讲数学方法论，笔者刚毕业，第一次见到徐先生，十年后徐先生再次来哈尔滨，因传记的关系，徐先生特地邀请笔者参加了欢迎午宴，吴从炘教授作为徐先生当年在吉林大学的学生与我同桌进餐，于是就有了本书中唯一一篇笔者约稿的文章，其余均由本书主编所约。

有人说这是个庸俗的时代，人人相疑，事事诛心，甘做道德庸众便罢，一旦出头行善，便须面对各种刨祖坟式的质疑和审判。

图书出版行业近年来数学家传记越来越少，在享受数学家贡献给全社会的成果后，人们并不想了解他们的人生，因为他们当中没有大官，没发大财，没出大名。从文中徐老师的这些学生就可以看到，他们就是默默为社会做贡献的普通人，但在笔者看来，这些数学人是最美的人，这样的人生是值得的，这样的书是值得出版的。

著名编辑叶至善在《我是编辑》(中国少年儿童出版社，1998.11)中写道：

"我爱编辑这一行，而且莫名其妙地感到自豪。"

刘培杰

2019 年 7 月 24 日

于哈工大